高等教育教材

化妆品评价方法

冉国侠　主编

中国纺织出版社

内 容 提 要

本书在对皮肤和毛发生理学知识介绍的基础上,详细论述了防晒、保湿、抗皱等皮肤用化妆品的功效评价方法,以及染发、化学卷发、育发和抗头皮屑等发用化妆品的功效性评价方法;并对人体外与在体评价方法作了分析比较。本书对化妆品动物替代试验方法、全成分标识、天然/有机及纳米材料在化妆品中的应用、分子生物学与美容修复等近几年的热点作了简要介绍;并对美国、欧盟、日本等国外监管模式和法规作了较充分的介绍,且提供了化妆品相关的网络资源,以便读者进一步学习。附录提供部分化妆品评价方法作为补充。

本书可供大中专院校化妆品相关专业的师生学习阅读,也可供化妆品研发、生产、销售从业人员学习参考。

图书在版编目(CIP)数据

化妆品评价方法/冉国侠主编. —北京:中国纺织出版社,2011.5(2024.1重印)

高等教育教材

ISBN 978 - 7 - 5064 - 7353 - 8

Ⅰ.①化… Ⅱ.①冉… Ⅲ.①化妆品—效果—评价—高等学校—教材 Ⅳ.①TQ658

中国版本图书馆 CIP 数据核字(2011)第 037896 号

策划编辑:贾 超 秦丹红 责任编辑:范雨昕
责任校对:陈 红 责任设计:李 然 责任印制:何 建

中国纺织出版社出版发行

地址:北京市朝阳区百子湾东里 A407 号楼 邮政编码:100124

销售电话:010—67004422 传真:010—87155801

http://www.c-textilep.com

中国纺织出版社天猫旗舰店

官方微博 http://weibo.com/2119887771

北京虎彩文化传播有限公司印刷 各地新华书店经销

2024 年 1 月第 6 次印刷

开本:787×1092 1/16 印张:13

字数:252 千字 定价:35.00 元

前　　言

化妆品与人类生活密切相关。早在旧石器时代，人类出于保护身体的需要，也兼有心理需要，使用油或黏土涂抹身体，以达到防晒或抵御昆虫叮咬，取悦异性或表达宗教信仰等目的。最初人们对化妆品仅是低水平的使用性和有效性的需求。随着生产力水平的提高，化妆品逐渐成为人们日常生活中的必需品，不仅在使用性和有效性方面有了较高的要求，还要求化妆品必须在安全性、稳定性方面予以保证。21 世纪，人们对化妆品有了更高的要求，比如个性时尚、高技术含量和功效确切等诉求。

现代化妆品是指以涂擦、喷洒或者其他类似的方法，散布于人体表面任何部位(皮肤、毛发、指/趾甲、口唇等)，以达到清洁、消除不良气味、护肤、美容和修饰目的的日用化学工业产品。现代化妆品工业的迅猛发展，离不开化妆品科学的支撑。化妆品科学是研究化妆品的配方组成、工艺制造、性能评价、安全使用和科学管理的一门综合学科。其中，对化妆品性能客观准确的评价，是化妆品研发生产中的一个重要环节。应用安全性高的天然/有机原料，开发具确切功效的化妆品，采用先进材料作为功效成分的载体，应用分子生物学技术于美容修复等，已成为现今化妆品研发与生产的热点。与之相应，化妆品评价方法的知识体系构架，已从传统的化学、物理学、药学、医学、毒理学、生理学，向生物化学、分子生物学、心理学、美学、色彩学等学科延伸。

目前，已经出版的书籍中，化妆品评价方法多作为一部分内容出现，尚未有关于化妆品评价方法的教材出版。编者希望本书能填补这方面的空白，藉此为国家培养高素质的化妆品研发人才尽一份力。

本书依据国家卫生部颁布的《化妆品卫生规范》(2007 版)，围绕化妆品稳定性、卫生学、安全性、流变学特性、功效性等方面的评价方法作了系统的论述。除重点关注皮肤化妆品和发用化妆品的功效性评价方法外，本书还涉及微生物学与毒理学、皮肤毛发生理学等交叉学科知识。另外，作为补充知识，还对世界各地(主要是美国、欧洲、日本)化妆品监管模式和法规作了简要介绍，并提供化妆品相关的网络资源，以便读者进一步学习。附录提供部分化妆品评价方法作为补充。

全书共分九章。第一章和第七章由江南大学冉国侠编写，第二章和第九章由江南大学冉国侠和广东省食品药品职业学院孙婧共同编写，第三章和第四章由上海应用技术学院张婉萍编写,第五章和第六章由北京工商大学赵华编写,第八章由江南大学周忠编写。全书由冉国侠负责统稿。

由于编者认识水平和写作经验有限,书中难免有不当之处,敬请专家、读者批评指正。

编　者
2011 年 2 月

目　　录

第一章 绪 论

第一节 化妆品的基本知识

一、化妆品的起源与定义

人类开始使用化妆品可以追溯到旧石器时代。最初,人们使用化妆品是为保护身体免受自然界的伤害,达到保温、避光、防虫的目的,或是出于宗教的原因在身上涂上颜色,防灾避邪。在化妆品的主要发源地埃及,使用化妆品距今已有四千多年的历史。古埃及人将芬芳的花瓣散布在牛油上制得香发蜡。公元前5世纪到公元7世纪,已有不少关于制作和使用化妆品的记载。约在公元300年,意大利罗马理发店已开始使用香水。公元1世纪至公元2世纪,希腊出现了将玫瑰花水加到蜂蜡和橄榄油中得到乳膏状化妆品。公元7世纪至公元12世纪,阿拉伯人首先采用蒸馏提取技术制备了香精。16世纪以后,经过欧洲文艺复兴的洗礼,人们对化妆品的需求逐步提高。随着工业革命的深入发展,化妆品开始从医药中分离出来,逐渐成为单独的工业领域,而近代迅速崛起的油脂工业、香料工业、化工原料工业、有机合成工业为化妆品工业奠定了扎实的基础,也为现代化妆品工业的迅猛发展创造了有利条件。

我国生产、使用化妆品已有悠久的历史。早在商代,就有以红兰花汁凝成的燕脂,即胭脂。南宋时,杭州已成为生产化妆品的重要基地,化妆用脂粉"杭粉",久负盛名,到明末清初甚至远销日本。近代,扬州谢馥春香号生产的香佩、香囊、宫粉曾在1915年荣获巴拿马万国博览会的银质奖章,足以显示当时我国化妆品生产已具有较高的水平。我国现代化妆品工业自20世纪初起步,经历了漫长的发展历程。特别是改革开放以来,化妆品工业进入了快速发展阶段。据统计,到2010年化妆品生产企业达到3300家,化妆品工业生产销售额达到1550亿元,化妆品品种门类齐全,有2.5万余个品种。"中国制造"的化妆品也走出国门,销往150多个国家和地区。

出于对化妆品的生产、流通、使用规范管理的需要,世界各国依据本国情况颁布的化妆品法规,对化妆品进行了定义。例如,日本的《药事法》(厚生省)中对化妆品的定义为:化妆品是为了清洁和美化身体、增加魅力、改变容貌、保持皮肤及头发健美而涂擦、散布于身体或用于类似方法使用的作用缓和的物品。以清洁身体为目的而使用的肥皂、牙膏也属于化妆品,而一般人当做化妆品使用的染发剂、烫发液、粉刺霜,防干裂、治冻伤的膏霜及对皮肤或口腔有杀菌消毒药效的,包括药物牙膏,在《药事法》中都称为医药部外品。美国《联邦食品、药品和化妆品法》(FDA1906)对化妆品的定义为:用涂擦、散布、喷雾或其他方法使用于人体的物品,能起到清洁、美化,促使有魅力或改变外观的作用,而不影响人体结构和功能的作用。化妆品不包括肥皂,并对特种化妆品作了具体要求。欧盟《化妆品规程》(Dir. 76/768/EEC2000)对化妆品的定义为:指用于人体外部器官[皮肤、毛发、指(趾)甲、口唇和外生殖器]或口腔内牙齿、口腔黏膜以清洁、香化、保护、保持其健康、改善其外观、去除体味为目的的物质和制品。化妆品不包括药品以及所有口服、注射、吸入体内的其他产品。

中华人民共和国卫生部颁布《化妆品卫生规范》(2007)对化妆品的定义为:指以涂擦、喷洒或者其他类似的方法,散布于人体表面任何部位(皮肤、毛发、指甲、口唇等),以达到清洁、消除不良气味、护肤、美容和修饰目的的日用化学工业产品。此条例是我国生产、储运、经销、监督管理和安全使用化妆品的根本法规。

化妆品的法定定义,包括施用方式、施用部位、化妆品的功能和使用目的等方面的内容。规定化妆品的施用方式是涂擦、喷洒或其他类似方式,因此以口服、注射等方法达到美容目的的产品不属于化妆品范畴。规定化妆品的施用部位,即人体的皮肤、毛发、指甲、口唇等人体表面任何部位而不包括人体内部。规定化妆品具有清洁作用、护肤作用、美容修饰、消除体味等作用以及特殊功能。特殊功能指九类特殊功能的产品,即育发、健美、美乳、防晒、祛斑、脱毛、除臭、染发和烫发。由此可见,化妆品不是药品,不具有预防和治疗疾病的功能。虽是散发芳香的物品,但不用于人体,如用于杀灭蚊、蝇等害虫的卫生用品则不属于化妆品。

二、化妆品的分类与基本构成

1. 化妆品的分类

化妆品种类繁多,分类方法多种多样。通常可按原料分类,按产品生产工艺和配方特点分类,按产品剂型分类,按使用者性别年龄分类,按使用目的和使用部位等进行分类。例如,若按产品剂型可分为粉类、液体类、膏霜类和气溶胶类化妆品;若按使用目的和使用部位可分为清洁类、护肤类、发用类、美容类和辅助功效类化妆品五大类。

《化妆品卫生监督条例》将化妆品分为普通化妆品和特殊用途化妆品两大类,以便于监督管理、宏观调控。普通化妆品亦称非特殊用途化妆品,它包括特殊用途化妆品以外的所有化妆品。据此对化妆品的分类原则,参照使用目的和使用部位分类,可将化妆品分为清洁类化妆品、护肤类化妆品、发用类化妆品、美容类化妆品和特殊用途化妆品五大类。

(1)清洁类化妆品,例如清洁蜜、清洁霜、磨面清洁膏、清洁面膜、沐浴液等。

(2)护肤类化妆品,例如雪花膏、冷霜、润肤乳液、护肤精华素等。

(3)发用类化妆品,例如洗发膏、洗发液、发油、护发素、发乳、焗油、定型发胶、发用摩丝、发用啫喱等。

(4)美容类化妆品,例如香粉、化妆粉块、唇膏、指甲油、眉笔、眼影膏、睫毛膏、香水、美容面膜等。

(5)特殊用途化妆品是指具有某些特殊使用功能的化妆品。1990年颁发的《中国化妆品卫生监督条例》中首次提出了特殊用途化妆品这一术语,对特殊用途化妆品的定义范围和生产卫生监督管理作出了具体规定。特殊用途化妆品是指用于育发、染发、烫发、脱毛、美乳、健美、除臭、祛斑和防晒的化妆品。生产特殊用途化妆品,必须经国务院卫生行政部门批准、取得批准文号后方可生产。特殊用途化妆品具有六大特点:原料特殊、工艺特殊、功能特殊、检测特殊、使用特殊和管理特殊。近年来,较为热门的祛皱抗衰老类化妆品,一些除粉刺、防螨化妆品也属于特殊用途化妆品类。

2. 化妆品的原料

化妆品是多种原料成分复合而成的制品。根据原料在化妆品中的作用,可分为三类:基质原料、辅助原料和功能性原料。

(1)基质原料。基质原料是构成化妆品剂型的主体原料,主导化妆品的性质和功用。基质原料又分为油质原料、粉质原料、胶质原料、表面活性剂等。

①油质原料是形成各种膏霜、乳液类化妆品的基体原料,赋予化妆品的油润感。油质原料来源于动植物油脂及其衍生物,也来源于天然矿物油蜡。

②粉质原料是形成粉剂型化妆品的基体原料,在化妆品中起遮盖、吸收、展延、调色、填充等作用,可赋予化妆品对皮肤的修饰性、黏附性和爽滑感。常用于化妆品中的粉质原料有滑石粉、高岭土、膨润土、云母、钛白粉、锌白粉、硬脂酸镁、碳酸钙、碳酸镁、改性淀粉等。

③胶质原料是面膜和凝胶剂型化妆品中的基体原料。胶质原料多为水溶性高分子化合物,具有成膜性、胶凝性、黏合性、触变性、增稠性、悬浮性及助乳化等特点,因而在化妆品中被广泛应用。胶质原料为合成或天然改性高分子水溶性化合物,如聚乙烯醇、聚乙烯吡咯烷酮、羧甲基纤维素钠、改性瓜尔胶等。

④表面活性剂包括阴离子表面活性剂、阳离子表面活性剂、两性离子表面活性剂、非离子表面活性剂。阴离子表面活性剂,如十二烷基硫酸铵,具有发泡、去污的作用,在洗发水和沐浴液中用作去污剂。阳离子表面活性剂具有成膜、抗静电、杀菌、乳化作用,因此不仅作为调理剂用于护发素中,也广泛应用于护肤类化妆品中。常见的有聚季铵盐类和天然改性的阳离子瓜尔胶系列。两性表面活性剂,如咪唑啉型甜菜碱,可与其他表面活性剂配伍,起稳泡、增稠、调理等作用。非离子表面活性剂,如脂肪醇聚氧乙烯醚,在化妆品中广泛用作乳化剂、稳泡剂、低泡去污剂。

(2)辅助原料。辅助原料包括香精、着色剂、防腐剂与抗氧剂、金属离子螯合剂等,可赋予化妆品特定的香气和色调及保证产品的卫生安全。

(3)功能性原料。功能性原料是指赋予化妆品特殊功能的一类原料。例如,育发剂、染发剂、美白剂、除臭剂、防晒剂等均属此类。这类原料也是近年来发展最快的一类原料,其来源于生物工程制剂(如透明质酸、表皮生长因子、酶制剂等)、天然植物提取物、合成或半合成化合物(如合成神经酰胺、曲酸衍生物、维生素 E)、透过皮肤的控制释放制剂(如胶囊、微胶囊、脂质体、聚合物微球载体和定标纳米微球载体)等。

三、化妆品的质量特性

化妆品的质量是化妆品进入流通环节、获得消费者认可的基础。化妆品的质量特性体现在安全性、稳定性、使用性、功效性等四个方面。

1. 高度的安全性

化妆品是人们的日常生活用品。由于施用于体表,且使用频次高,因此,安全性是化妆品首先必须确保的一项特性,即不得对施用部位产生刺激或致敏,无感染性。包装内无异物,不得致皮肤破损。

2. 相对的稳定性

化妆品的稳定性是指在一定时间内,化妆品能保持原有的性质特点,无变质、变色、发臭,形态无变化等。由于化妆品由多种成分复合而成,多为热力学不稳定的多相体系,所以稳定性只能相对保持。化妆品保持一定的稳定性,是化妆品使用性和功效性的基础。

3. 良好的使用性

使用性是消费者最直接的感受,消费者倾向于以使用感受来评判化妆品的质量。例如,以泡沫多少来评价洗发水的洗净能力。使用性体现在使用感、使用便易程度等方面。

4. 一定的功效性

化妆品的功效性指使用的特定效果,例如保湿、美白、防晒、祛斑等效果,是消费者使用化妆品所追求的最终目的。

第二节　化妆品科学与其他学科的关系

化妆品科学是有关化妆品的研究、设计、生产、销售、使用等各方面的学科。它属边缘性学科,并受多种基础学科的滋养而发展。在过去,化妆品处于"制造产品"阶段,人们关心的是产品的稳定性、使用性、制造技术和质量管理。传统学科,如药学、化学、物理化学、分析化学、化学工程、统计学等构成此阶段化妆品科学的理论基础。自 20 世纪 80 年代以来,自然科学与技术发生了突破性进展,而整个世界对人以及人类生存的环境的关注也大大超过以往。在这种背景下,化妆品科学也由自然科学延伸到人文社会科学领域。除受传统学科的影响,还与皮肤生理学、生物化学、细胞生物学、分子生物学、色彩学、心理学等学科相关。

化妆品科学与其他学科间关系,可由下页图显示的化妆品开发各阶段所涉及其他学科中可见一斑。举例来说,市场调研的统计数据显示,需要开发一款防晒乳液。依据现有知识,筛选原料品种,并对购入原料进行分析,确定原料质量规格;包装材料选择避光材料,避免发生光化学反应。试制阶段依据胶体化学的理论,解决油和水乳化中的关键技术问题,使基质相对稳定。考虑产品潜在使用对象的心理,选择添加香精的香型,并注意与其基质的配伍。测定乳液流变学特性值,以获得易于涂擦吸收的产品。获得生产许可后,批量生产,同时对产品进行抽检(微生物检查、理化检验等)以确保产品质量。

| 药剂学
药理学
毒理学

无机化学
有机化学
分析化学
胶体与界面化学
流变学
化学工程学
高分子化学
高分子物理
材料科学
环境化学

机械制造学
成型加工学

统计学

皮肤生理学

生物化学
分子生物学
细胞生物学
微生物学

色彩学

香料香精学

心理学

广告营销学 | 化妆品开发程序流程图 |

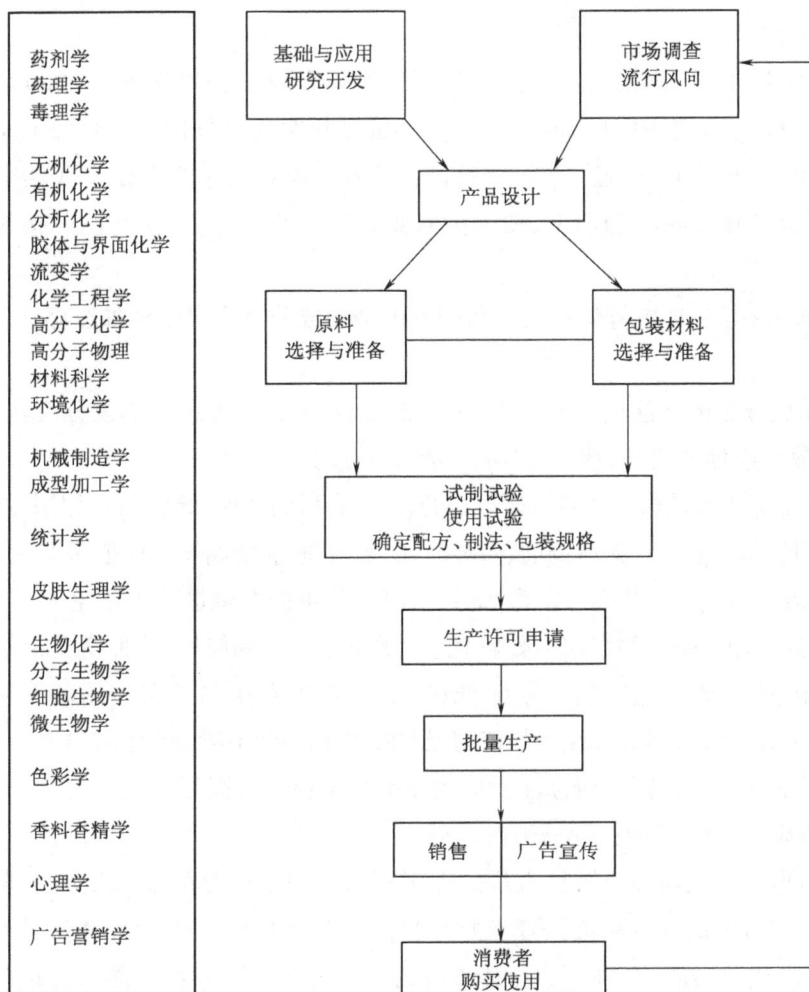

化妆品开发程序与其他相关学科

第三节　化妆品科学新进展

一、化妆品的全成分标识

在经济全球一体化的今天,化妆品已是国际化商品,因而其安全性所受到的关注度也达到前所未有的高度。化妆品的功效成分,特别是特殊用途化妆品,如用于育发、染发、烫发、脱毛、美乳、健美、除臭、祛斑和防晒的化妆品,其功效成分极有可能与化妆品不良反应相关。1975年,美国社会有关对苯二胺类氧化型染发剂致癌/致突变危险性的争论,促成美国 FDA 规定染发剂制造企业 1976 年 12 月以后必须在染发剂的包装上标注染发剂的全成分,以便使用染发剂的消费者自行作出是否使用的决定。1978 年,美国化妆品强制性全成分标注全面开始。1993

年,欧盟(European Union)开始强制性化妆品全成分标注。2001 年,日本化妆品和染发剂开始强制性全成分标注。

2008 年 6 月 17 日,我国第二次修订发布的强制性国家标准 GB5296.3—2008《消费品使用说明化妆品通用标签》要求中国市场销售的化妆品强制性全成分标注。化妆品全成分标注的实施时限是 2010 年 6 月 17 日起。该强制性国家技术法规对于保护消费者的健康安全,保障消费者的知情权,提高化妆品的透明度,便于国家监管和企业自律,尽快与国际接轨具有积极的意义。

化妆品全成分标注,是指将化妆品产品配方中全部成分真实科学地加以标注。其标注应遵循如下原则:

(1)化妆品成分表的标注应本着真实的原则,将配方中加入的全部成分真实地加以标注,不得隐瞒某些故意添加的成分,或标注实际不具有的成分。

(2)化妆品全部成分是指生产者按照产品的设计,有目的地添加到产品配方中,并在最终产品中起到一定作用的所有成分。如增稠剂、保湿剂、皮肤调理剂、防腐剂、pH 值调节剂、表面活性剂、赋型剂、特殊功效成分等。化妆品厂家添加某种原料时,可能会带进不可避免地存在于原料中的某些微量杂质,这些微量杂质的存在不影响该原料的安全评价和使用,此种情况,不必标注。如混在硬脂酸中的微量软脂酸等脂肪酸。另外,原料中所含带入成分,在产品中的含量极少,远小于能发挥其效果所必需的量时,不必标注。如植物提取液中添加的"山梨酸"等防腐剂。

(3)化妆品的成分表原则上应标注在化妆品销售包装的可视面上。

(4)成分表应以"成分"的引导语引出。

(5)成分名称的标注顺序应按加入量的顺序列出。如果成分的加入量小于或等于1%时,可以在加入量大于1%的成分后面按任意顺序排列成分名称。对于含有多色号着色剂的化妆品,在标注时应在成分表的结尾插入"可能含有的着色剂"作为引导语,然后可以按任意顺序排列所有颜色范围的着色剂。

(6)标注的成分名称应采用《化妆品成分国际命名(INCI)中文译名》中的成分名称。如果该成分为《化妆品成分国际命名(INCI)中文译名》中没有覆盖的名称,可依次采用中华人民共和国药典的名称,化学名称或植物学名称。香精中的香料、辅助成分、载体可以不标注各自的成分名称,而采用"香精"这个词语列在成分表中。着色剂的名称采用着色剂索引号(染料索引号)的英文缩写"CI"加上着色剂索引号,如"CI12010","CI15630(3)"等。如果着色剂没有索引号,则可采用着色剂的中文名称。

(7)由于化妆品销售包装的形状和/或体积的原因,无法标注成分表时,可以适当缩小字体,或采用 GB5296 的形式标注。

二、化妆品动物替代试验方法

目前,在皮肤刺激性/腐蚀性、经皮吸收、致突变/基因毒性、光毒性等方面的安全性评价,已有通过验证的动物替代试验方法应用于化妆品原料或制成品。在急性毒性、皮肤致敏性等方面的安全性评价,已有通过验证的减少或优化动物试验方法。而在眼刺激、多次暴露毒性、生殖毒性、致癌性、毒代动力学等安全性评价,尚无有效的动物替代试验方法应用于化妆品原料或制成品。

1. 皮肤刺激和腐蚀性评价的替代方法

对于评价皮肤腐蚀性而言,有三种通过验证的3R备选实验方法,即"the TER test(rat skin transcutaneous electrical resistance test)(EC B.40, OECD430)"(大鼠皮肤经皮电阻试验)、"EpiSkin™(EC B.40, OECD431)"、"EpiDerm™(EC B.40, OECD431)"。其中,后两种实验是已经商品化的重建人造皮肤模型的方法。

2. 致突变性/基因毒性评价的替代试验方法

SCCP推荐了3种用于致突变性/基因毒性评价的替代实验,即"细菌回复突变试验(EC B.13/14, OECD471)"、"体外哺乳动物细胞基因突变试验(EC B.17, OECD4776)"和"体外微核试验(OECD487草案)(或体外哺乳动物细胞染色体畸变试验 EC B.10, OECD473)"。这些方法在我国也已经得到了广泛使用,包括在化妆品成品检验中使用。

3. 光毒性评价的替代试验方法

3T3成纤维细胞中性红摄取光毒性试验(3T3NRU PT)是一个通过验证的替代试验方法(EC B.41, OECD 432)。

近年来,动物替代试验方法研究有了很大的进展,然而已经通过验证的替代实验也多是针对个别毒理学观察终点的定性实验,多数只能用于化学物质的危害识别,代替化妆品成品个别指标的安全性检测,因此很难满足化妆品及其原料危险性评价的技术需求。有人认为,替代实验方法也许更适合作为以动物实验为主要评价手段的传统评价方法的有益补充。随着科学技术的发展,动物替代试验方法还有很长一段路要走,但毕竟这是化妆品安全性评价的发展方向。

三、纳米材料在化妆品中的应用

纳米材料(nanomaterial),是指由处于1~100nm尺度范围内的纳米颗粒(nanoparticle)及其致密的聚集体,以及纳米晶体所构成的具有一系列新物性的材料。纳米微粒的粒径极小,而比表面极大,因而表现出独特的性能。例如,纳米粒子的表面活性强,易吸附其他物质。与块状材料相比,熔点、磁学性能、电学性能和光学性能等有显著的差异,如金属纳米颗粒对光的吸收效果显著增加等。

人体皮肤的解剖学结构决定了皮肤一般只能通过表皮和毛囊这两条途径吸收。皮肤最外层为疏水性角质层,化妆品中的水溶性物质和相对分子质量大的物质,通过这两条途径的吸收相当不易。采用纳米技术制备化妆品时,将化妆品中最具功效的成分进行特殊处理,得到的化妆品膏体微粒尺寸可以达到纳米数量级。这种纳米级膏体对皮肤的渗透性大大增加,皮肤选择吸收功能物质的利用率随之大大提高。

1. 防晒剂

纳米原料用在化妆品防晒剂中,多为无机惰性原料,因而不像有机防晒剂其活性和刺激性较强,会对皮肤产生毒副作用,应用较安全。例如,纳米 TiO_2 是一种很好的防晒原料,其对长波(320~400nm)和中波(280~320nm)均有屏蔽作用,且自身为白色,可以随意着色,在防晒霜、粉底霜、口红和防晒摩丝等化妆品中得到广泛的应用。

2. 杀菌抗菌剂

纳米级材料自身有抑菌作用,对皮肤有很好的免疫调节、抗菌消炎及防敏脱敏作用。纳米 ZnO 应用于防晒化妆品中,不但使体系拥有收敛性和抗炎性,而且具有可吸收人体皮肤所分泌出的油脂的功效。

3. 功效成分载体

例如,粒径在 1000nm 以下尺寸的纳米微胶囊,粒径在 10~100nm 之间的纳米乳。目前,将中药有效成分,一些抗衰老、美白等功效成分装载入纳米粒子,再应用于化妆品,已显现出促进功效成分增溶和速溶,维持功效成分生物特性稳定,减少功效成分用量,延长功效成分在皮肤表面停留时间等良好的效果。

尽管纳米技术飞速发展,各种具有优良性能和新奇功能的纳米材料不断涌现,然而人们应该意识到:现有的环境与职业卫生接触及安全性评价标准及方法未必适用于纳米材料,纳米材料生物安全性评价体系的建立尚处在探索阶段。

四、天然/有机化妆品

近年来,出于对人类自身安全考虑,国际有关环保组织要求化工企业限用甚至禁用一些有害化学合成物。化妆品企业也考虑从环保角度控制抗氧化剂、防晒剂及色素等的应用。特别是消费者对化妆品中化合物的安全性的关注度增加,加之人口老龄化和出生率的下降导致保养类产品需求增加,以及普通人群可支配收入的增加,原本在小众中流行的天然/有机化妆品,也在大的化妆品生产企业顺势开发,成为化妆品市场的新宠。

天然/有机化妆品,一是,选用纯天然植物原料,尽量不使用对皮肤有刺激的色素、香精和防腐剂,以减少化学合成物给人体带来的危害,从原料把关,生产出对人体绝对安全的化妆品;二是,在制造、使用和处理各个阶段中,均使用对环境及人体无害的清洁生产技术,把污染防治由末端治理向生产过程转变;三是,使用可生物降解的和可再生利用的包装材料,减少过度包装,包装容器尽量循环使用;四是,喷发胶、剃须用品及喷雾香水用的气溶喷射剂由安全的液化石油和二甲醚取代,以消除对臭氧层的破坏;五是,舍弃化学合成添加剂而采用生物工程制剂、天然植物提取物,在安全无害的前提下,发挥除痘、美白和抗衰老等功效。

1. 表面活性剂

此为化妆品中重要的基质原料。传统表面活性剂多为石油衍生的合成型表面活性剂,包括直链烷基苯磺酸类、烷基酚衍生物等,以及含有对人体不利物质的半合成表面活性剂,包括脂肪醇聚氧乙烯醚硫酸盐(AES)和烷醇酰胺(6501)等。新型表面活性剂有三类:第一类是天然存在的,从动植物体内提取出来的天然表面活性剂,如茶皂素、皂素、各种磷脂、多糖以及天然高分子表面活性剂,如果胶酸钠和各种淀粉等;第二类是作为天然物的分解物而制得的表面活性剂,如肥皂、蛋白类表面活性剂;第三类是用天然物的主要成分制成的表面活性剂,如以烷基多糖苷(APG)、蔗糖酯、葡萄糖酰胺、烷基葡萄糖酰胺和烷基葡萄糖酯为代表的各类糖基表面活性剂,以甲酯磺酸盐(MES)、脂肪醇硫酸盐为代表的油脂衍生产品,以脂肪酰谷氨酸盐和脂肪酰肌氨酸盐为代表的类氨基酸产品。第三类表面活性剂具有大部分的天然物基团,或具有与天然物类似的结构,具有平衡温和、环境相容性和应用性能。

2. 水溶性聚合物

以动植物为原料,通过物理方法得到的天然水溶性聚合物。常见的有胶原蛋白类(明胶、水解蛋白等)和聚多糖类(琼脂、果胶和瓜尔胶等)。还有纤维素、淀粉改性产物和多糖类改性的天然衍生水溶性聚合物。

五、分子生物学与美容修复

修复是一个医学病理过程中的概念,指组织和细胞损伤后,机体对缺损部分在结构和功能上进行恢复的过程。修复是通过细胞的再生来实现的,因此,修复是以细胞的再生为基础,再生的过程常是损伤组织的修复。但是,仅仅凭简单的皮肤日常护理、营养护肤,不能从机体内环境解决皮肤组织结构、功能上的修复,因而达不到美容修复的效果。

随着生物医学技术的发展,人工重组生物工程的突破,生物细胞因子广泛地应用于美容化妆品中,使得美容修复的概念真正在美容护肤中时兴起来。科学家们利用 DNA 重组技术将人的某种蛋白质基因切割下来,组装到细菌中,让人的基因在细菌中按指令合成人的某种蛋白,获得具有生物效应的生物细胞因子,如 EGF、bFGF、aFGF、TGF、白介素、干扰素等,并将这些高效生物因子添加到化妆品中。在皮肤有损伤的情况下,这类生物细胞因子在体内和体外能促进机体表皮细胞、上皮细胞、角质细胞、成纤维细胞的生长、分裂和新陈代谢,促进微血管的生成,改善细胞生长的微环境。它对敏感皮肤、受损皮肤、创伤性皮肤以及改建性皮肤的修复和护理具有良好的作用。因此,这类化妆品与传统化妆品有着极大的不同,它是在分子水平上对受损细胞进行修复和调整,改善或更新其组织和代谢等功能,如促进皮肤细胞的生长,预防皮肤受到各种损伤,调节细胞中色素的平衡等,再创建皮肤的最佳结构和状态,从根本上达到保健皮肤、延缓皮肤衰老的目的。

在 20 世纪 80 年代中期,法国 Orlame 化妆品公司最先推出含有 EGF 的化妆品。随后欧、美和日本等国也推出同类产品。1995 年,邦定公司在国内首次将富含细胞生长因子等修复成分应用于"生物精华素"等美容化妆品中。2003 年,法国 PAYOT 推出"Les. Authentigues"细胞修复系列产品,其主要功能是祛斑和除皱。美国加州拉乔拉 Cosmedem 公司针对化妆品皮炎推出了名为 Cosmedem - 7 的新成分,目前此成分已被应用在 Shaldle 公司的 En - fusellC + E Relmir

P. M(维生素 E、维生素 C 修复晚霜)中,同时 Collagen 公司在其春季主打产品 Glycolic Peel 亮肤霜中也加入了这种成分。皮肤的各类炎症也促成了美国 MD Formulation 公司对此类维生素系列的开发。

除此以外,生物细胞因子还具有其他作用。

(1)抗皱。由于 EGF 等生物细胞因子能促进皮肤各种细胞的新陈代谢,增强细胞对营养物质的吸收,而使皮肤组织的细胞平均年龄降低。另外,EGF 可促进羟脯氨酸的合成,促使胶原及胶原酶的合成,分泌胶原物质、透明质酸和糖蛋白,调节胶原纤维,故具有滋润皮肤,增强皮肤弹性,减少皮肤皱纹和防止皮肤衰老的作用。

(2)美白祛斑。由于可通过 EGF 等细胞因子促进皮肤新生细胞来替代、更新衰老细胞,从而降低皮肤细胞中黑色素和有色细胞的含量,减轻皮肤色素的沉着,即在皮肤的细胞水平上改善了皮肤色素状况,达到美白祛斑的目的。

(3)防晒及晒后修复。生物细胞因子能迅速修复受损细胞,减轻紫外线辐射对皮肤造成的伤害,并能降低皮肤基底黑色素细胞的异常增加,阻断黑色素合成,减少晒后皮肤的黑斑生成,消除受损细胞的基因突变因子,预防光老化,因而具有预防紫外线损害和晒后损伤的修复作用。

(4)防粉刺与去疤痕。由于 EGF、bFGF 等能刺激皮肤肉芽组织的形成和促进肉芽组织的上皮化,还可调节胶原降解及更新,使胶原纤维以线性方式排列,防止结缔组织异常增生,故而有缩短创伤愈合时间以及减少疤痕形成的作用,对防止和护理痤疮有较好的效果。

参 考 文 献

[1]肖子英.特殊用途化妆品全成分标注专题讲座[J].中国化妆品(行业版),2010(4):88.

[2]房军,金银龙.化妆品原料危险性评估中替代试验研究进展[J].香料香精化妆品,2008,1(2):37.

[3]王学川,任龙芳,强涛涛.纳米材料在化妆品中的应用[J].日用化学品科学,2006,29(4):15.

[4]王吉星.天然有机化妆品的发展趋势[J].日用化学品科学,2007,30(12):5.

[5]韩恒,袁立新.绿色化妆品与基质原料绿色化[J].日用化学品科学,2009,32:43.

[6]肖子英.中国化妆品的定义与分类研究[J].日用化学品科学,2001,24(6):39.

[7]秦钰慧.化妆品管理及安全性和功效性评价[M].北京:化学工业出版社,2007.

[8]董银卯.化妆品[M].北京:中国石化出版社,2000.

[9]阎世翔.化妆品科学[M].北京:科学技术文献出版社,1995.

[10]张世.在变革中前行的中国化妆品市场[J].日用化学品科学,2009,32(5):4.

[11]李小迪.现代功能性化妆品配方的开发[J].日用化学品科学,2010,33(1):24.

[12]杨志刚.国际化妆品美容科技新动向[c/d].2004 年国际日用化工学术研讨会论文集(北京),2004.

第二章 化妆品稳定性评价方法

化妆品,从生产到流通,最终在消费者手中使用消耗完毕,历时较长。其间各种物理或化学因素可能导致化妆品成分或包装材料发生变化,因此首先要确保化妆品的稳定性,从而保证化妆品的使用性和有用性,避免不安全因素的产生。近年来,随着人们对生存环境问题的关注,化妆品外包装用后的废弃也引起行业的关注,作为化妆品稳定性考量的一部分。

第一节 化妆品原料的稳定性及其影响因素

化妆品是一种由各类物料经过合理调配而成的混合物。化妆品的各种特性及质量好坏除了与配制技术及生产设备等有密切关系之外,主要取决于构成它的原料。化妆品原料就其在化妆品中的作用而言可分为基质原料和辅助原料两类。基质原料是化妆品的主体,体现了化妆品的性质和功用;而辅助原料则是对化妆品的成型(稳定)、色、香和某些特性起作用,一般辅助原料的用量都较少,但在化妆品中是不可缺少的。化妆品原料在配方中是否稳定也直接影响到整个化妆品产品的稳定性,本节主要对各类化妆品原料进行介绍,并阐述影响各类原料稳定性的因素。

一、油脂、蜡类

油脂、蜡类及其衍生物是化妆品主要的基质原料,包括油脂、蜡类、高级脂肪酸和脂肪醇、酯类、烃类、金属皂和硅氧烷等。油脂、蜡类主要起着滋润和柔滑的作用,称为润滑剂。油脂是不溶于水的疏水性物质,有形成润滑薄膜的能力(俗称"油性"),来源于植物、陆地动物和水生动物,主要由脂肪酸甘油酯,即三甘油酯所组成。某些液态和固态的碳氢化合物也被称为油脂和蜡。一般来说,在常温下为液态者称为油,为固态者称为脂,油脂的固态和液态会随温度而发生可逆变化。蜡是一类具有不同程度的光泽、滑润和塑性的疏水性物质的总称,也可以被认为是属于有机热塑性的特定基团的物质,其熔点在 $35 \sim 95℃$ 之间。它包括以高级脂肪酸与高级脂肪醇生成酯类为主要成分的蜡,来源于植物和动物的天然蜡,以碳氢化合物为主要成分的矿物性的天然蜡,经过化学方法改性的天然蜡,用化学方法合成的蜡,各类蜡的混合物和与胶或树脂的混合物等。

无论是在乳化型,还是在非乳化型的化妆品配方中,油脂的油性、表面活性、熔点和凝固点、黏度及其随温度变化的特性、固—液和液—固的相变特性等,对产品的质量和稳定性来说均是极为重要的。因此,油脂的物理化学性质对于化妆品的应用也是非常重要的。

1. 熔点

熔点是油脂和蜡类物质的一个重要性质,在化妆品配方设计时,事先能了解其熔点和凝固点,不但对产品的工艺条件选择和质量管理,而且对产品的季节性变化,控制在最小幅度内都是非常重要的。

熔点不仅赋予产品以稠度,还影响其使用时的铺展性和皮肤的感觉。低熔点的脂肪酸必然会影响分子间的凝聚力和黏性,使用时也会影响皮肤的感觉。

2. 油性、黏度与稠度

(1)油性(oiliness),是油脂最值得关注的特性之一,即形成润滑薄膜的能力。它与油脂表面张力和油脂对某种界面(如皮肤)的界面张力有关。

(2)黏度(viscosity),是分子间内摩擦的一个量度。黏度系数,定义为在单位距离的两个平行层之间,维持单位速度差时,每单位面积上所需要的力。

动态黏度(dynamic viscosity)在 SI 单位制中用 Pa·s 来表示。一般油脂黏度的测定是使用以流体本身质量作为液体流动作用力的黏度计,这类仪器测定的是运动黏度(kinematic viscosity),以 m^2/s 来表示。赛氏黏度(ssybolt)是用射流型黏度计测定的黏度,通常均以排放规定体积的样品所需的时间秒(s)来表示。

油脂之所以具有较高的黏度,主要由于其中长链分子间的吸引力所致。黏度与油性有关,它是影响化妆品质量的重要因素,关系到"铺展性"和"黏性"等与化妆品感官质量及商品价值有密切关系的特性。从理论上来说,铺展性就是一定量物质所能展开的面积,对化妆品来说意味着在皮肤表面平展时所受到的阻力。

化妆品常用油相表面张力多在 29~34mN/m 范围内。同时,具有低表面张力和低黏度的油相能快速均匀地润湿皮肤,并且具有舒适的肤感。

(3)稠度(consistency),是浓分散体的流变性质,称为触变性。化妆品稠度不仅与所用原料直接相关,而且,生产过程的温度、搅拌条件和陈化时间等也会影响产品的稠度。如果仅从油脂、蜡类原料本身考虑,影响稠度的有如下因素:液态油的黏度和凝固点、固体脂和蜡的熔点、液体油与蜡类(或固体脂)的混合比例、蜡类(或固体脂)在液态油中的溶解性或混合性、固态脂或蜡类的结晶形状及其大小等。

二、色素

色素分为天然色素、合成色素和无机色素,选用于化妆品配方时要经过高温和低温色泽稳定性试验。有些色素对紫外线敏感,配方设计时要做紫外线色泽稳定性试验。用于化妆品中的色素可分为染料和颜料。染料溶解于介质时,具有着色力;而颜料是不溶性的,靠分散时着色。

储存于密封容器中的染料和颜料很稳定,但在使用时,会受到多种因素的影响而变得不稳定。染料和颜料的稳定性取决于它们的化学结构。一般来说,颜料比染料稳定,其中无机颜料又比有机颜料稳定。但蓝皂色"铜酞菁"例外,这种有机颜料的分子结构很稳定,且具有明亮的色调,是一种理想的着色剂。化妆品中所使用的色素主要分为无机颜料、有机颜料、染料三类。

无机颜料是一类不溶性的稳定性良好的化合物,其所含的金属离子一般都是过渡元素,如铁、钛、铬,它们的结构常是三维网状的。经典的无机颜料有群青、氧化铬(有水和无水两种)、镁络合物、二氧化钛、亚铁氰化铁、镀二氧化钛的云母类和氯氧化铋。无机颜料广泛用于修饰化妆品中,尤其是眼、面部化妆品,但要应用于唇膏中常常受到法规的限制。无机颜料的色调很宽,但珠光颜料例外,它们相当暗淡。

有机颜料包含色淀、调色剂、真颜料三类。色淀是一种与无机盐结合形成的不溶性化合物。色淀不溶于油相,但可分散在油相中,使其显色。化妆品中常见铝色淀。水溶性染料,调色剂是一种有机钡或钙的盐,真颜料不含金属离子。真颜料是最稳定的一类颜料,很少用于化妆品,其次是调色剂,铝色淀的稳定性最低。有机颜料的色调范围比无机颜料要窄,有光泽,广泛用于唇膏、指甲油和胭脂中。各种有机颜料的稳定性是不同的。

通常用于化妆品的水溶性染料稳定性较差一些,但色调范围较宽。在用于生产前,必须进行稳定性试验。

影响颜色稳定性的因素有紫外光、热、pH 值、金属离子、不相容物质、还原剂、加工方法和微生物等。除了上述这些特殊因素外,颜色稳定性还依赖于构成产品的基质、颜料浓度、暴露时间、选用包装材料等。

1. 紫外光的影响

紫外光是影响化妆品稳定性最常见的问题之一,特别是那些采用透明包装的产品,问题就更为突出。无机颜料一般很耐光,因为产生键断裂时需要较高的能量。就有机颜料对光的稳定性而言,真颜料最好,其次是调色剂,稳定性最差的是铝色淀。所以铝色淀不适用于长期暴露于日光中的产品。水溶性染料对光特别敏感,其稳定性常常受化妆品中其他成分的影响(如香精)而降低。在有色产品中添加紫外吸收剂可改善各种颜料对光的稳定性。紫外吸收剂既可添加于产品中,也可预先加入包装材料中。

2. 热的影响

在生产过程中,热对化妆品中颜色的影响最为明显。因此在生产中,应尽量缩短加热时间,或延迟投放颜料的时间。大多数无机颜料是在高温下制得的,所以它们一般不受化妆品加工温度的影响。但氧化铁例外,当温度高于100℃时,氧化铁会变成更红的颜色;如果是失去水分颜色会变黄。有机颜料对热的敏感性取决于它们的结构。真颜料通常不受热的影响,而调色剂和色淀对温度都是敏感的。制造色淀和调色剂时,必须控制好温度,不然色调会发生变化。使用染料通常不存在热稳定性问题。

3. pH 值的影响

pH 值能影响所有颜料的颜色,包括无机颜料,不稳定的有机颜料经化学变化,有时会出现色调改变。群青颜料(磺基硅酸钠铝复合物)在低 pH 值的体系中是不稳定的,即使在微酸性的条件下,它也可能出现褪色情况,甚至会释放出难闻的硫化氢气体。而锰的复合物在碱性条件下会分解,生成 MnO_2,结果呈紫色。亚铁氰化铁络合物是深蓝色的,在 pH > 7 时也会分解,生成铁的氧化物。有机颜料虽然不像无机颜料那样反应明显,但也可能出现两种情况,色淀和调色剂的色调与 pH 值有关,当 pH < 4 或 pH > 7 时,有机金属键可能遭到破坏,使颜料转变为染料,产生染色问题。一般来说,偶氮颜料在酸碱介质中相当稳定,但呫吨颜料在酸性条件下是不稳定的。

4. 金属离子和不相容物质的影响

大多数色料对金属离子都是敏感的,如铁、铜、锌和锡都能协同光、酸、碱和还原剂,使颜色减退。一些不相容的物质,如阳离子型表面活性剂,它们能使染料褪色。因为染料大多数都是阴离子型的,只有碱性染料最适用于含阳离子的产品中。

5. 还原剂的影响

化妆品中含有的还原剂和香精中的醛类能使染料褪色,其机理尚不清楚。还原剂有提高光对颜料的作用。香精与颜料作用会造成严重的质量问题,因此应改进香精的混合方法。

6. 加工方法的影响

许多化妆品加工中会用到研磨机,以保证制品组成均匀。但有些颜料如群青,研磨过度,会释放出硫化氢气体。珠光颜料对研磨也是敏感的。氯氧化铋和镀二氧化钛的云母产生珠光的好坏取决于其片状结构。研磨能使片状结构断裂,结果失去珠光状,反光度降低。因此使用珠光颜料时,要待研磨后再加入。

7. 微生物的影响

化妆品受微生物严重污染后,由于生化还原作用,会使有机颜料遭到破坏。

8. 比重和颗粒大小的影响

当无机颜料或珠光颜料用于液体产品(如指甲油)时,它们的相对密度和颗粒大小是十分重要的。相对密度大的颜料可能会使产品在存放期间出现沉淀。解决的方法是仔细选择颗粒,调节产品的黏度,或使用表面活性剂。另外,也可选用含硅氧烷的颜料。

三、香料、香精

香料可分为天然香料、合成香料,天然香料从动物或植物中提取,成本较高。香精是用天然香料与合成香料经调和而成的混合物,香精中的醛类、酚类物质,光学稳定性不好,受光或储存时间较长则容易分解,导致化妆品出现变色、香味恶化、膏体返粗等现象。化妆品加香既要先选择适宜的香精,又要考虑所选香精对产品的稳定性有无影响。香精的稳定性主要包括香精本身的稳定性和香精加入某种介质(或基质)制成最终产品后,香精与介质之间的相互影响。

香精本身的稳定性主要表现在两个方面:一是,香型或香气的稳定性,即香精能否在一定时期和条件下基本保持其香型或香气;二是,香精物理化学的稳定性,如变色、形成沉淀物等。这两方面稳定性往往是有联系或互为因果的。香精与介质的相互影响作用是两者的配伍问题,这对最终产品的性能和质量有极其重要的影响。促使香精不稳定的主要原因有以下几点:

(1)香精中某些分子之间发生的化学反应(如酯化、酯交换、酚醛缩合、醇醛缩合、泄馥基形成等)和与空气中的氧之间发生氧化或聚合反应(醇、醛和不饱和键的氧化)。

(2)在光、热和微量金属离子的作用下,诱发香精中某些活化分子的物理化学反应(如某些醛、酮和含氮化合物等)。

(3)香精中某些成分与介质中某些组分之间的物理化学反应或配伍不相容性,如因介质pH值的影响而水解或皂化,因表面活性剂的存在而引起加溶,因某些组成不配伍产生混浊或沉淀等。

(4)香精中某些成分与产品包装容器材料之间的反应。

这些不稳定性因素的作用往往不是单一的,其作用结果是一种综合的效果,可使香精的香型或香气变化,加香产品变色、混浊、析出沉淀、乳液分层,黏度变化等。此外,还可导致加香产品的外观和功能的改变,包装容器的变色和变形。

由于香精的组分很多,纯度差异较大,很难根据香精的化学成分性质来判断香精的稳定性。容易发生变色的香料包括:月桂油、肉桂油、肉桂叶油、肉桂醛、柠檬醛、丁子香油、乙基麦芽酚、乙基香兰素、丁子香酚、胡椒醛、吲哚、异丁子香酚、麦芽酚、邻氨基苯甲酸甲酯、泄馥基的基本成分、硝基麝香、喹啉、水杨酸酯、甲基吲哚、橡苔、合成橡苔和香兰素等。此外,还有一些天然植物和动物提取的浸膏和香树脂等颜色较深,也较容易变色。

香精本身的稳定性和加香产品的稳定性试验可通过两种方法进行:一种是货架寿命试验,就是模拟正常存放和使用的条件,在不同间隔的时间内,取样进行感觉评价和物理化学性质测定,这是最基本和最可靠的方法,但考察过程往往需要几个月,甚至一年;另一种方法是强化试验,包括加温法、冷冻法和光照法,详细方法可参考有关工业标准。

香精的储存条件对香精的稳定性有很大的影响。香精最好储存在有色玻璃容器内,但实际上由于运输困难,很少采用。最好储存在不锈钢或有特殊衬里的铁罐中,铝容器中保存以半年为限,不要使用衬里有破损的金属罐。金属离子的存在会使香精变色和变味,储罐应有很紧密的封盖,保存在室内低温的地方,在有条件的情况下,最好在 $2 \sim 4 ℃$ 下,避光、避热储存。如果容器为部分充满,罐内上部空间充氮气,以防止香精的氧化,要在远离明火并有良好通风的场所处理和保存香精,防止其中的可燃性挥发组分着火。不可用塑料容器储存香精,因为香精对塑料有较大的渗透性,会使塑料容器变软,造成溢漏或胀裂,引起火灾。某些容易氧化或聚合的香精,可在启用后添加抗氧化剂,或利用稀释和空间充氮法以防止氧化。

四、其他原料成分

特殊功效化妆品,又称为药妆化妆品,其中添加的功效成分同样具有药理活性。功效成分在化妆品生产、储存、销售、使用过程中，其稳定性会受到体系 pH 值、温度的影响，也可能与配方中各种原料发生作用，与化妆品包装容器发生作用。其结果或在使用期间功效下降，或发生性质变异，从而带来安全隐患。

第二节　与化妆品制成品稳定性相关的质量要求

化妆品一般是由多种成分复合而成的多相分散体系，其中既有水溶性成分，也有油溶性成分。油相分散于水相，称为水包油（O/W）型；反之，称为油包水（W/O）型。水相与油相间存在的界面张力，使得化妆品多为热力学不稳定体系，趋于分层或分相，或由水包油型转为油包水型（反之亦然），或破乳；导致化妆品的使用性和适用性受到直接影响。

一、乳化类化妆品

乳化类化妆品，一类是以雪花膏为代表的膏霜类化妆品，一类是以润肤乳液为代表的乳液类化妆品。

1. 膏霜类化妆品的主要质量问题与质量指标

雪花膏一般为 O/W 型乳化体，在制造、储存和使用过程中，较易发生变质现象。例如，包装时，容器或包装瓶密封不好导致的失水干缩；由于硬脂酸用量过多，或单独选用硬脂酸与碱类中和，或保湿剂用量较少，或在高温、水冷条件下乳化体被破坏，造成雪花膏在皮肤上不易涂敷均匀，俗称起面条；由于乳化剂选择不当或盐量过高，导致乳化体被破坏而分层；由于添加的香精多为醛类或酚类等不稳定物质，易在光照条件下发生变质。

雪花膏的感官、理化指标参见表 2 - 1。

表 2 - 1　雪花膏的感官、理化指标（QB/T 1857—2004）

指 标 名 称		指 标 要 求
感官指标	外观	膏体细腻，均匀一致
	香气	符合规定香型
理化指标	pH 值	4.0 ~ 8.5（粉质产品，果酸类产品除外）
	耐热	（40 ± 1）℃保持 24h，恢复室温后膏体无油水分离现象
	耐寒	-15 ~ -5℃保持 24h，恢复室温后与试验前无显著差异

2. 乳液类化妆品的主要质量问题与质量指标

乳液类化妆品的质量问题主要表现在油水分层、稠度增大以及颜色变黄等。

在乳液制备过程中，油相分散度不够而成丛毛状油珠，丛毛状油珠相互连接扩展为较大的颗粒时，油相凝聚并上浮成稠厚浆状，从而导致乳液稳定性差。另外，油水两相密度相差过大、产品黏度低也是其中原因。

大量采用硬脂酸及其衍生物作为乳化剂,加入高熔点的蜡或脂肪酸酯,可能导致乳液在储存过程中黏度增大,对低温条件储存尤甚。

润肤乳液的感官、理化指标参见表2-2。

表2-2 润肤乳液的感官、理化指标(GB 2286—1997)

指标名称		指标要求		
		优级品	一级品	合格品
感官指标	色泽	符合企业规定		
	香气	符合企业规定		
	结构	细腻		
理化指标	pH值	4.0~8.5(果酸类产品除外)		
	耐寒	-15~-5℃保持24h,恢复室温后无油水分离现象		
	耐热	40℃保持24h,恢复室温后膏体无油水分离现象		
	离心试验 一般	4000r/min 旋转30min 不分层	3000r/min 旋转30min 不分层	2000r/min 旋转30min 不分层
	粉质	2000r/min 旋转30min 不分层(含不溶性粉质颗粒沉淀物除外)		

二、液洗类化妆品

以洗发液为例。在洗发液的生产、储存和使用过程中,洗发液的质量问题主要表现在黏度变化、外观珠光效果不良或消失、出现混浊分层以及变色变味等。

黏度是洗发剂的一项主要质量指标。洗发液是由多种原料经过单纯的物理混合而成,原料规格的变动(如活性物含量、无机盐含量等)以及投料量不准、操作规程控制不严都可能导致产品批次间黏度发生波动。

有时,洗发液刚配出来时黏度正常,但经一段时间放置后黏度会发生波动,其主要原因之一是制品pH值过高或过低,导致某些原料(如琥珀酸酯磺酸盐类)水解,影响制品的黏度;其二是单用无机盐或皂类作增稠剂,体系黏度会随温度变化而变化。加入适量水溶性高分子化合物增稠剂,可避免此种现象的发生。

当体系黏度过低,其不溶性成分分散不好;或中高熔点原料含量过高,低温下放置结晶析出;或体系中原料之间发生化学反应,破坏了表面活性剂的胶体结构;或制品pH值过低,某些原料水解;或无机盐含量过高,低温下出现混浊,都可能导致洗发液刚生产出来时各项指标均良好,但经过一段时间的放置,出现混浊,甚至分层现象。

珠光效果的好坏,与珠光剂的用量、加入温度、冷却速度、配方中原料组成等均有关系。

洗发液的感官、理化指标参见表2-3。

表 2 – 3　洗发液的感官、理化指标（QB/T 1974—2004）

指 标 名 称		指 标 要 求		
		优级品	一级品	合格品
感官指标	外观	无异物		
	色泽	符合企业规定		
	香气	符合企业规定		
理化指标	pH 值	4.0 ~ 8.0		
	黏度(25℃)/Pa·s	≥0.4		
	有效物/%	≥10.0		
	泡沫高度(40℃)/mm	透明型≥100,非透明型≥50,儿童产品≥40		
	耐寒	– 15 ~ – 5℃,24h 恢复室温样品正常		
	耐热	(40 ± 1)℃,24h 恢复室温后没有分离、沉淀、变色现象 （注明含有不溶性粉粒沉淀物除外）		

三、水剂类化妆品

水剂类化妆品包括香水类化妆品、化妆水类化妆品。香水类又可细分为酒精液香水、乳化香水、固体香水、气雾型香水,化妆水类又可细分为柔软性化妆水、收敛性化妆水、洗净用化妆水、须后水、痱子水、精华素等。

水剂类化妆品的质量问题主要是出现混浊、变色、变味等现象。

配方不合理或所用原料不合要求,如酒精的用量不足,使得所用香精香料中不溶物过多,导致在生产、储存过程中出现混浊和沉淀。增溶剂（表面活性剂）选择不当,也可能引起制品混浊和沉淀。酒精纯度不高、含杂醇油等杂质,会直接影响香水的品质。包装容器密封性不好,香水、化妆水中的酒精挥发,会使香精析出。

香水、花露水的感官、理化指标参见表 2 – 4。

表 2 – 4　香水、花露水的感官、理化指标（QB/T 1858—2006）

指 标 名 称		指 标 要 求
感官指标	色泽	符合规定色泽
	香气	符合规定香型
	清晰度	水质清晰,不得有明显的杂质和黑点
理化指标	相对密度(20℃)	0.84 ~ 0.94
	浊度	10℃水质清晰,不混浊
	色泽稳定性	(48 ± 1)℃,24h 维持原有色泽不变

四、气溶胶类化妆品

气溶胶制品(aerosol product)又称气雾制品。气溶胶属胶体化学范畴的概念,是指液体或固体微粒悬浮于气体中呈胶体状态。气溶胶中颗粒粒径小于$50\mu m$,一般在$10\mu m$左右。这类化妆品可分为五类,即空间喷雾制品,如喷出细雾的香水、古龙水、空气清新剂等;表面成膜制品,如喷出的颗粒附着在皮肤或头发表面呈薄膜的喷发胶、亮发油、除臭剂等;泡沫制品,如剃须膏、摩丝等;气雾溢流制品,如气雾式冷霜、气雾式牙膏等;粉末制品,如气雾爽身粉等。

气溶胶类化妆品不同于一般的化妆品,不仅是配方原料,内含的气体推进剂、气压容器也对制品的质量起重要作用。这类化妆品的质量问题主要与以下因素有关。

1. 气压容器的耐压情况

气溶胶类化妆品,在生产、储存、使用等环节对气压容器都有一定的耐压要求。这不仅是由于温度的影响,制品的喷雾状态或泡沫形态都对气压有一定的要求。通常添加低沸点液化气体作为喷雾剂(或推进剂)。

2. 化学反应

应避免化妆品配方中的各种成分之间的化学反应,同时要注意组分与喷射剂或包装容器之间不起化学反应。否则由此可能对包装容器产生腐蚀,或化妆品色泽变深、气味改变等。

3. 溶解度

各种化妆品成分对各种喷射剂的溶解度是不同的。配方应尽量避免选择溶解度不佳的物质;对于采用冷却灌装的制品应注意主成分在低温时不会出现沉淀等不良现象,以免在溶液中析出而阻塞气阀,影响使用性能。

发用摩丝的感官、理化指标参见表2-5。

表2-5　发用摩丝的感官、理化指标(QB 1643—1998)

指标名称		指标要求
感官指标	外观	均匀泡沫,手感细腻,富有弹性
	香气	符合规定香型
理化指标	pH值	3.5 ~ 9.0
	耐热	40℃保持4h,恢复室温后能正常使用
	耐寒	0 ~ 5℃保持24h,恢复室温后能正常使用
	喷出率	≥95%
	泄漏试验	在50℃恒温水浴中试验不得有泄漏现象
	内压力	在25℃恒温水浴中试验应小于0.8MPa

五、粉类化妆品

粉类化妆品主要是指以粉类原料为主要原料配制而成的外观呈粉状或粉质块状的一类制

品,例如香粉、爽身粉、痱子粉、粉饼、胭脂以及粉质眼影块等。使用时,通常要求颗粒细小、滑腻、易于涂敷等。

香粉存在的主要问题是黏附性差,与硬脂酸镁或硬脂酸锌用量不够或含有其他杂质质量差等有关,另外粉料颗粒粗也会导致黏附性差。其次是吸收性差。香粉吸收性差,主要是碳酸镁或碳酸钙等具有吸收性能的原料用量不足所致,应适当增加其用量;但用量过多会使香粉的 pH 值上升,可采用陶土粉或天然蚕丝粉代替碳酸镁或碳酸钙,降低香粉的 pH 值。香粉中加入的乳剂油脂量过多或烘干程度不够,会导致加脂香粉成团结块,有色香粉色泽不均匀。

粉饼的质量问题主要表现在粉饼过于坚实、涂抹不开,与胶合剂品种选择不当、胶合剂用量过多或压制粉饼时压力过大有关。另一方面,胶合剂用量过少、滑石粉用量过多以及压制粉饼时压力过低等原因,又导致粉饼过于疏松、易碎裂。

香粉、爽身粉、痱子粉的感官、理化指标参见表 2 - 6。

表 2 - 6　香粉、爽身粉、痱子粉的感官、理化指标(QB/T 1859—2004)

指 标 名 称		指 标 要 求
感官指标	粉体	洁净,无明显杂质黑点
	色泽	符合规定色泽
	香气	符合规定香型
理化指标	pH 值	4.5 ~ 10.5(儿童用品 4.5 ~ 9.5)
	细度(120 目)/%	≥95

化妆粉块的感官、理化指标参见表 2 - 7。

表 2 - 7　化妆粉块的感官、理化指标(QB/T 1976—2004)

指 标 名 称		指 标 要 求
感官指标	块形	表面应完整,无缺角、裂缝等缺陷
	外观	颜料及粉质分布均匀,无明显斑点
	香气	符合规定香型
理化指标	pH 值	6.0 ~ 9.0
	疏水性	粉质浮在水面保持 30min 不下沉
	跌落试验	破损≤1
	涂擦性能	油块面积≤1/4 粉块面积

六、包装容器

化妆品的包装是指制品在生产、运输、储存以及消费者使用环境(温度、湿度、光线和微生物等)中,为保护其价值及状态而采用适当的材料和容器所涉及的技术措施。制品应不受外界侵蚀,在较长时间内保持完好状态。

包装容器应具备四个基本特性。其一,保护性,即保护内容物的功效。内容物在环境可见光和紫外线的照射下,可能发生变色、变味、功效成分分解等,所以包装容器应能吸收或阻隔光线并严密,避免内容物从容器壁渗出,以及随时间增长出现产品干缩、染菌、变色、变质等情况。其二,适用性。包装容器一般选用惰性材料,避免内容物与之发生化学反应而引起容器膨胀、变形、破损、溶解、变色和功效成分吸收等问题。其三,功能性。化妆品使用的广泛性,要求在使用中必须使用方便,没有危险,而且用后易于废弃处理。因此,从工效学考虑,容器应握拿方便,开启容易;从安全性考虑,应注意避免消费者使用中被容器碎片划伤等。其四,安全性。这里主要指制备容器基础材料的安全性,应符合国家法律法规对安全性的要求。

第三节 稳定性试验方法

化妆品的稳定性包括生产过程的稳定性、运输储存中的稳定性、使用过程的稳定性等几个方面,要求产品在较长的时间内(通常是三年左右)性质稳定,不发生分层、絮凝、变色、变质等现象。化妆品的稳定性可以在配方设计过程中运用相关的理化实验来检验确认。

一、耐热试验

耐热试验是膏霜和乳液等化妆品基本且十分重要的稳定性试验,包括发乳、唇膏、润肤乳液、护发素、染发乳液、发用摩丝、洗面奶、雪花膏、洗发水。因各类化妆品的外观形式不同,因此各标准对耐热要求和试验操作各不相同,以下将对各化妆品的耐热指标和试验操作分别进行阐述。

1. 发乳

耐热指标:对 O/W 型发乳,要求 40℃/24h 膏体无油水分离现象。

耐热试验:对 O/W 型发乳,将试样置于干净的 30mL 高型称量瓶中,使膏体装实无气泡,置于规定温度 ±1℃ 的恒温培养箱里,保持 24h 后取出,立即观察。应达到指标要求。

2. 唇膏

耐热指标:要求 45℃/24h,恢复室温后外观无明显变化,能正常使用。

耐热试验:预先将电热恒温箱调节至(45±1)℃,将待测样品脱去盖套并全部旋出,垂直置于恒温培养箱内,24h 后取出。恢复至室温后目测观察,并将少许试样涂擦于手背上,观察其使用性能。

3. 润肤乳液

耐热指标:要求 40℃/24h,恢复室温后无油水分离现象。

耐热试验:将试样分别倒入两支 φ20mm×120mm 的试管内,使液面高度为 80mm,塞上干净的软木塞。把一支待检的试管置于预先调节至规定温度 ±1℃ 的恒温培养箱内,保持 24h 取出,恢复室温后与另一支试管的试样进行目视比较。

4. 护发素

耐热指标:要求40℃/24h,恢复室温后没有分层现象。

耐热试验:将试样分别倒入两支ϕ20mm×120mm的试管内,使液面高度为80mm,塞上干净的胶塞。把一支待检的试管置于预先调节至(40±1)℃的恒温培养箱内,保持24h取出,恢复室温后与另一支试管的试样进行目视比较。

5. 染发膏

耐热指标:要求(40±1)℃/6h,恢复室温后无油水分离现象。

耐热试验:预先将恒温培养箱调节至(40±1)℃,把包装完整的试样一瓶置于恒温培养箱内。6h后取出,恢复至室温后目测观察。

6. 发用摩丝

耐热指标:要求40℃/4h,恢复室温能正常使用。

耐热试验:预先将恒温水浴调节到(40±2)℃,把包装完整的试样一瓶放入恒温水浴内,保持24h后取出,恢复至室温后按正常使用方法进行使用观察。

7. 洗面奶

耐热指标:要求40℃/24h,恢复室温后无油水分离现象。

耐热试验:预先将恒温培养箱调节至(40±1)℃,将包装完整的试样一瓶置于恒温培养箱内。24h后取出试样,恢复室温后目测观察。

8. 雪花膏

耐热指标:要求(40±1)℃/24h,恢复至室温膏体无油水分离现象。

耐热试验:预先将恒温箱调节至(40±1)℃,向已称量的培养器中放入膏体约10g(约占培养皿面积的1/4)。刮平再精密称量,斜放在恒温培养箱内的15°角架上。经24h后取出,放入干燥器冷却后再称重。如有油渗出,则将渗出的油分揩去,留下膏体部分,然后将培养皿连同剩余的膏体部分称量。试样的渗油率,数值以百分数表示,按以下公式计算。

$$渗油率 = \frac{(m_2 - m_1)}{m} \times 100\%$$

式中:m——称取样品的质量,g;

m_1——24h后试样质量加培养皿质量,g;

m_2——渗油部分揩去后,试样质量加培养皿质量,g。

9. 洗发膏

耐热指标:要求40℃/24h,膏体不流动,无分离现象。

耐热试验:将试样放入已调节至(40±1)℃的恒温箱中,按规定时间进行试验。小塑料袋样品用铁夹夹住塑料袋封口,悬挂在电热恒温干燥箱中,24h后取出,放在45°的斜面上,观察膏体是否流动和有无变化。瓶装样品,将瓶放置于电热恒温干燥箱中,使膏面保持水平,24h 后取出,斜放呈 45°,观察膏体是否流动和有无变化。散装样品,改为 15 ~ 30g 小包装后,检查方法同上。

二、耐寒试验

耐寒试验和耐热试验一样,是膏霜和乳液等化妆品的基本而十分重要的稳定性试验,包括发乳(QB/T 2284—1997)、洗发膏(QB/T 1860—1993)、润肤乳液(QB/T 2286—1997)、护发素(QB/T 1975—2004)、染发乳液(QB/T 1978—2004)、发用摩丝(QB 1643—1998)、洗面奶(QB/T 1645—2004)、雪花膏(QB/T 1857—2004)、洗发膏(QB/T 1860—1993),因各类化妆品的外形不同,因此各标准对耐寒要求和试验操作也各不相同,以下将对各化妆品的耐寒指标和试验操作分别进行叙述。

1. 发乳

耐寒指标:对 O/W 型发乳,要求 -15℃/24h,恢复室温(25℃)无油水分离现象。对 W/O 型发乳,要求 -10℃/24h,恢复室温(25℃)膏体不发粗,不出水。

耐寒试验:预先将冰箱调节至(-15 ±1)℃或(-10 ±1)℃,放入待验样品,保持 24h 后取出,恢复室温,观察。

2. 唇膏

耐寒指标:要求(0 ±1)℃/24h,恢复室温后能正常使用。

耐寒试验:预先将冰箱调节至(0 ±1)℃,将待验样品套上盖子放入冰箱内,24h 后取出,恢复室温后,将样品少许涂擦于手上,观察其使用性能。

3. 润肤乳液

耐寒指标:优级品要求 -15℃/24h,恢复室温无油水分离现象;一级品要求 -10℃/24h,恢复室温无油水分离现象;合格品要求 -5℃/24h,恢复室温无油水分离现象。

耐寒试验:预先将冰箱调节至规定温度,把包装完整的试样放入冰箱内,保持 24h 后取出,恢复室温观察。

4. 护发素

耐寒指标:优级品要求 -15℃/24h,恢复室温能正常使用,且不得有分离现象;一级品要求 -10℃/24h,恢复室温能正常使用,且不得有分离现象;合格品要求 -5℃/24h,恢复室温能正常使用,且不得有分离现象。

耐寒试验:将样品分别倒入两支干燥清洁的试管内,高度约 80mm,塞上干净的软木塞,把一支待验的试管放入预先调节好试验温度的冰箱内 24h,取出恢复至室温后与另一支试管内的样品进行对比。

5. 染发乳液

耐寒指标:要求 -10℃/24h,恢复室温后,无油水分离现象。

耐寒试验:预先将冰箱调节至规定温度,把包装完整的试样一瓶放入冰箱内,保持 24h 取出,恢复至室温后观察。

6. 发用摩丝

耐寒指标:要求0℃/24h,恢复室温能正常使用。

耐寒试验:预先将冰箱调节至规定温度,把包装完整的试样一瓶放入冰箱内保持24 h 取出,恢复至室温后观察。

7. 洗面奶

耐寒指标:要求 – 10 ~ – 5℃/24h,恢复至室温后无分层、泛粗、变色现象。

耐寒试验:预先将冰箱调节至 – 10 ~ – 5℃,将包装完整的试样一瓶置于冰箱内,24h 后取出试样。恢复室温后目测观察,应无分层、泛粗、变色现象。

8. 雪花膏

耐寒指标:要求 – 10 ~ – 5℃/24h,恢复室温后与试验前无明显性状差异。

耐寒试验:预先将冰箱调节至 – 10 ~ – 5℃,把包装完整的试样一瓶放入冰箱内保持24h 取出,恢复至室温后目测观察。

9. 洗发膏

耐寒指标:要求0℃/24h,膏体能正常使用; – 10℃/24h,膏体恢复室温无分离析水现象。

耐寒试验:预先将冰箱调节至(0 ± 1)℃,放入试样 24h 后取出,检查膏体能否正常使用;样品经0℃预冷 2h,放入温度调节至(– 10 ± 1)℃的冰箱内,24h 后取出,恢复室温观察试样是否正常。

三、离心试验

离心试验是测定乳液化妆品货架寿命的必要试验方法。本法适用于润肤乳液(QB/T 2286—1997)、洗面奶(QB/T 1645—2004)的离心试验。

1. 润肤乳液

离心试验指标:要求在 2000r/min 的转速下旋转 30min 不分层(含粉质颗粒沉淀物除外)。

离心试验:向离心管中注入试样约 2/3 高度并装实,用软木塞塞好,然后放入预先调节至(38 ± 1)℃的电热恒温培养箱内,保持 1h 后,即移入离心机中,并将离心机的离心速度调至 2000r/min,旋转 30min 后取出观察。

2. 洗面奶

离心试验指标:要求在 2000r/min 的转速下旋转 30min,无油水分离现象(颗粒沉淀除外)。

离心试验:方法同润肤乳液。

四、色泽稳定性试验

色泽稳定性试验是检查有颜色化妆品色泽是否稳定的试验方法,常采用直接观察法检测。

发乳的色泽稳定性参照 QB/T 2284—1997 进行。取样在室温和非阳光直射下观察,应满足色泽规定。

香水、花露水的色泽稳定性参照 QB/T 1858.1—2006 进行。取样置于 25mL 的比色管内，在室温和非阳光直射下观察，应满足色泽规定。

五、容器的稳定性试验

对于化妆品容器，一般应保证内容物性能的稳定；保证制作材料与内容物的适应性，不出现腐蚀、变臭、变色、脆化、溶出和裂缝等；保证容器开闭的容易程度，组装部件的强度，表面装饰的剥落、划伤，气密性等。

检测容器稳定性的代表性试验有：温湿度的耐受试验、水/醇/内容物/洗涤液/人工汗液的耐受试验、冲击/压力/摩擦的耐受试验。以下仅对气溶胶类化妆品相关的容器稳定性试验稍作叙述，详见 GB/T 14449—2008《气雾剂产品测试方法》。

1. 泄漏试验

泄漏试验是检验气压式化妆品是否存在喷射剂外泄的问题。本试验适用于发用摩丝和定型发胶的泄漏试验。

试验操作：预先将恒温水浴箱调节至 50℃，然后放入三瓶试样摇匀，将脱去塑盖的试样直立放入水浴中，5min 内以每罐冒出气泡不超过五个为合格。

2. 内压力试验

内压力试验是检验气压式化妆品的瓶内压力是否超过规定压力。本试验适用于发用摩丝和定型发胶的内压力试验。

试验操作：取三罐试样，按试样标示的喷射方法，排除充装操作中滞留在阀门和/或吸管中的推进剂或空气；将试样拔出阀门促动器，置于所要求温度的恒温水浴中，使水浸没罐身，恒温时间不少于 30min；戴厚皮手套，摇动试样六次（除试样注明不允许摇动罐体者除外），将压力表进口对准阀杆，产品整理放置，用力压紧。待压力表指针稳定后，记下压力读数，每罐重复测试三次，取平均值；依此方法测试另两罐试样。三次测试结果平均值即为该产品的内压。

六、一般保存试验与强化保存试验

在生产、销售、消费者使用等环节，化妆品可能发生变色、褪色、变臭、污染、结晶析出等化学变化，也可能发生分层、沉淀、凝聚、白粉、发汗、凝胶化、条纹不均、挥发、固化、软化、龟裂等物理变化。这些物理或化学变化直接影响到化妆品的质量。生产商、销售商或消费者都需要了解化妆品的储存期或寿命，所以有必要对化妆品进行保存试验，以确定化妆品的使用有效期限。

1. 一般保存试验

一般保存试验，即在设定的温湿度、光照条件下，将化妆品静置一定时间，观察测定样品状态的变化。

设定温度在 -10℃、-5℃、0℃、25℃、30℃、37℃、45℃、50℃、60℃等,根据试验样品的性状来选择适当的温度。

光照条件,可以是室外自然光,也可以采用人工光源,后者在较长时间内可控制光照强度。

保存时间在1天至1个月、2个月、6个月、1~3年等,根据试验样品的观察目的来选择适当的时间。

观察项目包括外观变化和气味变化。外观变化主要是色调变化、褪色、条纹颜色不均、混入异物、分离、沉淀、发汗、疏松、龟裂、胶化、混浊、结块、光泽消失、塌陷、有伤痕/浮游物/白粉/麻点/裂缝、出现真菌菌丝等。

测定项目包括样品在不同时间点的pH值、硬度、黏度、浊度、粒径、软化点、水分等。

可以采取长期存放的办法,但即使这样,也由于储存的地区不同而产生不同的结果。长期存放对测定工作效率,无疑也是不适合的,因此通常在实验室中使用强化自然条件的方法来测定化妆品的稳定性。

2. 强化保存试验

强化保存试验,又称为加速老化试验,即极短时间内改变化妆品样品存放的环境条件(如温湿度、光照强度),或给予样品以一定物理量负荷,观察测定样品状态的变化。样品在强化保存试验期间的观察测定项目与一般保存试验相同。

环境条件改变可采用循环试验,即将高温/低温、光照/闭光在短时间内数次循环改变,以模拟气候与昼夜的变化。

应力试验,即给予样品一定的应力负荷,观察样品的物性变化。其中离心分离法可用于观察乳化液状制品油水分离的情况,落下法可判断粉状固体化妆品的耐冲击能力,荷重法适用于测定口红等条状化妆品抗折断强度。

思考题

1. 从化妆品稳定性的角度,举例说明测定化妆品酸碱度的意义。
2. 什么是强化保存试验?其对化妆品稳定性评价具有什么意义?
3. 香精的加入会给化妆品的稳定性带来什么影响?加香产品的稳定性如何保证?
4. 以防晒乳液为例,设计产品的稳定性评价方案。

参 考 文 献

[1] 光井武夫. 新化妆品学[M]. 张宝旭,译. 北京:中国轻工业出版社,1996.

[2] 裘炳毅. 化妆品化学与工艺技术大全[M]. 北京:中国轻工业出版社,1997.

[3] 王培义. 化妆品—原理·配方·生产工艺[M]. 北京:化学工业出版社,1999.

［4］毛培坤．化妆品功能性评价和分析方法［M］．北京：中国轻工业出版社，1998.

［5］阎世翔．化妆品科学（上、下册）［M］．北京：科学技术文献出版社，1998.

［6］郦伟章．化妆品中色料的稳定性［J］．日用化学工业，1991（32）：50－51.

［7］郑超．稳定性实验对化妆品配方设计的作用［A］．2002 年中国化妆品学术研讨会论文集［C］．2002.

［8］田中琳，邹文苑．化妆品包装趋势与质量控制［J］．日用化学品科学，1996（3）：16－17.

［9］刘尊忠．非流质化妆品的包装［J］．今日印刷，2003（3）：74－76.

第三章　化妆品卫生学评价方法

化妆品被直接施于人体表面,是否达到一定卫生水平直接影响到消费者的健康,具体情况如下。

可能含有禁用物质。为了能满足使用的要求,在使用的原料中可能含有规定以外的有毒有害物质。化妆品在制作和放置过程中也会产生有毒有害物质,如亚硝胺是很强的化学致癌物,化妆品中的亚硝胺一部分来自原料,很大部分则是在制作和放置过程中由前体物质经亚硝化而形成的。

化妆品中限用物质超标。如添加防腐剂过量可引起过敏性接触性皮炎。由原料带来的污染物含量过高。如化妆品中的汞、砷、铅含量不合格,会导致重金属中毒。甲醇是化妆品中限用的有毒物质,可经呼吸道、皮肤吸收,主要作用于神经系统,具有明显的麻醉作用和蓄积毒性,反复接触中等浓度的甲醇,可导致暂时性或永久性视力障碍和失明。如发胶中甲醇含量超标,会对人体造成危害。

化妆品中微生物超标或含有致病微生物。化妆品中的常见微生物有克雷伯氏菌、阴沟肠杆菌、金黄色葡萄球菌、芽孢杆菌、青霉菌,白色念珠菌以及假单胞菌,包括铜绿假单胞菌、洋葱伯克霍尔德菌。这些微生物的存在,一方面会使化妆品出现色泽、气味的改变,相分离,失去原有功效等;另一方面会对消费者健康造成损害,如刺激皮肤甚至引起疾病。

特殊用途化妆品中功效成分过量或采用违禁成分。育(生)发、染发、烫发、脱毛、美乳、健美、除臭、祛斑、防晒等特殊用途化妆品中往往添加了一些特殊功效成分,刺激性大,因此危险性也大。其中,染发、烫发类产品引起的皮肤过敏问题最为严重。如染发引起的接触性皮炎很常见,轻则皮肤红肿、发痒、起皮疹,重则出现过敏性休克,危及生命。

本章涉及化妆品卫生化学和微生物学两方面的检测方法。

第一节　化妆品卫生学方面的主要要求

我国卫生部于 1987 年发布了 4 项有关化妆品卫生的标准,即《化妆品卫生标准》、《化妆品卫生化学标准检验方法》、《化妆品微生物学标准检验方法》、《化妆品安全性评价程序和方法》。这些技术法规在控制化妆品质量、确保化妆品安全性及保障消费者的利益等方面发挥了重要作用。1999 年,卫生部发布了《化妆品卫生规范》,后又进行了陆续的修订,最近版本是 2007 年发布的。《化妆品卫生规范》(2007 版)共包括五部分:

(1)总则。

（2）毒理学试验方法。

（3）卫生化学检验方法。

（4）微生物检验方法。

（5）人体安全性和功效评价检验方法。

该规范是对化妆品原料和终产品卫生要求以及安全性评价的技术规定，在我国生产和销售的化妆品必须符合该规定。

作为化妆品的原料及产品应符合以下卫生要求：

（1）化妆品应该是安全的产品，在正常以及合理的、可预见的使用条件下，不能对人体健康产生危害。

（2）化妆品使用的原料必须符合原料的规定。化妆品产品必须使用安全，不得对施用部位产生明显刺激和损伤，且无感染性。

一、化妆品原料

一般而言，化妆品终产品的质量，在很大程度上取决于原料的质量。只有选用符合规定的、安全性好的原料，才能生产出安全的化妆品。因此，很多发达国家对化妆品原料都有严格的规定。我国参考了《欧盟化妆品规程》（*The Cosmetics Directive of the Council European Communities*，Dir. 76/768/EEC），并结合中国的特点，在《化妆品卫生规范》中制定了对化妆品原料的规定。

1. 禁止使用的化妆品原料

禁止使用的化妆品原料包括两大类：一类为毒性和危害性大的化学物质以及生物制剂等；另一类为毒性和危害性大的中草药。在这些禁用物质中，有的属于具有致癌性、致突变性、致畸性以及发育毒性物质；有的属于剧毒、高毒和高危险性物质；有的是可能给人类带来极大风险的生物制剂以及动植物提取物；有的则可能是强光毒或光敏物质以及腐蚀性物质。总之，这类物质的使用，可能对使用者造成危害，为保护人体健康，禁止将其用于化妆品。

《化妆品卫生规范》（2007 版）中规定 1286 种物质为化妆品禁用物质，其中化学合成品 1208 种，植物及其提取物和制成品 78 种。

2. 限量使用的化妆品原料

这类物质是属于限制使用范围以及最大使用浓度的原料，当使用限量使用的化妆品原料组分时，必须符合限量的规定，即使用范围、最大使用浓度和限制使用条件符合规定，并必须按原料的标识要求，在产品标签上进行标注。如当使用氢醌（对苯二酚）为原料时，其使用范围仅限于染发用氧化着色剂，最大使用浓度为 0.3%，在产品标签上必须标注：含有氢醌；不可用于染睫毛或眉毛；如果产品不慎入眼，应立即冲洗。

《化妆品卫生规范》（2007 版）除规定 73 种化学物质为限用物质外，还特别限制使用 56 种防腐剂、28 种防晒剂、156 种着色剂，暂时允许使用 93 种染发剂。

（1）防腐剂。规范中所规定的防腐剂均为加入化妆品中以抑制微生物在该化妆品中生长为目的的物质。当选择用于化妆品的防腐剂时,需特别注意。化妆品中所用防腐剂必须是规定以内的物质,不得使用规定以外的物质作为化妆品的防腐剂。当使用规定以内的物质作为化妆品防腐剂时,必须符合各防腐剂的使用范围、最大使用浓度和限制使用条件的规定,并必须按标识要求,在产品标签上进行标注。举例说明如下,当使用规定以内的水杨酸及其盐类为防腐剂时,最大使用浓度为0.5%(以酸计);使用范围是除香波外,不得用于三岁以下儿童使用的产品中;标签上必须标注的内容是:三岁以下儿童勿用。

(2)防晒剂。防晒剂是为保护皮肤免受辐射所带来的某些有害作用而在防晒化妆品中加入的物质。这些防晒剂也可以在规定的限量和使用条件下加入其他化妆品产品中。但是,仅仅为了保护产品免受紫外线损害而加入化妆品中的其他防晒剂并未被包括在此规定的范围内。在化妆品中使用防晒剂时,应特别注意以下两点。

①化妆品中用于防晒目的的防晒剂必须是规范所列物质,不得使用其他的防晒剂作为防晒化妆品中的防晒剂。

②当使用规范中所列物质为化妆品防晒剂时,必须符合各防晒剂的相应使用范围、最大使用浓度和限制使用条件的规定,并必须按规范中标识要求,在产品标签上进行标注。

但是,如果使用浓度为0.5%或更低,并且使用目的仅仅为了防护产品的话,则不要求标签上按要求标注。如当使用二苯酮-3为防晒剂时,最大使用浓度为10%;标签上必须标注的内容是:含二苯酮-3。

(3)着色剂。在化妆品中使用的着色剂必须是规定范围之内的着色剂,并符合相应的使用范围。着色剂采纳了"欧盟准用着色剂CI号"的规定。

(4)染发剂。染发类化妆品中使用的染发剂原料须在允许原料范围,并符合限制使用要求和标签标注。这些物质可单独或合并使用,但每种成分在化妆品产品中的浓度与表中规定的最高限量浓度之比要符合规定。

国家对化妆品中禁用原料、限用原料及限用防腐剂、防晒剂、着色剂及暂时允许使用的染发剂均作了详细的规定,具体列表可以查询《化妆品卫生规范》(2007版)。

二、制成品

对原料的种类和用量进行控制是化妆品质量保证的第一步。事实上,微生物的存在是另一影响化妆品质量的重要因素。另外,一些汞、砷、铅等重金属作为污染成分随化妆品原料进入化妆品并叠加,同时制备机械也可能带来这方面的问题。

1. 化妆品的微生物质量要求

化妆品的微生物质量应符合下列规定。

(1)眼部化妆品、口唇等黏膜用化妆品以及婴儿和儿童用化妆品菌落总数不得大于500CFU/mL 或 500CFU/g。

(2)其他化妆品菌落总数不得大于1000CFU/mL 或 1000CFU/g。

（3）每克或每毫升产品中不得检出粪大肠菌群、绿脓杆菌和金黄色葡萄球菌。

（4）化妆品中霉菌和酵母菌总数不得大于 100CFU/mL 或 100CFU/g。

2. 化妆品中所含有毒物质（常见污染物）的限量规定

化妆品中所含有毒物质（常见污染物）不得超过下表中规定的限量。

化妆品中有毒物质（常见污染物）限量

有毒物质（常见污染物）	限量/mg·kg^{-1}	备注
汞	1	含有机汞防腐剂的眼部化妆品除外
铅	40	—
砷	10	—
甲醇	2000	—

三、化妆品外包装

化妆品的包装千姿百态、所用材料多种多样，难以对各种包装分门别类作出规定，因此，仅对其作了原则性规定，即要求化妆品的直接容器材料必须无毒，不得含有或释放可能对使用者造成伤害的有害物质。

第二节　卫生化学检验方法

一、化妆品中无机成分的测定

1. 汞铅砷

化妆品中汞的测定以原子荧光光度法和冷原子吸收法为主，样品前处理方面多采用浸提法、消解法等。除上述两种仪器测定方法外，溶出伏安法和微波消解氢化物发生 ICP—AES（电感耦合等离子发射光谱）法也用于化妆品中汞、铅、砷的测定。铅的测定则大多采用原子吸收法，包括石墨炉和火焰原子吸收，其灵敏度都能满足化妆品检测要求。此外，氢化物发生—原子荧光光谱法、二阶导数光度法、固相反射散射分光光度法等也有文献报道用于化妆品中铅的测定。砷的测定常用方法有砷斑法、银盐法、新银盐法、氢化物发生原子吸收法、原子荧光法等。

2. 其他无机元素

化妆品中镉的测定方法仍采用原子吸收、微分电位溶出法等。除铅、镉外，原子吸收分光光度法还用于测定化妆品中的锶、铍、钴及可溶性锌盐。微波消解 ICP—AES 法应用于测定固体类化妆品中砷、铅、镉、锶、铬、铋、硒七种无机元素。硒的测定主要采用微波消解—气相色谱法、原子荧光光谱法等。测定化妆品中硼的光度法则是利用了甲亚胺－H 与硼的显色反应。

3. 无机阴阳离子

化妆品中的阳离子，如 K$^+$、Na$^+$、Ca^{2+}、Mg^{2+}，可采用原子吸收法测定；阴离子，如 F$^-$、Cl$^-$、

Br^-、NO_3^-、SO_4^{2-} 和阳离子 NH_4^+，可采用离子色谱法测定。

二、有机禁限用物质的测定

1. 甲醇

甲醇是含有乙醇或异丙醇的化妆品需检测的项目。气相色谱是首选测定方法，以顶空气相色谱法居多。

2. 防腐剂

防腐剂是化妆品中最常用的限用组分，相关的检测方法研究在禁限用物质中居首位。可采用气相色谱法、高效液相色谱法、气相色谱—质谱（GC—MS）法或液相色谱—质谱法等测定化妆品中易挥发或高沸点的化学物质。

3. 美白祛斑成分

有关美白祛斑成分检测方法的研究较为活跃，如采用气相色谱法、气相色谱—质谱法测定《化妆品卫生规范》中的禁用成分苯酚和氢醌，用气相色谱法、液相色谱法、薄层色谱法等分析技术测定熊果苷、曲酸、抗坏血酸磷酸酯镁、L–抗坏血酸棕榈酸酯等功效成分。

4. 紫外线吸收剂

紫外线吸收剂的检测以高效液相色谱法为主。

5. 激素

激素的检测仍以性激素为主，雌二醇、雌三醇、睾丸酮、雌酮、甲基睾丸酮、黄体酮、己烯雌酚等7种性激素采用高效液相色谱法测定。也有先用七氟丁酸酐衍生化后，再以 GC—MS 联用技术测定性激素。

6. 染发剂

染发剂种类非常多，如氧化型染发剂中的苯胺、苯酚、邻甲酚、邻苯二胺、邻苯二酚、间苯二胺、对苯二酚、对苯二胺、间苯二酚、对甲苯二胺、间甲苯二胺、α–萘酚等可采用气相色谱法、高效液相色谱法、气相色谱—质谱法、高效毛细管电泳法测定。

7. 其他有机成分

斑蝥素作为育发类产品中的限用成分，可采用气相色谱—质谱法进行测定。酞酸酯是目前国内外较为关注的化妆品原料，如邻苯二甲酸二甲酯、邻苯二甲酸二乙酯、邻苯二甲酸二丁酯、邻苯二甲酸丁基苄基酯、邻苯二甲酸二（2–乙基己）酯和邻苯二甲酸二正辛酯六种酞酸酯可采用高效液相色谱法和气相色谱法测定，方法的检出限、回收率、精密度等指标均能满足分析要求。液相色谱法和气相色谱—质谱法均可用于测定化妆品中抗氧化剂的检测，如丁基羟基茴香醚和二丁基羟基甲苯两种抗氧化剂。二噁烷具有致癌活性，是化妆品组分中的禁用物质，近年来日益受到国内外化妆品检验工作者的关注。化妆品中二噁烷的含量可以采用顶空气相色谱法测定。

目前，化妆品卫生化学检验方法对《化妆品卫生规范》中禁限用物质的覆盖率还很低，有待于进一步建立完善。另外,化妆品中是否使用了抗菌素、糖皮激素、磺胺等药用成分,是否使用了我国管制的麻醉类药品,是否含有有毒有害重金属、农药等杂质,都亟待建立检验方法以便予以证实。在主要原料纯度和杂质的鉴定方法方面,尤其是一些纯度要求较高的原料,如针对容易形成亚硝胺的三乙醇胺等原料,应开展纯度鉴定。还应加强快速、准确的多组分分析方法方面的研究。全面提高化妆品的技术评审质量和卫生监督水平,制止化妆品的造假行为,引导化妆品行业的健康发展,保护消费者的健康和安全。

第三节 微生物检验方法

化妆品的原料大都为含有碳、氮的油脂、胶质等物质,同时还有许多天然的蛋白质、维生素等营养成分,这些都是微生物生长、繁殖所必需的碳源、氮源及矿物质;再有水是化妆品的重要原料,许多化妆品都含有一定比例的水分;而且化妆品的 pH 值一般多为 4~7,最适宜微生物的生长;还有化妆品生产、存放和使用时的温度,也适宜大多数病源菌的生长、繁殖。因此,一旦接触到这些无所不在的微生物,化妆品将发生变质腐败而不能使用;这不仅会造成经济损失,而且更为严重的是,若化妆品污染上了致病菌,将危及消费者的身体健康。

一、常见污染化妆品的微生物

微生物是一群形体极微小、构造简单的生物,广泛存在于自然界中。在日常生活的环境中,几乎都有细菌、霉菌、酵母等微生物的存在,可以说微生物无处不有,无处不藏,而且数量大,分布极广,微生物对自然环境的适应性很强,在自然界任何地方和人体及动植物体内都存在着微生物。微生物的生长、繁殖都需要一定的环境,如细菌适宜在 pH 值为 6~8 的条件下生长,而霉菌适宜在 pH 值为 4~6 的条件下生长,改变和控制这些条件都对微生物的生长有着重要的影响。

微生物一般包括细菌、酵母菌、霉菌和病毒等。细菌可通过染色法分为革兰氏阳性和革兰氏阴性两大类,另外还常按对氧气的需要,将细菌分为需氧菌、厌氧菌和兼性厌氧菌三类。与化妆品关系密切的微生物多是细菌和霉菌。对化妆品质量影响大的主要是病源细菌和致病真菌等致病菌。

1. 病源细菌

病源细菌主要包括革兰氏阳性菌和革兰氏阴性菌。

(1)革兰氏阳性菌主要包括以下几种。

①葡萄球菌:金黄色葡萄球菌是兼性细菌,人体受到此菌的感染,可引起生疖子、化脓性炎症,眼部引起麦粒肿、结膜炎等炎症。

②链球菌:其属兼性细菌,受感染后,可引起急性咽喉炎、风湿热与急性肾炎等。

③双球菌:肺炎链球菌能引起大叶肺炎、脑膜炎和结膜炎。

④芽孢及梭状芽孢杆菌:炭疽杆菌能引起炭疽病,破伤风桶状杆菌是破伤风的病原体。

⑤棒状杆菌:白喉棒状杆菌是白喉的病源菌。

(2)革兰氏阴性菌。

①假单胞菌:绿脓杆菌可使烧伤病人感染,还可引起肺炎。

②沙门氏菌:沙门氏伤(副伤)寒杆菌是引起伤(副伤)寒的病源菌。

③弧菌:霍乱弧菌能引起霍乱病。

④埃希氏杆菌:大肠杆菌能引起腹泻、肾盂肾炎和膀胱炎。

⑤志贺氏杆菌:志贺氏痢疾杆菌是痢疾的病源菌。

2. 致病真菌

能引起致病的真菌有:表皮癣菌、白色念球菌、新型隐球菌等。化妆品还常受到青霉、曲霉、根霉、毛霉等霉菌的污染。

不同类型的化妆品具有不同的染菌特点。膏霜类化妆品含有一定量的水分、碳源和氮源,大多数为中性或微酸、微碱性,适合微生物繁殖生长。据调查,这类化妆品的微生物污染率最高,检出的微生物种类也最多。洗发类化妆品中含有大量的水分和微生物生长所需的营养,如水解蛋白、多元醇和维生素等。其含有的大量的表面活性剂,特别容易受到革兰氏阴性菌的污染,使得其活性成分失效。霉菌酵母菌引起的污染会使其产生异味,黏度也会发生改变。粉饼类为干燥性化妆品,微生物污染率较低。其污染源主要是来自于原材料。此类化妆品检出抵抗力较强的需氧芽孢菌较多。美容类化妆品在制造过程中大多会经过高温熔融,染菌率不高。但此类化妆品,特别是眼部化妆品和唇膏,一旦被致病菌污染,将会对人体健康产生较大的影响。

使用被微生物污染的化妆品后可能会引起皮肤感染。一些致病菌有可能通过皮肤的损伤部位或口腔侵入体内,其中铜绿假单胞菌可引起人的眼、耳、鼻、咽喉和皮肤等处感染,严重时能引发败血病;金黄色葡萄球菌能引起人体局部化脓,严重时也可导致败血病;链球菌易引起皮炎、毛囊炎和疖肿;某些真菌可能引起面部、头部等部位的藓症。

二、微生物对化妆品污染的途径

微生物对化妆品的污染一般是通过下列几个途径发生的。

(1)化妆品的原料。化妆品的许多原料(包括水)是微生物生长繁殖所需要的营养物质,受微生物污染的原料直接影响到化妆品的卫生状况。

(2)化妆品的生产设备:化妆品的生产设备,如搅拌机、灌装机等设备的角落、接头处,微生物极易隐藏其中,而使化妆品带上微生物。

(3)化妆品的生产过程:若在生产过程中,工艺要求的消毒温度和时间不够,未能将微生物全部灭除,上岗操作工人的卫生状况不良等,都可使化妆品产品污染上微生物。

(4)化妆品的包装容器和环境:化妆品的包装物,如瓶、盖等若清洗及消毒不彻底,很易藏有微生物;生产、包装场所不符合卫生净化空气要求,都会使微生物污染化妆品。

微生物对化妆品在制备过程中的上述种种污染称为化妆品的微生物一次污染;另外,在化妆品的使用过程中,由于使用不当等造成的微生物污染称为化妆品的微生物二次污染。

三、化妆品中微生物的检测方法

测试化妆品及其原材料中微生物污染的方法通常是传统的倒平板法,这种方法能测知微生物的污染程度,并能鉴别微生物,包括病原体。参照《化妆品卫生规范》(2007版),以下就化妆品微生物检验方法涉及的菌落总数测定方法,粪大肠菌群、铜绿假单胞菌、金黄色葡萄球菌、霉菌等致病菌检测方法逐一进行介绍,并简要介绍一些其他方法。

1. 化妆品中细菌总数的检测

化妆品中细菌总数是指1g或1mg化妆品中所含的活细菌数量。检测这个指标就可判定化妆品被细菌污染的程度,从而可以了解和核查该化妆品所选用的原料、生产设备、生产工艺及操作人员的卫生状况,故该检测指标是对化妆品进行卫生学评价的综合依据,它是进行微生物检测中首先且必须进行的内容,通过检测得到的量化数据,立即就可断定该化妆品是否符合卫生标准。

(1)检验菌落总数的准备。

①试样液的制备。在化妆品的微生物检测中,开始的工作就是试样液的制备。为了计数细菌个数,试样必须稀释,需要将试样配成1∶10、1∶100和1∶1000三种规格的稀释液。化妆品的品种很多,其溶解特性也不同。故在准备稀释试样液时,须按化妆品的剂型和溶解特性选择确定稀释方法,如水溶性化妆品采用生理盐水稀释,油溶性化妆品则加入液体石蜡稀释。试样液的制备就是稀释试液的过程,其卫生要求高,要求在无菌的环境下操作,称量要准确,具体操作程序见标准检验方法。

②培养基的种类及作用。培养基是用人工方法,依据细菌生长繁殖所需的营养物质,适量配制而成的一种基质,用以人工培养作各种用途的细菌。依不同的目的要求,常用的培养基有:基础培养基、增殖培养基、鉴别培养基以及选择培养基。针对检测不同种类的微生物及不同的检测目的,选择相应的培养基。

培养基在检测微生物中的作用是:将待检试样液加至固体培养基中,经过一段时间培养后,在培养基表面出现单个的细菌集团,这个集团称为菌落。各种细菌在一定的培养基上有一定的菌落形态。细菌菌落的形状、大小、高起或扁平、表面的性质、光泽、色素的产生、边缘的形态等各有特点,能产生色素的细菌,菌落会呈现不同的颜色,故可通过细菌菌落形态的识别进行细菌的鉴定。

另外,一般认为,一个菌落是由一个细菌繁殖而成的,故可利用固体培养基上的单个菌落来分离细菌(纯种)和计算试样液中细菌的数目。

(2)检验菌落总数的操作及计数。在检测化妆品中的微生物时,由于化妆品大都添加了防腐剂,抑制微生物的生长和繁殖,使化妆品可较长时间保存使用而不变质。这样在检验时,化妆品中的菌落等微生物都处于抑制状态(濒死或半死损伤状态),这不利于检测(活的)细菌总数,因此在检测时必须消除化妆品中的防腐剂,并注入培养基中,令细菌生长繁殖生成菌落,依菌落特征进行计数,而得到化妆品中的菌落总数。由于化妆品中污染的细菌种类不同,每种细菌都有它一定的生理特性,培养时对营养要求、培养温度、培养时间、pH值、需氧性质等均有所不同,在实际检测时,不可能做到满足所有细菌的要求,因此所检测的结果,只是在标准检测方法所使用的条件下(在卵磷脂、Tween-80营养琼脂上,于37℃培养48h)生长的一群嗜中温的需氧及兼性厌氧的细菌总数。

消除防腐剂抑菌作用的方法,有物理方法和化学方法。物理方法主要是稀释法、离心沉淀和薄膜过滤法;化学方法是在试样液中加入中和剂(化学制品),以中和防腐剂的抑菌效果,不同的防腐剂有不同的中和剂。标准检测方法中,消除防腐剂除采用稀释等物理方法外,所使用的中和剂是Tween-80和卵磷脂,而化妆品所使用的防腐剂品种很多,而标准方法中只采用一种中和剂。

(3)菌落总数的计数规则。选取菌落总数在30~300的平皿为菌落总数测定的标准。一个稀释度使用两个平皿,应采用两个平皿菌落的平均数,其中一个平皿有较大片状菌落生长时,则不宜计数,而应以无片状菌落生长的平皿作为该稀释度的菌落数;若片状菌落不到平皿的一半,而另一半中菌落分布又很均匀,则可计算半个平皿的菌落数后乘以2表示该皿的菌落数。

菌落总数的计数方法主要包括以下几方面:

①选择平均菌落数在30~300的稀释度,菌落总数则以菌落数乘以该稀释度的稀释倍数。

②若有两个稀释度,其生长的菌落数均在30~300,可计算出每个稀释度的细菌总数,若其比值小于2,则以该二细菌数的平均值为细菌总数;若该比值大于2,则以其中较小的为菌落总数。

③若所有稀释度的平均菌落数均大于300,则以最高稀释度的菌落数乘以该稀释倍数(最大)为菌落总数。

④若所有稀释度的平均菌落数均小于30,则以最低稀释度的菌落数乘以该稀释倍数(最小)为菌落总数。

⑤若所有稀释度的平均菌落数均不在30~300,则以最接近30或300的平均菌落数乘以相应的稀释倍数为菌落总数。

细菌总数一般取两位有效数字,数字后面的零数常以10的指数来表示,如细菌总数为280个/g,可写为2.8×10^2个/g。

2. 化妆品中粪大肠菌群的检测

粪大肠菌群是生长于人和温血动物肠道中的一组肠道细菌,随粪便排出体外,约占粪便干重的1/3以上,故称为粪大肠菌群。受粪便污染的水、食品、化妆品和土壤等物质均含有大量此类菌群。在化妆品中若检出有粪大肠菌群,即表明该化妆品已被粪便污染,这时一般该化妆品的菌落总数均很高。被粪便污染的化妆品中可能有肠道致病菌存在,经消费者使用等途径进入人体后,可引起肠道性疾病,故这种化妆品对消费者存在潜在的危险性。从对化妆品微生物污染状况检测表明,有三种微生物(粪大肠菌群、铜绿假单胞菌和金黄色葡萄球菌)容易引起化妆品的污染,其中以粪大肠菌群超标比例最高。

(1)粪大肠菌群的生化特性。粪大肠菌群不是细菌学上的分类命名,而是根据卫生学方面的需要,设定的一类与粪便污染有关的一组细菌。粪大肠菌群为一群需氧及兼性厌氧的菌群,呈革兰氏阴性反应,能在普通培养基上生长繁殖;其生化活动能力较强,能发酵多种糖类,产酸产气,其特点是能较快发酵乳糖。粪大肠菌群在乳糖培养基中,于37℃下进行培养,在24h内,能使乳糖发酵产酸,还有甲酸解氢酶进行甲酸分解,生成氢气和二氧化碳,产生大量气体,这时,若加入伊红美蓝指示剂,分解乳糖所产生的酸(带正电荷)与伊红相染呈紫色且有金属光泽,故常用此特性来鉴定识别粪大肠菌群。将粪大肠菌群接种于蛋白胨水培养基中,于37℃培养24h,粪大肠菌群能分解培养基中蛋白质的色氨酸,产生靛基质(吲哚),当与试剂(对二甲基氨基苯甲醛)作用后,形成红色化合物——玫瑰靛基质(玫瑰吲哚),此种反应在生化中称为吲哚反应。

(2)粪大肠菌群的检测步骤如下。

①发酵(产酸产气)试验。将试样液以无菌接种于双倍乳糖胆盐发酵管(其内放有倒置的小玻璃管,以收集气体)内,置于44℃的培养箱中培养24～48h,由于乳糖胆盐培养基是一种具有选择作用的培养基,其中胆盐具有抑制革兰氏阳性菌的作用,若观察到发酵管内不产酸(由酚红指示剂指示)、不产气,则报告试样为粪大肠菌群阴性,未检出,检测结束。若发酵管内产酸产气,则继续进行下列检测。

②鉴别培养。将有产酸产气的发酵管内试样培养液接种到琼脂培养基平皿上,于37℃培养18～24h;同时将该培养液接种到蛋白胨水中,于44℃培养24h。

③验证试验。对所检出的细菌需进一步验证其是否是粪大肠菌,验证方法有以下三种:

a. 菌落观察。在上述平皿培养基上,仔细观察菌落生长情况:大肠菌群在伊红美蓝琼脂培养基上其典型菌落呈深紫色、圆形、边缘整齐、表面光滑湿润、常有金属光泽,或呈紫黑色不带或略带金属光泽及粉色,中心较深的菌落。

b. 革兰染色、镜检。将以上典型的(或近似的)大肠菌群菌落进行革兰染色、镜检,若革兰染色呈阳性(紫色)反应,则报告粪大肠菌群呈阴性,未检出;若革兰染色呈阴性,检测还需进行下一试验以待进一步证实。

c. 靛基质试验(吲哚试验)。在上述已培养好的蛋白胨水中滴入靛基质试剂(对二甲基氨基苯甲醛试剂)进行靛基质反应,若液面呈玫瑰红色,呈阳性反应,则报告粪大肠菌群呈阳性,检出;若液面仍是棕黄色,则报告粪大肠菌群呈阴性,未检出。

综合分析以上所有测试结果,当发酵管内产酸产气,观察试液平皿上为典型粪大肠菌群菌落,并经革兰染色,镜检试验呈阴性(－)及靛基质试验呈阳性(＋),则报告该试液检出粪大肠菌群。

3. 化妆品中铜绿假单胞菌的检测

铜绿假单胞菌(pseudomonas aeruginosa)为革兰氏阴性杆菌,属假单胞菌属。它在自然界分布甚广,空气、水、土壤中均有存在,在潮湿处可长期生存,对外环境的抵抗力比其他菌强,抗干燥的能力也强。含水分较多的原料、化妆品易受铜绿假单胞菌的污染。铜绿假单胞菌对人类有致病力,常引起人体眼、皮肤等处的感染,特别是烧伤、烫伤及外伤患者感染上铜绿假单胞菌常使病情恶化,严重时可引发败血病,眼睛受伤感染后可使角膜溃疡并穿孔,严重时可导致失明。目前,该菌已是防止医院感染和药品、化妆品及水等必须严加控制的重要病原菌之一,我国化妆品卫生标准规定在化妆品中,不得检出铜绿假单胞菌。

(1)铜绿假单胞菌的生化特性。铜绿假单胞菌有鞭毛,能在普通培养基上生长繁殖,为需氧及兼性厌氧类细菌。铜绿假单胞菌能代谢产生一种绿色的水溶性色素,使培养基变成绿色,引起化脓感染,脓液常带绿色,因此又称为绿脓杆菌。

铜绿假单胞菌可分解葡萄糖;对明胶具有液化、溶解的作用;能将硝酸盐还原为亚硝酸盐,并将亚硝酸盐分解产生氢气;铜绿假单胞菌具有氧化酶(靛基氧化酶),能将试剂(盐酸二甲基对苯二胺或四甲基对苯二胺)氧化成红色的醌类化合物;还可在42℃下生长繁殖。铜绿假单胞菌的这些生化特性常用来作为分离和鉴别它的方法。

(2)铜绿假单胞菌的检测步骤。

①增菌培养。将试样液稀释,无菌操作加入 SCDLP 液体培养基中,于36℃±1℃培养18~24h,进行增菌培养。如有铜绿假单胞菌生长,培养基表面有一层薄菌膜,培养液常呈黄绿色或蓝绿色。

②分离培养。从以上增菌培养液上的薄菌膜挑取培养物,划线接种于选择培养基——十六烷基三甲基溴化铵琼脂培养基(或乙酰胺琼脂培养基)平皿上,于36℃±1℃进行18~24h分离培养。该类培养基选择性强,大肠杆菌不能生长,革兰氏阳性菌生长完全受到抑制。观察培养基上所形成的菌落,典型铜绿假单胞菌菌落的特征是菌落扁平无定型,向周边扩散或略有蔓延,表面湿润,菌落呈灰白色,菌落周围培养基常扩散有水溶性色素。

③验证试验。对所检出的细菌需进一步验证其是否是铜绿假单胞菌,验证方法有以下六种:

a. 染色镜检。取上述疑为铜绿假单胞菌的菌落,进行革兰氏染色、镜检试验。

b. 氧化酶试验。取一小块洁净的白色滤纸片放在灭菌平皿内,挑取可疑菌落(同上)置于滤纸片上,滴加一滴新配制的1%二甲基对苯二胺试剂,15~30s,出现红色至紫红色时,为氧化酶试验呈阳性;若不变色,为氧化酶试验呈阴性。

c. 绿脓菌素试验。取可疑菌落2~3个,置于绿脓菌素测定用培养基上,于37℃培养24h,加入氯仿,色素溶于其内后,加入盐酸,上层稀盐酸液内出现红色时呈阳性,表示菌落中含有绿脓菌素。

d. 明胶液化试验。将可疑菌落的纯培养物,穿刺接种于明胶培养基内,于37℃培养24h,取出放入冰箱 10～30min,如有溶解,即明胶液化试验呈阳性;如凝固不溶,则明胶液化试验呈阴性。

e. 硝酸盐还原试验。挑出被检纯培养物,接种于硝酸盐胨水培养基中,于 37℃培养 24h,培养基中的小倒管内有气体者,试验呈阳性,表明该菌能还原硝酸盐并将亚硝酸盐分解产生氢气。

f. 42℃生长试验。挑取纯被检物,接种于普通琼脂斜面培养基上,于 42℃培养 48h,铜绿假单胞菌能生长呈阳性反应。

综合分析以上所有测试结果,被检试样液经增菌、分离培养后,观察菌落,对疑似铜绿假单胞菌菌落,证实为革兰氏阴性杆菌,且氧化酶试验、绿脓菌素试验都呈阳性,则报告试样检出铜绿假单胞菌;若其中绿脓菌素试验呈阴性,但明胶液化试验、硝酸盐还原试验及 42℃生长试验都呈阳性,这时也报告测试物被检出铜绿假单胞菌。

4. 化妆品中金黄色葡萄球菌的检测

金黄色葡萄球菌(staphylococcus aureus)因能产生金黄色色素而得名。它为革兰氏阳性球菌,广泛分布于自然界、空气、土壤及水中,可在人体皮肤、鼻腔、咽喉等处生存,耐热性强,对于干燥和紫外光的抵抗力亦较大,为一种致病菌,可通过多种途径侵入机体,导致各种疾病并可引起皮肤或器官的多种化脓性感染(故它又名为化脓性葡萄球菌),我国化妆品卫生标准中规定在化妆品中不得检出金黄色葡萄球菌。

(1)金黄色葡萄球菌的生化特性。金黄色葡萄球菌菌体呈圆球形,直径为 0.8～1.0μm,常成堆排列成葡萄状,有时可单个、成双或成短链;它为需氧或兼性厌氧类细菌,在普通营养基上即可生长繁殖;能在 7%～9%高浓度的食盐(质量分数)中生长繁殖,能耐浓度高达 15%的食盐。利用此特性可与其他菌分离鉴别;它在生长繁殖过程中,在培养基上可代谢产生金黄色脂溶性色素,但也有变异菌株产生浅黄或白色色素,它能分解多种糖类,能分解甘露醇,产酸;还可液化明胶;它的另一个特性是能产生溶血素,可使血液培养基的红细胞溶解,在菌落周围产生溶血圈;金黄色葡萄球菌还能产生血浆凝固酶,能使抗凝的兔或人的血浆发生凝固,其试验方法有两种:玻片法和试管法。金黄色葡萄球菌所产生的血浆凝固酶有两种,一种为结合凝固酶,这是结合在细菌的细胞壁上,直接作用于血浆中的纤维蛋白,使细菌凝成块状,玻片法试验的阳性结果是由此酶形成;另一种是在菌体内产生释放到菌体外,称为游离血浆凝固酶,它能使血浆中的凝血酶原变为凝血酶类产物,试管法的阳性结果是由此酶形成的。

(2)金黄色葡萄球菌的检测步骤。

①增菌培养。将试样液稀释,无菌操作加入 SCDLP 液体培养基中,于 37℃培养 24h 进行增菌培养,也可在含 7.5%的氯化钠肉汤培养基中进行增菌培养。

②分离培养。从上述增菌培养液中,取 1～2 个接种环,划线接种到 Baird - Pairker 培养基或血琼脂平板上,于 37℃培养 24～48h。观察培养基所形成的菌落,血琼脂培养基的金黄色葡萄球菌菌落颜色鲜明,菌落较大(1～2mm),有溶血反应,菌落周围产生溶血圈,表明检出。

③验证试验。对所检出的细菌需进一步验证其是否是金黄色葡萄球菌,验证方法有以下

三种：

a. 染色镜检。取可疑金黄色葡萄球菌菌落，进行革兰染色、镜检试验。

b. 甘露醇发酵试验。取可疑菌落接种到甘露醇发酵培养基中，培养24h，金黄色葡萄球菌能分解甘露醇，使培养基产酸。

c. 血浆凝固酶试验。分别进行玻片法和试管法试验，将待检菌落与滴加在玻片上的血浆和生理盐水研磨，5min内，血浆凝成块状或颗粒状，而盐水玻片上无凝固现象，这时玻片试验呈阳性；试管法试验，需经24h培养，血浆凝固时呈阳性。

综合分析以上所有测试结果，被检试样液经增菌、分离培养后，观察菌落疑似金黄色葡萄球菌，证实为革兰氏阳性葡萄球菌，且甘露醇发酵试验及血浆凝固酶试验均呈阳性，即报告检出金黄色葡萄球菌；在检验金黄色葡萄球菌时，血浆凝固酶试验为主要指标。故若疑似菌落呈革兰阳性，不发酵甘露醇（甘露醇发酵试验呈阴性），但血浆凝固酶试验呈阳性，这时也可断定检出金黄色葡萄球菌。对疑似菌落，其呈革兰阳性，若甘露醇试验呈阴性，且血浆凝固酶试验呈阴性，这时可断定为未检出金黄色葡萄球菌。

5. 化妆品中霉菌的检测

霉菌在自然界分布极广，土壤、水域、空气、动植物体内外都可生长霉菌，霉菌同人类的生产、生活有着密切的关系，它在食品、医药、农业等部门得到了广泛应用，但霉菌对人类危害越来越引起人们的重视。

化妆品的基质所富有的营养成分及酸碱度、温度等都适宜霉菌在化妆品中生长繁殖，化妆品的生产环境、生产设备、生产过程及产品都易受到霉菌的污染。据对部分化妆品的质量卫生检查表明，霉菌对化妆品的污染是相当严重的，霉菌污染所引起的化妆品霉变，是化妆品变质的一个主要原因。因此，在化妆品中霉菌的检测是很重要的。目前，对于化妆品中霉菌的检测，我国尚未制定出统一标准，现仅介绍在化妆品中检测霉菌总数的方法。

（1）化妆品中的霉菌与培养基。"霉菌"不是微生物分类学上的名称，而是"丝状真菌"的统称，真菌属真核微生物。霉菌菌体是由内分枝或不分枝的菌丝组成，霉菌的繁殖能力一般都很强，而且方式多样，包含了有性繁殖和无性繁殖。霉菌的形态各异，即使同一种霉菌在不同条件下培养其形态也有差异。因此，各种霉菌具有其标准的培养基，如青霉和曲霉标准培养基是察氏培养基，酵母菌标准培养基是麦芽汁培养基，常以在这些培养基上形成的菌落来鉴定霉菌的种类。霉菌可产生多种毒素，如黄曲霉菌产生的黄曲霉素可引起实验动物致癌。与化妆品关系密切的霉菌有三种：毛霉、曲霉及根霉。

（2）化妆品中霉菌总数的测定。霉菌总数的测定是指化妆品试样在一定条件下培养后，1g或1mL化妆品中所污染的活霉菌的数量。依此测定，可判明化妆品被霉菌污染的程度及其一般卫生状况。我国化妆品卫生标准中还没有对化妆品中霉菌和酵母菌的总数规定控制标准，有的国家，如阿根廷规定，在1g或1mL化妆品中霉菌和酵母菌不超过100CFU（菌落数）。

检测霉菌总数主要包括两步：首先准备好化妆品试样液，以无菌操作，用稀释液将试液制：

1∶10,1∶100 和 1∶1000 的试样稀释液;取以上三种稀释度的试样稀释液各1mL,分别注入灭菌平皿内,每个稀释度各用2~3个平板,在25~28℃于虎红培养基中培养72h。每天都应观察,见有菌生长就要及时计数以免蔓延生长而无法计数。

霉菌计数方法同细菌总数的计数方法。先数每个平板上生长的霉菌菌落数(如长有细菌不作计数),求出每个稀释度的平均菌落数。在报告结果时,选取平均在30~100个范围之内的菌落数乘以稀释倍数,即为每克或每毫升试样中所含的霉菌总数。结果报告为每克(或每毫升)含霉菌菌落数,以 CFU/g(CFU/mL)表示。

6. 其他方法

平板培养法测定微生物,存在检出灵敏度低、耗时长的缺陷。一些新的检测方法,如基于抗原抗体的特异性反应的酶联免疫技术(Enzyme Immunoassay,EIA)、免疫层析技术(Immuno-chromatography,IC)、免疫荧光技术(Immunofluorescence Technique,IFT)、酶联荧光免疫分析技术(Enzyme – Linked Fluorescent Immunoassay,ELFIA)、免疫印迹技术(Immunoblotting)、乳胶凝集试验(Latex Agglutination Test,LAT)等,分子生物学检测技术包括 PCR 检测技术、基于 PCR 扩增的生物芯片技术,蛋白芯片技术,将生物受体复合物(如抗体、酶、核酸等)直接与物理化学传感器结合的生物传感器技术等。这些方法具有灵敏度高、测定时间短、菌种鉴别力强、测定通量大等优势,是微生物检测发展的方向。

思考题

1. 冷原子吸收测定化妆品中总汞含量的方法原理是什么?
2. 常见污染化妆品的微生物有哪些?
3. 在化妆品细菌检测过程中,菌落总数的计数规则是什么?
4. 结合近年来化妆品原料开发方面的新进展,探讨特殊化妆品中功效成分的检测方法。

参 考 文 献

[1]孙灿,杨萍,董海燕,等. 我国化妆品卫生安全问题及对策探讨[J]. 中国卫生检验杂志, 2007, 17(1): 166.

[2]张殿义. 中国化妆品行业管理的重要变革——《化妆品卫生规范》(2007 年)出台意义的解读[J]. 牙膏工业,2008,(2):56.

[3]朱英,杨艳伟. 我国化妆品卫生化学检验技术进展[J]. 中国卫生检验杂志,2006,16(2): 248.

[4]朱丽华. 化妆品微生物及防腐体系的研究现状及进展综述[J/OL]. http://d. g. wanfangdata. com. cn/Conference_7218142. aspx.

[5]郑萍. 化妆品的微生物污染问题及防腐效能评价方法[J]. 中国卫生检验杂志,2007,17(11):2122.

第四章 化妆品安全性评价方法

近年来,随着生活水平的提高,人们对化妆品功效的要求也越来越高。大量新型原料开始在化妆品中使用,如胶原、海藻提取物、动物腺体和胚胎提取物等动物性原料和一些植物提取物,有可能给消费者带来潜在的健康危害,如在使用时可能引起皮肤、眼睛以及致突变、致癌等各方面的毒性作用。祛斑、防晒、染发、育发等特殊用途化妆品是受消费者投诉数量最多的产品,发生接触性皮炎、过敏或光致过敏、生殖毒性和发育毒性的事件时有发生。这些特殊成分其化学组成复杂,都对化妆品安全性评价提出了更高的要求。

第一节 化妆品原料及其产品的安全性要求和毒理学检测方法

为确保使用化妆品的安全性,世界各国有相关卫生法律法规都要求对化妆品原料或其产品进行安全性毒理学评价,以确保化妆品的安全性和保障消费者权益。我国自 1987 年即颁布了《化妆品卫生标准》和《化妆品安全性评价程序和方法》,以规范化妆品生产。

本章参照《化妆品卫生规范》(2007 版),对化妆品原料及其产品的安全性要求和毒理学检测方法进行介绍。

一、化妆品原料

化妆品的新原料,一般需进行下列毒理学试验:

(1)急性经口和急性经皮毒性试验。

(2)皮肤和急性眼刺激性/腐蚀性试验。

(3)皮肤变态反应试验。

(4)皮肤光毒性和光敏感试验(原料具有紫外线吸收特性需做该项试验)。

(5)致突变试验(至少应包括一项基因突变试验和一项染色体畸变试验)。

(6)亚慢性经口和经皮毒性试验。

(7)致畸试验。

(8)慢性毒性/致癌性结合试验。

(9)毒物代谢及动力学试验。

(10)根据原料的特性和用途,还可考虑其他必要的试验。

如果该新原料与已用于化妆品的原料化学结构及特性相似,则可考虑减少某些试验。试验方法参照 GB 7919—1987 化妆品安全性评价程序和方法；OECD 化学物质试验指南（OECD Guidelines for Testing of Chemicals）。

二、制成品

（1）检测项目。在一般情况下，新开发的化妆品产品在投放市场前，应根据产品的用途和类别进行相应的试验，以评价其安全性。

（2）检测项目的选择原则。由于化妆品种类繁多，在选择试验项目时应根据实际情况确定。

（3）每天使用的化妆品需进行多次皮肤刺激性试验，进行多次皮肤刺激性试验者不再进行急性皮肤刺激性试验，间隔数日使用的和用后冲洗的化妆品需进行急性皮肤刺激性试验。

（4）与眼接触可能性小的产品不需进行急性眼刺激性试验。

第二节　　化妆品毒理学检测方法

一、毒理学检测的原理与方法

1. 毒理学的基本概念

（1）毒物。毒理学研究的对象是外源化学物对生物体的有害作用。在毒理学文献中经常将外源化学物称为毒物（toxicant，toxic chemical 或 poison），其中生物（细菌、霉菌、藻类、蛇、昆虫等）产生的有毒物质称为毒素（toxin）。某化学物是否能损害人体的健康，除剂量以外，还取决于接触途径、接触时间、接触频度和化学物发生作用的环境条件等。而化学物结构在确定什么剂量可引起中毒方面起着重要作用。

（2）毒性。毒性指化学物能造成生物体损害的能力。毒性按化学物作用时间可分为急性毒性、亚慢性毒性和慢性毒性。急性毒性一般以化学物引起实验动物半数致死的剂量（LD_{50}）表示。某化学物的半数致死剂量越大，则毒性越小；半数致死剂量越小，则毒性越大。急性毒性常用作毒性分级和化学物管理的依据。毒性与染毒途径有关。在评价化学物可能造成危害时，必须考虑实际接触途径的化学物毒性。在评价化学物毒性时，既要注意急性毒性，也要考虑慢性毒性。

（3）毒性分级。为了便于对化学物危害的控制和管理，各国对化学物按毒性进行分级。至今国际上尚无统一的毒性分级表。因此，同一种化学物，可能按某种分级标准归为中等毒性，而按另一种分级又可能列入低毒类甚至实际无毒类。

（4）外源化学物。亦称外来物，指来自体外的物质，有别于内源化合物；外源化学物通常有药物、农药、工业化学物、天然存在的毒物或毒素及环境污染物等。

（5）剂量—反应关系。指特定效应的发生率与剂量间的关系，常以剂量—反应曲线表达各型剂量—反应关系。这里"反应"一词实际上是特定效应的发生率；通常应用于质效应（quantal effect），也就是以群体发生的个数，如死亡数、麻醉数，也就是有或无的效应，但将量效应转化为质效应后，也可得出剂量—反应关系。

（6）剂量—效应关系。通常对量效应（quantitative effect）而言，指一定范围内，化学物剂量的增减与效应量变动的关系，通常以个体或一组群体的平均量效应来观察剂量—效应关系，例如测定有机磷化合物对胆碱酯酶的半数抑制浓度（IC_{50}），或测定药物对受体作用等的半数有效量（ED_{50}）。

毒理学实验中，某特定化学物的毒性与受试动物的种系、年龄、性别、生理状况、染毒途径、染毒频度（间断、连续染毒）、溶剂、染毒时的气象条件、昼夜节律、光照等有关。细胞毒性与细胞种类、培养液及其成分，尤其是它的 pH 值、渗透压和血清含量及观察毒性效应的指标或终点等有关。化学物对动物的急性毒性，吸入毒性以 mg/m^3 或 mg/L 及染毒时间表示，并应注明毒物浓度是实测浓度或是计算浓度。其他途径染毒，一般用 mg/kg 表示。在喂饲试验中，常用受试物掺入饮水或饲料中的浓度表示。为了准确估计实际进入动物体内的受试物的量，应该测定受试动物的饮水量或饲料摄入量。细胞毒性以单位体积培养液中所含受试物的量表示，常用 μg/mL，在测试颗粒物对细胞毒性时，以培养皿底部单位面积加入颗粒物的量表示更恰当，即以 $μg/cm^2$ 表示，因颗粒物沉淀直接与受试细胞接触。例如 5μg/mL 的粉尘混悬液 5mL 和 2mL 分别加入同样的培养皿中，则前者将有 25μg 粉尘沉淀于平皿底部作用于细胞，而后者只加了 2mL，则仅有 10μg 粉尘沉淀于平皿底部，可想而知，前者的作用必定会大于后者。

亚慢性、慢性毒性需说明每次的染毒剂量，或浓度、染毒持续天数、每次染毒时间、各次染毒的间隔时间以及观察指标与染毒时间的关系。任何特殊毒性试验，如致畸、致癌或器官毒性试验，均应注意动物一般状况的观察和记录。

2. 影响毒性的因素

化学物的毒性是毒物与机体在一定条件下相互作用的结果，因此不是固定不变的常数。影响毒性的因素是较多而复杂的，本节择要举例讨论，以期有助于毒理学实验设计和引导如何去观察、分析，正确评价毒性。

（1）化学物的特性。

①化学结构。化学物的结构是决定毒性和效应的重要物质基础。尽管毒物的作用点不同，一般情况下化学物分子的化学结构发生变化，往往可以导致毒性的改变。毒性与化学结构的关系是毒理学研究的重要课题。

②纯度。毒性鉴定的样品常用纯品、工业品或商品。为了测定某化学物的毒性，一般首先应考虑用纯品，越纯越好，可避免杂质的干扰。当没有纯品或实验目的是确定工业品或商品的毒性，则可采用相应的产品。

测定工业品或商品的毒性，要注意组成成分及其含量是否稳定。如果成分不稳定，则毒性资料不能推广到其他批号的产品。这种资料对具体生产部门也有参考意义。

③理化特性。有不少化合物的理化特性会随化学结构而发生规律性改变。化合物的理化

特性与其吸收、代谢排泄及其毒性的关系已有大量研究,并已提供有实用意义的资料。

在毒理学实验中,了解受试物的理化特性有着重要意义。理化常数往往反映化学物的纯度,并在很大程度上决定着毒理学实验的内容。

(2)实验动物。实验动物的种属、种系、性别、年龄、体重和一般健康状况等因素对毒性的影响,已众所周知。所以毒理学实验报告中,关于受试动物必须说明上述情况。生物的遗传和进化决定了种属、种系的分化,造成了解剖、生理生化等一系列形态和功能的差别,产生了毒物体内过程的差异,受体或组织细胞对毒物反应的差异,即对毒物敏感性的差异。个体发育在一定程度上反映了物种的进化过程。所以个体发育不同的阶段对毒物敏感性也有明显的差别。由于上述原因,动物的毒性资料移用于人,作为对人的毒性估计的依据,就会变得错综复杂。有关因素如下:

①种属、种系和个体差异。不同种属的动物对毒物的敏感性存在差异。早有人建议,毒理学实验应尽量扩大动物种属,以便获得更多的依据,从而可较准确地估计对人的毒性。关于种属差异的程度,有人将 52 种毒理学实验常用的小鼠、大鼠、豚鼠和兔四种动物经口的 LD_{50} 值作了比较。用最不敏感动物的 LD_{50} 与最敏感动物的 LD_{50} 值之比作为指标,称为种属差异系数。

动物对急性毒物和慢性毒物的敏感性是否一致?解决这个问题有现实意义。资料表明多数毒物是一致的,而有些化学物的急性和慢性毒性的种属敏感性并不一致。一般而言,人对小剂量毒物的反应较动物更为敏感。

对毒物反应的个体差异是生物体的基本特征之一。种属差异除量反应方面以外,有时还有明显的质反应差异。种属(包括种系)敏感性差异的机制,必须从各种实验动物的遗传、解剖、生理、生化的特征和进食习惯等方面来考察。代谢的差异是对毒物敏感性差异的重要因素,是毒理学实验资料可靠地移用于人的重大障碍。

②性别。性别对毒性的影响,往往随毒物种属而异。研究性别差异,应使用性成熟的动物。一般说来,性未成熟的动物中性别差异不明显。另外,还可用切除性腺后和注射性激素,或合并上述两种处理对毒性的影响,来分析性别差异的主要原因。

③体重与年龄。动物比较生理和生化的研究表明,动物的一系列功能指标的参数与体重显著相关。动物对毒物的敏感性,作为机体的功能之一,因此也与体重显著相关。有人建议,可根据毒物对各种动物的毒性,计算相应的回归方程,纵轴是致死剂量,横轴是体重,直线方程的斜率将随毒物而异。然后可用外延法来推算该毒物对人的毒性。

对毒物反应的年龄差异,可能与解毒酶活性有关。胎儿因缺乏这些酶,故对毒物很敏感。新生儿约在出生 8 周内,解毒酶才达到成人水平。大鼠的葡萄糖醛酸转移酶约在出生后 30 天才达到成年大鼠的水平。兔出生 2 周后肝脏开始有解毒活性,3 周后活性更高,4 周后已与成年的水平接近。

实验动物的年龄一般常根据体重来推算。但在研究年龄与毒性关系的实验中,应以出生日期为准。因为饲养条件不同,同年龄组的体重差别较大。

在一般的毒性鉴定中,常选用成年动物,但也可根据实验目的选用适龄动物,来反映个体发育各阶段的特点。

④一般健康状况。动物的营养条件、体力活动情况、有无疾病以及其他许多因素,都能引起全身代谢水平和酶活性的波动,从而影响毒物在体内的代谢率和吸收、排泄速率。这些也都是造成对毒物敏感性个体差异的重要原因。

(3)染毒方式。

①给药途径。基础毒性研究,不论是急性、亚慢性与慢性毒性研究,主要是经口、经皮肤及经呼吸道吸入三种染毒途径。

a. 经口染毒。经口染毒主要分为灌胃、喂饲与吞咽胶囊三种。灌胃是通过人工给实验动物灌入外源化学物,是经常使用的经口染毒方法。此时外源化学物直接灌入胃内,而不与口腔及食道接触,故而给予的化学物剂量准确。

喂饲方法染毒是将化学物溶于无害的溶液中拌入饲料或饮用水中,使动物自行摄入含化学物的饲料或水,然后依每日食入的饲料与水量再推算动物实际摄入化学物的剂量。

吞咽胶囊是将所需剂量的受试化学物装入药用胶囊内,强制放到动物的舌后咽部迫使其咽下。此法剂量准确,尤其适用于易挥发、易水解和有异臭的化学物。兔、猫及狗等较大动物可用此法。

b. 经呼吸道染毒。凡是气态或易挥发的液态化学物均有经呼吸道吸入的可能,在生产过程中形成气溶胶的化学物也可经呼吸道吸入。经呼吸道染毒有两种类型,一种是动物自行吸收,另一种是人工动物气管注入。动物自行吸入呼吸道染毒又分静式吸入染毒与动式吸入染毒两种方法。

静式吸入染毒,即在一定容积的染毒柜内加入一定量受试物,形成含一定浓度受试物的空气环境,使受试动物在规定时间内,经吸入而达到染毒,故适用于短时间染毒的试验使用。

动式吸入染毒,即采用机械通风为动力,连续不断地将含有已知浓度受试物的新鲜空气送入染毒柜内,并排出等量的污染气体,使染毒浓度保持相对稳定,这样可使染毒时间不受染毒柜(室)容积的限制,也可避免动物因缺氧、二氧化碳积聚、温度升高等对试验结果产生影响,故适用于较长时间以及反复染毒的试验使用。

气管注入,将液态或固态外源化学物注入肺内。这是一个手术过程,仅适用于制造化学物对肺脏损伤模型的制备,而不用于一般毒性研究。

c. 经皮肤染毒。液态、气态和粉尘状外源化学物均有接触皮肤的机会。外源化学物是否能经皮肤吸收导致机体中毒,或仅在皮肤局部引起损伤与外源化学物的性质有关。能经皮肤吸收的化学物主要以扩散方式经过皮肤角质层屏障,在表皮角质细胞的间质中充满非极性的脂类物质。脂溶性化学物主要通过这种途径渗透皮肤,所以角质层薄的皮肤部位更易吸收。表皮破损、皮肤水化或脱水,以及易于滞留于角质层的化学物,均可增加化学物的渗透。所以,研究外源化学物经皮肤吸收时,皮肤接触化学物的面积,时间长短,环境中温、湿度均应控制统一的条件。再者,年龄老的动物表皮厚度改变、细胞成分也有变化,所以应选择成年动物为宜。此外,为保证不因皮肤部位不同而形成的化学物渗透率差异,一般大鼠、豚鼠、兔均使用背部皮肤。面积则依据选用动物及受试物的剂量和剂型而定。染毒时,按单位体重确定给予所需毒剂的容量,故要求配置成相应浓度的受试物。接触时间应与人实际接触该物质的时间相仿。但在做功能食品和药物的毒理学评价实验时,一般要求受试物接触时间适当延长,保证对人体不构成危害。

d. 其他途径染毒。有时需对外源化学物进行绝对毒性或比较毒性研究,或进行一些必要的特殊研究,如静脉注射毒物动力学、代谢研究、急救药物筛选等,往往通过注射途径染毒。注射途径包括静脉注射(大鼠、小鼠尾静脉,兔耳缘静脉)、肌肉注射、皮下注射及小动物腹腔注射染毒。

②溶剂。溶剂可以影响毒物的吸收。例如,表面活性剂和溶剂均可以促进毒物经胃肠道吸收。此外,溶剂本身的毒性也会影响毒性测定结果。溶剂也可能与受试物发生化学反应,改变受试物的化学结构,从而影响毒性。

③毒物的浓度和容量。相同剂量的毒物,由于稀释度不同,也可造成毒性的差异。一般认为,浓溶液较稀溶液吸收快,毒性作用强些。有时用油剂灌胃,因稀溶液中油脂量较多,可致腹泻而影响毒物吸收等。例如,有人将几种毒物分别稀释为5%、2.5%、1.25%三种浓度的水溶液,按等量给小鼠灌胃,发现死亡率随浓度降低而递减。

(4)环境因素。环境因素主要通过改变机体的生理功能,继而影响机体对毒物的反应性。环境因素的改变对毒物本身的影响一般不大,但有时可能也有一定影响。

①气温。有人比较了58种化合物在低温(8℃±10℃,相对湿度90%±2%)、室温(26℃±10℃,相对湿度55%±4%)和高温(36℃±10℃,相对湿度35%±3%)三种环境下对大鼠的毒性。染毒前,将动物分别置于上述室内40~45min,腹腔注射染毒后仍放回原环境下观察72h。结果发现,55种化合物在36℃高温环境下毒性最大,26℃下毒性最小。实验结果提示,维持一定的环境温度对某些中毒的急救有重要意义,而某些毒物的最高允许浓度在高温环境下是否适当降低,也是值得考虑的问题。

②湿度。业已明确,温湿环境可以促进毒物经皮肤吸收。一些刺激性毒物,如氯化氢等的吸入毒性随湿度升高而增强。高湿作业可通过加速某些毒物的水解,影响其毒性。

③气压。这类的资料较少,但相信随着宇宙航天、航空和潜水潜航事业的发展和宇宙毒理学与潜艇毒理学的发展,研究气压对毒性的影响会显得更加重要。地平面上气压变化不大,对毒性无明显影响。但当气压降低,使吸入空气中氧分压明显降低时,一些代谢兴奋剂,如二硝基酚等对大鼠的毒性增大。有人报告,气压降至66.5~79.8kPa(500~600mmHg),CO的毒性增强。

④季节和昼夜节律。生物体的许多功能会随着季节和昼夜节律性的变动而变化。目前已有大量资料表明,动物对化学物作用的反应也受到季节的影响。例如,在春、夏、秋、冬分别给

10 只大鼠注入一定量的巴比妥钠,发现其入睡时间以春季最短,秋季最长,而睡眠时间则相反,春季最长,秋季最短。

机体的有些功能还有着昼夜规律性的变动。例如,有人给小鼠皮下重复注入 40% 的四氯化碳溶液 0.2mL 后,在同一天不同时间将动物处死,观察肝细胞的有丝分裂动态,以了解肝细胞变性的修复情况。资料表明,小鼠肝细胞有丝分裂的昼夜变动十分明显。因此,这类实验的观察必须设有相应的对照,并应注意实验中某种处理的时间顺序对结果的影响。

二、急性经皮毒性试验

1. 定义

急性经皮毒性(acute dermal toxicity)是指,经皮一次涂敷受试物后,动物在短期内出现的健康损害效应。经皮 LD_{50}(半数致死量, medium lethal dose)是指,经皮一次涂敷受试物后,引起实验动物总体中半数死亡的毒物的统计学剂量。以单位体重涂敷受试物的质量(mg/kg 或 g/kg)来表示。

2. 试验方法

(1)受试物。液体受试物一般不需要稀释。若受试物非液体,应研磨成细粉状,并用适量水或无毒、无刺激性、不影响受试物穿透皮肤、不与受试物反应的介质混匀,以保证受试物与皮肤有良好的接触。常用的介质有橄榄油、羊毛脂、凡士林等。

(2)实验动物和饲养环境。可选用健康成年大鼠、家兔或豚鼠作为实验动物,也可使用其他种属动物进行试验。使用雌性动物应是未孕和未曾产仔的。建议实验动物体重范围为:大鼠 200~300g,家兔 2~3kg,豚鼠 350~450g。实验动物皮肤应健康无破损。试验前动物要在实验动物房环境中至少适应 3~5d 时间。实验动物及实验动物房应符合国家相应规定。选用常规饲料,饮水不限制。

(3)剂量水平。根据所选用的方法要求,原则上应设 4~6 个剂量组,每组动物一般为 10 只,雌雄各半。各剂量组间距大小以兼顾产生毒性大小和死亡为宜,通常以较大组距和较少量动物进行预试。如果受试物毒性很低,可采用一次限量法,即用 10 只动物(雌雄各半)皮肤涂抹 2000mg/kg 体重剂量,当未引起动物死亡时,可考虑不再进行多个剂量的急性经皮毒性试验。

(4)试验步骤。

①试验开始前 24h,剪去或剃除动物躯干背部拟染毒区域的被毛,去毛时应非常小心,不要损伤皮肤以免影响皮肤的通透性。涂皮面积约占动物体表面积的 10%,应根据动物体重确定涂皮面积。体重为 200~300g 的大鼠为 30~40cm²,体重为 2~3kg 的家兔为 160~210cm²,体重为 350~450g 的豚鼠为 46~54cm²。

②将受试物均匀涂敷于动物背部皮肤染毒区,然后用一层薄胶片覆盖,用无刺激胶布固定,防止动物舔食。若受试物毒性较高,可减少涂敷面积,但涂敷仍需尽可能薄而均匀。一般封闭接触 24h。

③染毒结束后,应使用水或其他适宜的溶液清除残留受试物。

④观察期限一般不超过14d,但要视动物中毒反应的严重程度、症状出现的快慢和恢复期长短而定。若有延迟死亡迹象,可考虑延长观察时间。

⑤对每只动物都应作单独全面的记录,染毒第1d要定时观察实验动物的中毒表现和死亡情况,其后至少每天进行一次仔细地检查。包括被毛和皮肤、眼睛和黏膜,以及呼吸、循环、自主神经和中枢神经系统、肢体运动和行为活动等的改变。特别注意观察动物是否出现震颤、抽搐、流涎、腹泻、嗜睡和昏迷等症状。死亡时间的记录应尽可能准确。

观察期内存活的动物应每周称重,观察期结束存活的动物应称重,处死后进行尸检。

⑥对实验动物进行大体解剖学检查,并记录全部大体病理改变。对死亡和存活24h或24h以上的动物,并存在大体病理改变的器官应进行病理组织学检查。

⑦可采用多种方法测定LD_{50},建议采用霍恩氏法、上—下法、概率单位—对数图解法和寇氏法等。

(5)试验结果评价。评价试验结果时,应将经皮LD_{50}与观察到的毒性效应和尸检所见结合考虑,LD_{50}值是受试物毒性分级和标签标识以及判定受试物经皮肤吸收后引起动物死亡可能性大小的依据。引用LD_{50}值时,一定要注明所用实验动物的种属、性别、染毒途径、观察期限等。评价应包括动物接触受试物与动物异常表现(包括行为和临床改变、大体损伤、体重变化、致死效应及其他毒性作用)的发生率和严重程度之间的关系。毒性分级见表4-1。

表4-1　皮肤毒性分析

$LD_{50}/mg \cdot kg^{-1}$	毒性分级	$LD_{50}/mg \cdot kg^{-1}$	毒性分级
< 5	剧毒	350~2180	低毒
5~44	高毒	> 2180	微毒
44~350	中等毒		

三、眼刺激性实验

1. 定义

眼睛刺激性(eye irritation):眼球表面接触受试物后所产生的可逆性炎性变化。

眼睛腐蚀性(eye corrosion):眼球表面接触受试物后引起的不可逆性组织损伤。

2. 试验方法

(1)受试物。液体受试物一般不需要稀释,可直接使用原液,染毒量为0.1mL。若受试物非液体,应将其研磨成细粉状,染毒量应为0.1mL或质量不大于100mg(染毒量应进行记录)。

受试物为强酸或强碱(pH≤2或pH≥11.5),或已证实对皮肤有腐蚀性或强刺激性时,可以不再进行眼刺激性试验。气溶胶产品需喷至容器中,收集其液体再使用。

(2)实验动物和饲养环境。首选健康成年白色家兔(至少使用3只家兔)。试验前动物要在实验动物房环境中至少适应 3d。在试验开始前的 24h 内要对试验动物的两只眼睛进行检查(包括使用荧光素钠检查)。有眼睛刺激症状、角膜缺陷和结膜损伤的动物不能用于试验。

实验动物及实验动物房应符合国家相应规定。选用常规饲料,饮水不限制。

(3)试验步骤。

①轻轻拉开家兔一侧眼睛的下眼睑,将受试物 0.1mL(100mg)滴入(或涂入)结膜囊中,使上、下眼睑被动闭合 1s,以防止受试物丢失。另一侧眼睛不处理作自身对照。滴入受试物后 24h 内不冲洗眼睛。若认为必要,在 24h 时内可进行冲洗。

②若上述试验结果显示受试物有刺激性,需另选用 3 只家兔进行冲洗效果试验,即给家兔眼内滴入受试物后 30s,用足量、流速较快,但又不会引起动物眼损伤的水流冲洗至少 30s。

③临床检查和评分:在滴入受试物后 1h、24h、48h、72h 以及第 4d 和第 7d 对动物眼睛进行检查。如果 72h 未出现刺激反应,即可终止试验。如果发现累及角膜或有其他眼刺激作用,7d 内不恢复者,为确定该损害的可逆性或不可逆性需延长观察时间,一般不超过 21d,并提供第 7d、第 14d、第 21d 的观察报告。除了对角膜、虹膜、结膜进行观察外,其他损害效应均应当记录并报告。在每次检查中均应按表 4-2 眼损害的评分标准记录眼刺激反应的积分。

表 4-2　眼损害的评分标准

眼　损　害			积　分
角膜 混浊 (以最致密部位为准)		无溃疡形成或混浊	0
		散在或弥漫性混浊,虹膜清晰可见	1
		半透明区易分辨,虹膜模糊不清	2
		出现灰白色半透明区,虹膜细节不清,瞳孔大小勉强可见	3
		角膜混浊,虹膜无法辨认	4
虹膜		正常	0
		皱褶明显加深,充血、肿胀、角膜周围有中度充血,瞳孔对光仍有反应	1
		出血、肉眼可见破坏,对光无反应(或出现其中之一反应)	2
结膜	充血 (指睑结膜、球结膜部位)	血管正常	0
		血管充血呈鲜红色	1
		血管充血呈深红色,血管不易分辨	2
		弥漫性充血呈紫红色	3
	水肿	无	0
		轻微水肿(包括瞬膜)	1
		明显水肿,伴有部分眼睑外翻	2
		水肿至眼睑近半闭合	3
		水肿至眼睑大半闭合	4

可使用放大镜、手持裂隙灯、生物显微镜或其他适用的仪器设备进行眼刺激反应检查。在 24h 观察和记录结束之后,对所有动物的眼睛应用荧光素钠作进一步检查。

④对用后冲洗的产品(如洗面奶、发用品、育发冲洗类等)只做 30s 冲洗试验,即滴入受试物后,眼闭合 1s,至第 30s 时用足量、流速较快,但又不会引起动物眼损伤的水流冲洗 30s,然后按步骤③进行检查和评分。

⑤对染发剂类产品,只做 4s 冲洗试验,即滴入受试物后,眼闭合 1s,至第 4s 时用足量、流速较快,但又不会引起动物眼损伤的水流冲洗 30s,然后按步骤③进行检查和评分。

四、皮肤变态反应试验与光毒性试验

1. 定义

(1)皮肤变态反应(过敏性接触性皮炎)(skin sensitization,allergic contact dermatitis)是皮肤对一种物质产生的免疫源性皮肤反应。对于人类来说,这种反应可能以瘙痒、红斑、丘疹、水疱、融合水疱为特征。动物的反应则不同,可能只见到皮肤红斑和水肿。

(2)诱导接触(induction exposure)是指机体通过接触受试物而诱导出过敏状态的试验性暴露。

(3)诱导阶段(induction period)是指机体通过接触受试物而诱导出过敏状态所需的时间,一般至少一周。

(4)激发接触(challenge exposure)是指机体接受诱导暴露后,再次接触受试物的试验性暴露,以确定皮肤是否会出现过敏反应。

(5)光毒性(phototoxicity)是指皮肤一次接触化学物质后,继而暴露于紫外线照射下所引发的一种皮肤毒性反应,或者全身应用化学物质后,暴露于紫外线照射下发生的类似反应。

2. 皮肤变态反应试验方法

(1)局部封闭涂皮试验(Buehler Test,BT)。

动物数:试验组至少 20 只,对照组至少 10 只。

剂量水平:诱导接触受试物浓度为能引起皮肤轻度刺激反应的最高浓度,激发接触受试物浓度为不能引起皮肤刺激反应的最高浓度。试验浓度水平可以通过少量动物(2~3 只)的预试验获得。水溶性受试物可用水或用无刺激性表面活性剂作为赋型剂,其他受试物可用 80% 乙醇(诱导接触)或丙酮(激发接触)作赋型剂。

试验步骤如下:

①试验前约 24h,将豚鼠背部左侧去毛,去毛范围为 4~6cm^2。

②诱导接触:将受试物约 0.2mL(g)涂在实验动物去毛区皮肤上,以两层纱布和一层玻璃纸覆盖,再以无刺激胶布封闭固定 6h。第 7d 和第 14d 以同样方法重复一次。

③激发接触:末次诱导后 14~28d,将约 0.2mL(g)的受试物涂于豚鼠背部右侧 2cm×

2cm 去毛区(接触前 24h 脱毛),然后用两层纱布和一层玻璃纸覆盖,再以无刺激胶布固定 6h。

④激发接触后 24h 和 48h 观察皮肤反应,按表 4 - 3 评分。

表 4 - 3　变态反应试验皮肤反应评分

皮 肤 反 应		积 分
红斑和焦痂形成	无红斑	0
	轻微红斑(勉强可见)	1
	明显红斑(散在或小块红斑)	2
	中度至重度红斑	3
	严重红斑(紫红色)至轻微焦痂形成	4
水肿形成	无水肿	0
	轻微水肿(勉强可见)	1
	中度水肿(皮肤隆起轮廓清楚)	2
	重度水肿(皮肤隆起 1mm 或超过 1mm)	3
最高积分		7

⑤试验中需设阴性对照组,在诱导接触时仅涂以溶剂作为对照,在激发接触时涂以受试物。对照组动物必须和受试物组动物为同一批。在实验室开展变态反应试验初期,或使用新的动物种属或品系时,需同时设阳性对照组。

结果评价有以下两种情况:

第一,当受试物组动物出现皮肤反应积分≥2 时,判为该动物出现皮肤变态反应呈阳性,按表 4 - 4 判定受试物的致敏强度。

表 4 - 4　致敏强度

致敏率/%	致敏强度	致敏率/%	致敏强度
0 ~ 8	弱	65 ~ 80	强
9 ~ 28	轻	81 ~ 100	极强
29 ~ 64	中		

注　当致敏率为 0 时,可判为未见皮肤变态反应。

第二,如激发接触所得结果仍不能确定,应于第一次激发后一周,给予第二次激发,对照组作同步处理或按"豚鼠最大值试验"的方法进行评价。

(2)豚鼠最大值试验(Guinea Pig Maximinatim Test,GPMT)采用完全福氏佐剂(Freund Complete Adjvant,FCA)皮内注射方法检测致敏的可能性。

动物数:试验组至少用 10 只,对照组至少 5 只。如果试验结果难以确定受试物的致敏性,应增加动物数,试验组 20 只,对照组 10 只。

剂量水平:诱导接触受试物浓度为能引起皮肤轻度刺激反应的最高浓度,激发接触受试物浓度为不能引起皮肤刺激反应的最高浓度。试验浓度水平可以通过少量动物(2~3 只)的预试验获得。

试验步骤如下:

①诱导接触(第 0 天)。受试物组:将颈背部去毛区(2cm × 4cm)中线两侧划定三个对称点,每点皮内注射 0.1mL 下述溶液。

第 1 点　1∶1 的(体积比)FCA/水或生理盐水的混合物。

第 2 点　耐受浓度的受试物。

第 3 点　用 1∶1 的(体积比)FCA/水或生理盐水配制的受试物,浓度与第 2 点相同。

对照组:注射部位同受试物组。

第 1 点　1∶1 的(体积比)FCA/水或生理盐水的混合物。

第 2 点　未稀释的溶剂。

第 3 点　用 1∶1 的(体积比)FCA/水或生理盐水配制的浓度为 50%(质量浓度)的溶剂。

②诱导接触(第 7d)。将涂有 0.5g(mL)受试物的 2cm × 4cm 滤纸敷贴在上述再次去毛的注射部位,然后用两层纱布,一层玻璃纸覆盖,再以无刺激胶布封闭固定 48h。对无皮肤刺激作用的受试物,可加强致敏,于第二次诱导接触前 24h 在注射部位涂抹 10% 十二烷基硫酸钠(SLS)0.5mL。对照组仅用溶剂作诱导处理。

③激发接触(第 21d)。将豚鼠躯干部去毛,用涂有 0.5g(mL)受试物的 2cm × 2cm 滤纸片敷贴在去毛区,然后再用两层纱布,一层玻璃纸覆盖,再以无刺激胶布封闭固定 24h。对照组动物作同样处理。如激发接触所得结果不能确定,可在第一次激发接触一周后进行第二次激发接触。对照组作同步处理。

观察及结果评价通过下述方式给出结果:激发接触结束,除去涂有受试物的滤纸后 24h、48h 和 72h,观察皮肤反应(如需要清除受试残留物,可用水或选用不改变皮肤已有反应和不损伤皮肤的溶剂),按表 4 - 5 评分。当受试物组动物皮肤反应积分≥1 时,应判为变态反应呈阳性,按表 4 - 4 对受试物进行致敏强度分级。

表 4 - 5　变态反应实验皮肤反应评分

评　分	皮肤反应	评　分	皮肤反应
0	未见皮肤反应	2	中度红斑和融合红斑
1	散在或小块红斑	3	中度红斑和水肿

3. 光毒性试验方法

(1)受试物。液体受试物一般不用稀释,可直接使用原液。若受试物为固体,应将其研磨成细粉状并用水或其他溶剂充分湿润,在使用溶剂时,应考虑到溶剂对受试动物皮肤刺激性的影响。对于化妆品产品而言，一般使用原霜或原液。阳性对照物选用8-甲氧基补骨脂(8-methoxypsoralen,8-Mop)。

(2)实验动物和饲养条件。使用成年白色家兔或白化豚鼠,尽可能雌雄各半。选用6只动物进行正式试验。试验前动物要在实验动物房环境中至少适应3~5d。实验动物及实验动物房应符合国家相应规定。选用常规饲料,饮水不限制,需注意补充适量维生素C。

(3)UV光源。

UV光源:波长为320~400nm的UVA,如含有UVB,其剂量不得超过0.1J/cm²。

强度的测定:用前需用辐射计量仪在实验动物背部照射区设6个点测定光强度(mW/cm²),以平均值计。

照射时间的计算:照射剂量为10J/cm²,按下式计算照射时间。

$$照射时间(s) = \frac{照射剂量(10000mJ/cm^2)}{光强度[mJ/(cm^2 \cdot s)]}$$

注:1mW/cm² = 1mJ/(cm²·s)

(4)试验步骤。进行正式光毒试验前18~24h,将动物脊柱两侧皮肤去毛,试验部位皮肤需完好,无损伤及异常。备4块去毛区,每块去毛面积约为2cm×2cm。

将动物固定,按表4-6所示,在动物去毛区1和去毛区2涂敷0.2mL(g)受试物。所用受试物浓度不能引起皮肤刺激反应(可通过预试验确定),30min后,左侧(去毛区1和去毛区3)用铝箔覆盖,以胶带固定,右侧用UVA进行照射。

表4-6 动物去毛区的试验安排

去毛区编号	试验处理	去毛区编号	试验处理
1	涂受试物,不照射	3	不涂受试物,不照射
2	涂受试物,照射	4	不涂受试物,照射

结束后分别于1h、24h、48h和72h观察皮肤反应,根据表4-7判定每只动物皮肤反应评分。

表4-7 皮肤刺激反应评分

皮肤反应		积分
红斑和焦痂形成	无红斑	0
	轻微红斑(勉强可见)	1
	明显红斑(散在或小块红斑)	2
	中度至重度红斑	3
	严重红斑(紫红色)至轻微焦痂形成	4

续表

皮　肤　反　应		积　分
水肿形成	无水肿	0
	轻微水肿(勉强可见)	1
	轻度水肿(皮肤隆起轮廓清楚)	2
	中度水肿(皮肤隆起约1mm)	3
	重度水肿(皮肤隆起超过1mm,范围扩大)	4
最高积分		8

为保证试验方法的可靠性,至少每半年用阳性对照物检查一次。即在去毛区1和去毛区2涂阳性对照物。

(5)结果评价。单纯涂受试物而未经照射区域未出现皮肤反应,而涂受试物后经照射的区域出现皮肤反应分值之和为2或2以上的动物数为1只或1只以上时,判为受试物具有光毒性。

第三节　人体安全性评价方法

化妆品人体检验的基本原则有以下几点:

(1)选择适当的受试人群,并具有一定例数。

(2)化妆品人体检验之前应先完成必要的毒理学检验并出具书面证明,毒理学试验不合格的样品不再进行人体检验。

(3)化妆品人体斑贴试验适用于检验防晒类、祛斑类和除臭类化妆品。

(4)化妆品人体安全性检验适用于检验健美类、美乳类、育发类、脱毛类化妆品。

(5)防晒化妆品防晒效果检验适用于防晒指数(Sun Protection Factor,SPF 值)测定、SPF 值防水试验以及长波紫外线防护指数(Protection Factor of UVA,PFA 值)的测定。

一、人体皮肤斑贴试验

1. 目的

斑贴试验的目的是检测受试物引起人体皮肤不良反应的潜在可能性。

2. 基本原则

(1)选择合格的志愿者作为试验对象。

(2)应用规范的斑试材料进行人体皮肤斑贴试验。

(3)根据化妆品的不同性质,原则上皮肤封闭型斑贴试验时可选用化妆品终产品原物,即洗类皮肤和/或发用类清洁剂应将其稀释成1%水溶液为受试物;皮肤开放型斑贴试验物可选用化妆品终产品原物,即洗类皮肤和/或发用类清洁剂应将其稀释成5%水溶液为受试物,脱毛剂为10%稀释物。

3. 受试者的选择

(1) 选择 18~60 岁符合试验要求的志愿者作为受试对象。

(2) 不能选择有下列情况者作为受试者。

①近一周使用抗组胺药或近一个月内使用免疫抑制剂者。

②近两个月内受试部位应用任何抗炎药物者。

③受试者患有炎症性皮肤病临床未愈者。

④胰岛素依赖性糖尿病患者。

⑤正在接受治疗的哮喘或其他慢性呼吸系统疾病患者。

⑥在近6个月内接受抗癌化疗者。

⑦免疫缺陷或自身免疫性疾病患者。

⑧哺乳期或妊娠妇女。

⑨双侧乳房切除及双侧腋下淋巴结切除者。

⑩在皮肤待试部位由于瘢痕、色素、萎缩、鲜红斑痣或其他瑕疵而影响试验结果的判定者。

⑪参加其他的临床试验研究者。

⑫体质高度敏感者。

⑬非志愿参加者或不能按试验要求完成规定内容者。

4. 实验方法

(1) 皮肤斑贴试验可分为皮肤封闭型斑贴试验和皮肤开放型斑贴试验。皮肤封闭型斑贴试验适用于大部分化妆品原物和少部分需要试验前处理的化妆品种类。皮肤开放型斑贴试验适用于不可直接用化妆品原物进行试验的产品和验证皮肤封闭型斑贴试验的皮肤反应结果。

(2) 皮肤封闭型斑贴试验。按受试者入选标准选择参加试验的人员,至少30名。

选用合格斑试材料。将受试物放入斑试器内,用量为 0.020~0.025g(固体或半固体)或 0.020~0.025mL(液体:可滴加在斑试器所附的滤纸片上置于斑试器内)。受试物为化妆品终产品原物时,对照孔为空白对照(不置任何物质),受试物为稀释后的化妆品时,对照孔内使用该化妆品的稀释剂。将加有受试物的斑试器用无刺激胶带贴敷于受试者的背部或前臂曲侧,用手掌轻压,使之均匀地贴敷于皮肤上,持续24h。

去除受试物斑试器后30min,待压痕消失后观察皮肤反应。如结果为阴性,于斑贴试验后24h和48h分别再观察一次。按表4-8(皮肤不良反应分级标准表)记录反应结果。

(3) 皮肤开放型斑贴试验。按受试者入选标准选择参加试验的人员,至少30名。

以前臂曲侧、乳突部或使用部位作为受试部位,面积为 5cm×5cm,受试部位应保持干燥,避免接触其他外用制剂。

表 4 - 8　皮肤不良反应分级标准表

反应程度	评分等级	皮　肤　反　应
-	0	阴性反应
±	1	可疑反应:仅有微弱红斑
+	2	弱阳性反应(红斑反映):红斑、浸润、水肿、可有丘疹
+ +	3	强阳性反应(疱疹反应):红斑、浸润、水肿、丘疹、疱疹,反应可超出受试区
+ + +	4	极强阳性反应(融合性疱疹反应):明显红斑、严重浸润、水肿、融合性丘疹,反应超出受试区

将试验物 0.3 ~ 0.5g(mL)每天 2 次均匀地涂于受试部位,连续 7 天,同时观察皮肤反应,在此过程中如出现皮肤反应,应根据具体情况决定是否继续试验。

皮肤反应按开放型斑贴试验皮肤反应评判标准,参见表 4 - 9。

表 4 - 9　开放型斑贴试验皮肤反应评判标准

反应程度	评分等级	皮　肤　反　应
-	0	阴性反应
±	1	微弱红斑、皮肤干燥、褶皱
+	2	红斑、水肿、丘疹、风团、脱屑、裂隙
+ +	3	明显红斑、水肿、丘疹、水疱
+ + +	4	重度红斑、水肿、大疱、糜烂、色素沉着或色素减退、痤疮样改变

试验物的浓度应按化妆品实际使用浓度和方法而定,即洗类产品如进行稀释时,应将稀释剂或赋型剂涂于受试部位的对侧为对照。

5. 结果解释

(1)皮肤封闭型斑贴试验结果解释:30 例受试者中若出现 1 级皮肤不良反应的人数多于 5 例,或 2 级皮肤不良反应的人数多于 2 例(除臭产品斑贴试验 2 级反应的人数多于 5 例),或出现任何 1 例 3 级或 3 级以上皮肤不良反应时,判定受试物对人体有皮肤不良反应。

(2)皮肤开放型斑贴试验结果解释:在 30 例受试者中若有 1 级皮肤不良反应 5 例(含 5 例)以上,2 级皮肤不良反应 2 例(含 2 例)以上,或出现任何 1 例 3 级(含 3 级)以上皮肤不良反应时,判定受试物对人体有明显不良反应。

二、人体试用试验安全性评价

1. 试验目的

人体试用试验的目的主要是检测受试物引起人体皮肤不良反应的潜在可能性。

2. 受试者的选择

(1)选择 18 ~ 60 岁符合试验要求的志愿者作为受试对象。

（2）不能选择有下列情况者作为受试者：

①近一周使用抗组胺药或近一个月内使用免疫抑制剂者。

②近两个月内受试部位应用任何抗炎药物者。

③受试者患有炎症性皮肤病临床未愈者。

④胰岛素依赖性糖尿病患者。

⑤正在接受治疗的哮喘或其他慢性呼吸系统疾病患者。

⑥在近6个月内接受抗癌化疗者。

⑦免疫缺陷或自身免疫性疾病患者。

⑧哺乳期或妊娠妇女。

⑨双侧乳房切除及双侧腋下淋巴结切除者。

⑩在皮肤待试部位由于瘢痕、色素、萎缩、鲜红斑痣或其他瑕疵而影响试验结果的判定者。

⑪参加其他的临床试验者。

⑫体质高度敏感者。

⑬非志愿参加者或不能按试验要求完成规定内容者。

3. 皮肤反应分级标准

皮肤反应分级标准见表4－10。

表4－10　人体试用试验皮肤不良反应分级标准

皮肤不良反应	分　级	皮肤不良反应	分　级
无反应	0	红斑、水肿、丘疹、水疱	3
微弱红斑	1	红斑、水肿、大疱	4
红斑、浸润、丘疹	2		

4. 试验方法

（1）育发类产品。按受试者入选标准选择脱发患者30例以上，按照化妆品产品标签注明的使用特点和方法让受试者直接使用受试产品。每周1次观察或电话随访受试者皮肤的反应，按表4－10皮肤不良反应分级标准记录结果，试用时间不得少于4周。

（2）健美类产品。按受试者入选标准选择单纯性肥胖者30例以上，按照化妆品产品标签注明的使用特点和方法让受试者直接使用受试产品。每周1次观察或电话随访受试者有无全身性不良反应，如厌食、腹泻或乏力等，观察涂抹样品部位皮肤的反应，按表4－10皮肤不良反应分级标准记录结果，试用时间不得少于4周。

（3）美乳类产品。按受试者入选标准选择正常女性受试者30例以上，按照化妆品产品标签注明的使用特点和方法，让受试者直接使用受试产品。每周1次观察或电话随访受试者有无全身性不良反应，如恶心、乏力、月经紊乱及其他不适等，观察涂抹样品部位皮肤的反应，按表4－10皮肤不良反应分级标准记录结果。试用时间不得少于4周。

（4）脱毛类产品。按受试者入选标准选择符合要求的志愿受试者 30 例以上，按照化妆品产品标签注明的使用特点和方法，让受试者直接使用受试产品。试用后由负责医生观察局部皮肤反应，按表 4 - 10 皮肤不良反应分级标准记录结果。

5. 结果安全性评价

育发类、健美类、美乳类产品 30 例受试者中出现 1 级皮肤不良反应的人数多于 2 例，或 2 级皮肤不良反应的人数多于 1 例，或出现任何 1 例 3 级或 3 级以上皮肤不良反应时，判定受试物对人体有皮肤不良反应；脱毛类产品 30 例受试者中出现 3 例以上 1 级皮肤不良反应，或 2 级皮肤不良反应的人数多于 2 例，或出现任何 1 例 3 级及 3 级以上皮肤不良反应时，判定受试物对人体有明显不良反应。

思考题

1. 毒理学方法的原理是什么？
2. 化妆品人体检验的基本原则是什么？
3. 人体安全性评价主要包括哪些？
4. 采用动物试验替代法是当今化妆品安全性评价的发展趋势，请阐述你的看法。

参 考 文 献

[1]唐冬雁,刘本才. 化妆品配方设计与制备工艺[M]. 北京:化学工业出版社,2004.

[2]秦钰慧. 化妆品管理及安全性和功效性评价[M]. 北京:化学工业出版社,2007.

[3]孙灿,杨萍,董海燕. 我国化妆品卫生安全问题及对策探讨[J]. 中国卫生检验杂志,2007,17(1):166.

[4]古梅英,郑穗生,李庆. 33 份育发类化妆品卫生毒理学检验结果分析[J]. 中国卫生检验杂志,2007,17(6):1079.

[5]谢晓萍,古梅英,李庆. 380 种防晒化妆品卫生毒理学检验结果分析[J]. 海峡预防医学杂志,2005,11(3):66.

第五章　化妆品流变学特性评价

流变学是研究物质在应力、应变、温度、湿度和辐射条件下与时间有关的流动和形变规律的一门科学。化妆品流变学，即是应用流变学的基本理论知识与方法研究化妆品在力的作用下发生流动和形变的规律，并建立化妆品的客观特性与主观感觉的联系。

第一节　流变学基础知识与相应化妆品分类

化妆品可分为纯黏性流体和黏弹性流体两类。化妆品流变学特性主要是通过测定应力与应变对时间的变化，建立流变函数模型来确定。

1. 牛顿流体及其数学模型

指流动时符合牛顿黏性定律，其剪切应力与剪切速率成正比关系的流体。一般纯液体、小分子溶液或稀高分子溶液（或称理想流体）为牛顿流体。

数学模型表述为：

$$\sigma = \eta\dot{\gamma} \tag{5-1}$$

式中：σ——剪切应力；

　　　$\dot{\gamma}$——剪切速率；

　　　η——流体的黏度，亦称动态黏度或绝对黏度。

黏度是流体与运动相关的一个性能参数。黏度的 SI 单位是 Pa·s 或 kg/(m·s)。CGS 制中，广泛使用的黏度单位是泊(P)或厘泊(cP)。$1Pa·s = 10^3 cP$。

流体在生产、储存和使用过程中，会受到各种力的作用，导致流动形态和形状发生变化。这种变化过程可以 σ—$\dot{\gamma}$ 的关系，即流变曲线描述。一般用双对数坐标表示。牛顿流体的黏度不随剪切速率变化，黏度为常数，流变曲线为直线。

属于牛顿流体的化妆品有发油、婴儿用油、香水、古龙水、花露水等。

2. 非牛顿流体及其数学模型

非牛顿流体，即流变学规律不符合牛顿黏性定律的流体。自然界中大多数流体均属于非牛顿流体。非牛顿流体包括假塑性流体、塑性流体和胀塑性流体等。

此时，黏度并不像牛顿流体一样保持恒定，而是一个变量，是温度、压力、剪切速率和剪切时间的函数。通常将 $\eta(\dot{\gamma})$ 定义为剪切黏度，文献中常常称其为表观黏度，或称剪切依赖性黏度。剪切应力 σ 和由此而产生的剪切速率 $\dot{\gamma}$ 之间存在着一个复杂的函数关系，即

$$\sigma = f(\dot{\gamma})\dot{\gamma} \qquad (5-2)$$

对于不同流体,函数 $f(\dot{\gamma})\dot{\gamma}$ 具有不同的特征。即使是同一流体,在不同温度、压力的条件下,甚至不同的作用时间,$f(\dot{\gamma})$ 也有不同的形式。式(5-2)被称为流体的本构方程式或流变方程。

(1)假塑性流体(pseudoplastic)。这是一类常见的非牛顿流体,大多数大分子溶液和乳状液均属于假塑性流体,化妆品中,如各类膏霜、面膜、牙膏等属于此类。

此类流体的特点是"剪切变稀"且没有屈服值,即黏度非定值,剪切速率越快(流速越快),黏度越小,而且只需施加很小的外力,流体即可发生流动。假塑性体系中的高聚物分子和长链有机分子多为不对称结构,静止时会有各种取向,但在速度梯度场中,其长轴会转向流动方向,且此趋势会随剪切速率增大而强化,因而流动阻力下降,流动性提高,表观黏度降低。另外,在剪切作用下,质点溶剂化层也会变形,使阻力变小。

为了定量地描述假塑性流体的流变行为,许多研究者建立了各种数学模型,如 Cross 模型、Carreau 模型、幂率模型、Eills 模型、Sisko 模型等。其中幂率模型在化妆品流变学中应用较为广泛。

幂率模型中最常见的模型是 Hersckel—Bulkley,也叫幂率方程,它的原理是 Ostwald 模型的扩展。广义的幂律方程的主要优点是在很宽的剪切率范围内,对于许多的非牛顿流体都适用,而且幂律方程特别适合于数学处理,是实际工程计算中应用最广的一种模型。

$$\sigma = K\dot{\gamma}^{m} \qquad (0 < m < 1) \qquad (5-3)$$

或

$$\dot{\gamma} = \frac{\sigma^{n}}{\eta} \qquad (5-4)$$

式中:K——稠度系数,$K = \eta^{1/m}$;

　m、n——流动行为指数,$m = 1/n$。

假塑性流体的 $m < 1$($n > 1$)。当 $m = n = 1$ 时,幂率模型就变为牛顿黏性定律。

在描述非牛顿流体时,引入表观黏度 η_{a} 的概念。借用牛顿黏性定律中黏度的定义,表观黏度等于剪切应力与剪切速率之比。

$$\sigma = K\dot{\gamma}^{m} = (K\dot{\gamma}^{m-1})\dot{\gamma} = \eta_{a}\dot{\gamma} \qquad (5-5)$$

$$\eta_{a} = K\dot{\gamma}^{m-1} \qquad (5-6)$$

假塑性流体的流动行为指数 $m < 1$,故其表观黏度 η_{a} 随剪切速率 $\dot{\gamma}$ 的增大而减小。$\lg\eta_{a}$ ~ $\lg\dot{\gamma}$ 满足线性关系,且其斜率介于 $0 \sim 1$ 之间。

幂率模型应用较广泛,但在使用时会遇到一些问题。剪切应力 σ 不能等于零,也不能等于无穷大,否则会使数学模式失去意义。稠度系数 K 的单位为 $Pa \cdot s^{m-2}$,不同的流体具有不同的 m 值,也就是说不同流体的稠度系数对时间的量纲不同。这不仅难以比较不同流体的稠度系数,同时也使稠度系数的物理意义无法反映出流体的某种物理性质。

（2）塑性流体（plastic flow）。塑性流体可看成具有塑变应力的假塑性流体，此类流体的特点是只有当所受剪切应力大于某一临界值时，体系才开始流动。

最典型的塑性流体称为宾汉流体（bingham），即在发生流动时剪切应力和剪切速率之间呈线性关系，其数学模型为

$$\sigma - \sigma_y = \eta_{pl}\dot{\gamma} \qquad (5-7)$$

式中：σ_y——塑变应力值或屈服值，Pa；

η_{pl}——宾汉流体的黏度，Pa·s。

塑变应力值 σ_y 和黏度 η_{pl} 是宾汉流体流变性质两个特征参数。

塑性流体静止时，质点间形成三维空间结构，具有类似"固体"的性质，其刚度足以抵抗一定的剪切应力。当外加剪切应力超过屈服值后，流体才开始流动。当外力取消后，经过一段时间，体系的结构又重新恢复。

属于塑性流体的化妆品有发蜡条、润发脂、唇膏等，而一些多层化妆水、香粉属宾汉流体。

（3）胀塑性流体（dilatant flow）。与假塑性流体相反，胀塑性流体的表观黏度随剪切速率增加而变大，它在一个很小的剪切应力下就可能流动。胀塑性流体的特点是"剪切变稠"，其数学模型为：

$$\sigma = K\dot{\gamma}^m \ (m > 1) \qquad (5-8)$$

胀塑性流体通常有这样一些特点：体系中的颗粒必须是分散的，而不是聚结的；体系分散相黏度较大，但只在较窄的剪切速率范围内"剪切变稠"，其他范围并不具备这种特征；黏度较低时为牛顿流体，较高时为塑性流体，再高时为胀塑性流体，并大多存在低剪切速率下"剪切变稀"的区域。也有研究证明，胀塑性只限于高固相含量和高剪切速率范围，所以颜料含量高的美容化妆品在高速均质时，会出现胀塑现象（图 5 - 1）。

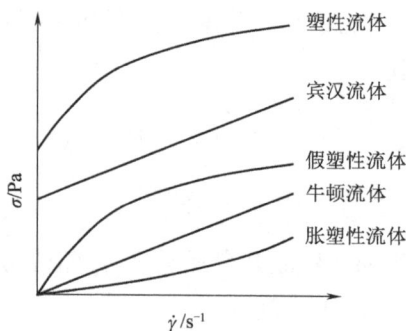

图 5 - 1　牛顿流体和非牛顿流体的流变曲线

（4）触变流体。触变性，指在一定温度下，维持剪切速率恒定，非牛顿流体体系的黏度随时间延长而降低，流动性增强，取消外力后黏度又恢复原来大小的性质。化妆品中的膏霜、乳液、

牙膏、唇膏和湿粉等都应具有较合适的触变性,因而属触变流体。

触变现象是某些假塑性流体表现出的一种性质。当体系受到剪切作用时,分子或粒子的取向和排列发生变化,"网格"结构被破坏,体系黏度下降。一段时间后,体系将恢复至剪切前的初始状态(图5-2)。触变性可定义为,当剪切时,体系表现出降低其黏度的能力和经过一段时间以后其结构重新恢复的能力,它可以通过触变曲线进行描述。见图5-3。

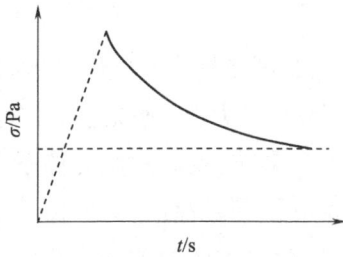

图5-2　触变性流体剪切应力
随时间变化的规律

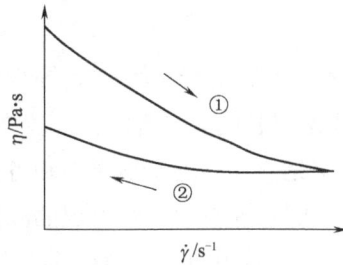

图5-3　触变曲线

由图5-3可知,对体系施加一系列由小到大的剪切速率,并测定其黏度,得到上升曲线①;经短暂停顿后进行相反操作,即对体系施加一系列由大到小的剪切速率,并测定其黏度,得到下降曲线②。对水基体系,结构重建较快,②与①会重合;而对一些有机溶剂体系或含有触变添加剂的体系,②在①的下方。

(5)黏弹性流体(viscoelastic fluid)。黏弹性流体即兼有黏性液体和弹性固体的特性。流体能在形变后呈现弹性恢复,具有与时间无关或有关的两类非牛顿性流体的黏性效应。一些凝胶化妆品、膏体、乳液,特别是一些含有聚合物的体系都表现出黏弹性。

第二节　化妆品生产与使用过程中的流变学

大多数化妆品属于复杂的多相分散体系。从最初的原料状态开始直到消费者使用,此间的任一环节均受到各种剪切应力的作用,即流变学贯穿在化妆品生产与使用的各个环节中。研究化妆品流变学特点,对化妆品配制、生产、储运、使用都至关重要。

一、化妆品生产过程中的流变学

流变学在化妆品生产过程中体现在多个方面,控制产品的流变性指标,有助于产品的质量控制。

化妆品从实验室配方研制到工业生产中涉及生产放大问题。通常化妆品生产放大采用逐级经验放大法,通过小试确定设备型式,逐级中试不断调整和优化工艺条件,直至达到满意结果。化妆品具有牛顿型流体的特征时,其生产放大比较简单。由于体系具有良好的传递性能,所以在选择流体输送机械的类型和规格、确定搅拌或均质方式、强化传热速率等方面都非常容易,甚至由小试可以直接扩大至生产规模。如水剂类产品可以不做小规模实验而进行正式生产。

化妆品具有非牛顿型流体的特征时,情况要复杂得多。如乳液和膏霜等产品,实验室试制的样品与设备生产的产品相比,无论外观形态还是稳定性能都会有很大的差别。这主要是由于体系黏度大,流动性差,热量传递和质量传递效率下降,温度、成分浓度和剪切应力分布不均匀所致。

稳妥的解决方法是逐级放大,逐级解决出现的问题,这些问题可能是传递过程引起的,也可能是配方体系引起的。只有解决了本级问题之后,才能进入下一级放大,否则欲速则不达。

首先,应充分了解流变学原理和各种成分对体系流变特性的影响,及时对配方体系和工艺进行调整,以应对各级放大中出现的问题。多数非牛顿流体是乳液和悬浮液,它们由不混溶相组成,例如水相、油相和固态颜料掺合在一起,呈非平衡状态,生产放大必须考虑工艺温度等因素对体系流变特性的影响,如乳化前油水相的温度和加入方式,反应温度,冷却介质的温度和冷却速率,由反应罐泵出时的温度,储存和灌装的温度等。

其次,掌握传递过程对流变特性的影响程度也是十分必要的。不同体积的反应容器,若它们搅拌电动机转动速度相同,但因混合器桨叶直径不同,较大桨叶末端的速度(线速度)较小,产生的剪切应力也大;反应器传热方式以夹套式和内置盘管式为主,体积大的反应器传热路径长,传热阻力大,会导致体系温度分布和反应速率不均匀;工艺过程中各种设备,如混合器、输送泵、均质器,以及液体通过的管道、阀门和灌装嘴等,都会产生剪切应力,即使同一种产品,规格型号不同,产生的剪切应力也不同;设备搅拌效果的好坏还会影响到原料和反应产物的分布和扩散等。

影响流变学特性的因素通常不是独立的,而是相互交错、相互作用的,会使问题变得更为复杂。例如,触变性乳液复原速度小,在生产过程中应采用较低的搅拌速率和均质强度,以防止过度剪切变稀。但这样做也可能导致冷却效率变差,降温时间长,体系分布不均匀,进而会降低剪切变稀产品的黏度,最终产生不良的结果。

二、化妆品使用过程中的流变学

化妆品是消费品,其性能优劣取决于消费者的认可程度。在化妆品配方研发阶段,研究者对拟开发的产品要充分了解消费者对该类产品的流动感觉。例如,化妆水应该不用摇动就能轻易从瓶中流出;膏霜应该附在罐内,并且有适当的"提起"分量,以便用指尖挖出来时能黏在手指上,在膏霜表面留下一点突起的尖端;指甲油应该很好地黏附在刷子上,能容易流向指甲且停在指甲上。感官评价是模糊的。建立这些模糊数据与流变学可测参数之间的关系,可使得化妆品研发指标更为明确,以及对后期生产质量控制无疑具有积极的意义。

化妆品感官评价内容包括外观形态和使用感觉。外观形态包括体质粗或细、光泽、颜色、稀或稠等,接触试样时感觉硬或软,产品的致密程度,从拇指和食指之间将产品挤出时所需的力、黏度以及产品形态的变化等。

流变学测量参数包括黏度、屈服值、流变曲线类型(黏度—剪切应力、黏度—剪切速率、剪切应力—剪切速率、黏度—剪切时间)、触变性、弹性和动态黏弹谱(蠕变柔量、复数剪切模量、储能模量、耗能模量)等。

一般来说,化妆品感官评价在以下几个方面涉及其流变学特性。

1. 乳液稳定性

化妆品多为乳化体系,从热力学角度看是不稳定的油水相混合物。内相的液滴趋于聚结,导致相分离。增加外相的黏度,使外相具有一定的塑变值,有助于稳定乳化体系。但黏度增大后往往会使产品过于稠厚,不易涂抹分散,而使乳液具有触变性是避免这类问题的思路。

2. 可挤出性

产品的可挤出性是消费者对产品可接受性的重要组成部分。产品在开盖时应不会自动流出,具有一定塑变值;当产品受到剪切应力作用时,可以从软管或瓶中平稳地流出;当挤压停止,产品又重新建立起原有的黏度。挤出时,遇到一定的阻力,如果阻力太大或太小,都是不合适的。可以采用具有触变性的体系,以使同一产品能在不同的剪切条件下具有高低不同的黏度。

3. 黏起感

用手指将膏体挑起时的难易程度及此时膏体的形状。消费者对化妆品的流动性是很敏感的。在手指蘸取这一剪切应力作用下,产品应具有流动性,同时还应有合适的稠度,可暂时附在手指上而不会流走。此阶段感官评价指标是产品的稠度和黏稠度。稠度是感觉到的产品的稠密程度,以拇指和食指之间挤出所需的力作为评估依据,而黏稠度是感觉到的产品的结构,以从容器取出样品的难易程度和产生形变时的阻力大小作为评估依据。相关的流变学特性可用黏度、硬度、黏结性、黏弹性、黏附性等指标进行表征。

4. 使用感与铺展性

化妆品的使用感常与铺展性相关联。产品在涂抹过程中是否容易铺展,是否会起白条,这与黏度、弹性和黏附性有关。大多数化妆品都是涂敷在皮肤上,涂敷可以用手直接涂抹,也可以借助工具涂布。涂敷方法不同其速率不同,对产品流变特性的要求有所不同。通过加入流变添加剂可调节产品的黏度,使产品容易被铺展。涂抹是用手指尖缓慢地在皮肤上转圈,将产品涂于皮肤上,每秒两圈,时间随产品而定。此阶段感官评价指标是产品的铺展性和吸收性。铺展性是产品由涂抹开始点分散到皮肤表面其余地方的难易程度。相关流变学特性用黏度、黏结性、弹性、胶黏性、黏附性等指标进行表征。

化妆品涂抹时的剪切速率可由式(5-9)计算:

$$D = \frac{V}{h} \tag{5-9}$$

式中:D——使用时的剪切速率,s^{-1};

V——使用消费者用手涂抹的速度,cm/s;

h——在皮肤表面产品层的厚度,cm。

下表为化妆品使用过程有关的剪切速率。

化妆品使用过程有关的剪切速率

使用过程	使 用 条 件	剪切速率/s^{-1}
注入瓶中	—	53
从瓶中取出	层厚2cm,速度2cm/s	1
挤出	从塑料瓶中挤出乳液:流量1cm^3/s,出口直径0.5cm	10
	从金属管挤出:流量1cm^3/s,出口直径0.5cm	100
	从塑料管挤出:流量0.1cm^3/s,出口直径0.1cm	10^3
涂抹	涂抹速度24cm/s,涂层厚度0.2cm	12
	涂抹速度10cm/s,涂层厚度0.1cm	100
	涂抹速度10cm/s,涂层厚度0.01cm	10^3
	涂抹速度10cm/s,涂层厚度0.2cm	10^4
气雾剂喷出	阀门	10^3 ~ 10^5
	容器壁	1 ~ 10

5. 用后感与吸收性

用后感是在涂抹产品后,用手指尖评估皮肤表面的肤感变化,用肉眼观察皮肤表面的变化。使用后肤感可描述为发干(如绷紧、拉紧、收紧),润湿(如柔软、柔韧),油腻(如脏、填塞)等不同程度。观察产品使用后会在皮肤上成膜,成片,还是形成覆盖层,或残留有粉末粒子;还要留意使用处的皮肤外观有无异样,有无刺激或不舒服的感觉,残留物是否容易擦去或清洗。用后感常与化妆品的吸收性相关联。

吸收性是感觉到产品被皮肤吸收的速度,可通过皮肤表面变化、产品变化或在皮肤上产品的残留量进行评估。通常认为,易涂抹的化妆品吸收也容易些。

以乳液为例,从消费者感觉看,他们更喜欢选择有触变性的乳液,而不选择牛顿流体型乳液。即产品在倒出时(低剪切速率)有稠厚感,而当涂抹在皮肤上时(高剪切速率)会变稀,这样乳液容易在皮肤上涂抹,皮肤容易吸收。从流变学角度看,产品应具有适当的塑变值,剪切速率在 $10 \sim 10^2 s^{-1}$ 呈流动液态,便于从容器中取出;当剪切速率增大至 $10^2 \sim 10^4 s^{-1}$ 时,乳液变稀,便于涂抹和被皮肤吸收。

化妆品种类不同,具有的流变特性也不同。化妆水、香水、花露水等水性产品和发油、防晒油等油性产品,都是典型的牛顿流体;增加聚合物或表面活性剂会使黏度增加,如啫喱型膏霜、洗发香波和发蜡条、膏状唇膏等,属塑性流体,它有屈服值,当剪切或摩擦时变稀,剪切停止时迅速恢复它的原始黏度;若体系中添加有粉末,如牙膏、指甲油、口红、胭脂等,则应考虑触变特性以及体系的稳定性,它们在剪切时有一段变稀的时间,且恢复到原来的黏度也更慢、更费时,否则指甲油干后涂痕仍然会比较明显;常见的乳化体系,如膏霜、乳液和洗面奶等,多属塑性流体或假塑性流体,同时也应考虑触变性的影响。

化妆品在使用过程中会受到各种剪切应力的作用,如挤压、涂抹等,体现出相应的流变学特性,如黏度、黏弹性、触变性等,并给消费者切实的"肤感"。不同产品在使用过程中的剪切速率是不同的,如将产品从瓶中倒出或从软管挤出时的剪切速率为 $10 \sim 100 s^{-1}$,涂抹手霜或乳液时的剪切速率为 $100 \sim 10^4 s^{-1}$,涂抹唇膏和指甲油时的剪切速率为 $10^3 \sim 10^4 s^{-1}$,喷射气雾剂时的剪切速率为 $10^3 \sim 10^5 s^{-1}$,而将颜料或活性物质悬浮时的剪切速率为 $10^{-3} \sim 1 s^{-1}$。

第三节 各类化妆品的流变学特点

化妆品种类繁多,下面仅就几种典型产品的流变特性作一介绍。

一、指/趾甲油

指/趾甲是由硬的角蛋白为主要成分的甲板构成的皮肤附属器官,在指/趾的末端起保护作用。指/趾甲用化妆品根据功能可分为若干种:用作修复和护理目的的产品包括补充水分和油分的指/趾甲营养剂;清除老化和污物的护皮清除剂;增大指/趾甲硬度、防止断裂的指甲强壮剂;能使指/趾甲表面平滑而具有光泽的指/趾甲抛光剂;使指/趾甲表面变白的指/趾甲漂白剂等;用作加速干燥,使涂膜带有光泽的指/趾甲速干剂;用作卸妆目的的指/趾甲油清除剂,它是以能溶解硝化纤维素和树脂的溶剂等原料经混合工艺制成的产品,能去除指/趾甲上的指/趾甲油膜,有时也加入少量高级脂肪醇或油脂,以弥补溶剂的脱水脱脂作用,防止指/趾甲过分干燥;用于护理指/趾甲,改变其颜色从而达到修饰美容的目的的指/趾甲油。

指/趾甲油是以溶剂、成膜剂、着色剂、悬浮剂、活性添加剂等原料经混合工艺制成的稠状液体产品。指/趾甲油除了一般指/趾甲油外,还有底层指/趾甲油和上层指/趾甲油,底层指/趾甲油通常含有较大量的辅助成膜树脂,作打底用,以填平指/趾甲表面的沟痕,提高指/趾甲油的附着力,它比一般指/趾甲油干燥速度快,形成的膜较硬。上层指/趾甲油则含有较多的主要成膜剂和增塑剂,一般为透明的,涂于已着色的底膜上,以增加膜的厚度、耐磨性和光泽。

1. 对指/趾甲油流变特性的要求

指/趾甲油应具有合适的黏度和流变特性。当将指/趾甲油从瓶内取出时,应能适量挂在刷子上,涂于指甲时具有良好的流平性,即在剪切力作用下,指/趾甲油黏度下降,均匀地流平在指甲表面,并逐渐使刷子纹理消失而形成平滑膜,既不会结团和起皱,也不会太稀流出指甲。指甲油涂膜应有较快的干燥速度,成型后的涂膜应均匀、无气泡,有一定的硬度和韧性。另外,还要具备对指/趾甲保有长久而良好的附着性,容易被清除剂除去等特点。

2. 指/趾甲油各成分对流变特性的影响

溶剂成分在指/趾甲油中的作用是溶解成膜剂，它具有适当的挥发速度，可调节黏度使产品具有适当的使用性能。通常，指/趾甲油可在 2 ~ 3min 内干燥，溶剂沸点太低，干燥速度过快，会使涂膜表面产生针孔现象，残留痕迹会破坏涂膜的外观；沸点过高，溶剂挥发速度慢，成膜太薄，干燥时间长；溶剂汽化潜热大，会引起涂膜"发霜"浊化现象，影响涂膜的光泽和美观。使用低沸点溶剂，如乙酸乙酯、丙酮、丁酮等可降低体系的黏度，加快干燥速度，而使用高沸点溶剂，如乙酸丁酯、甲基异丁酮、乳酸乙酯等则可提高涂膜的流展性，抑制模糊现象。一般指/趾甲油的溶剂都是多种溶剂的复配体系。

成膜剂是指/趾甲油的主要特征成分，它应在溶剂中保持良好的溶解性，对着色剂等具有良好的浸润能力，形成的涂膜应快干、平滑、光亮，有一定硬度和韧性。成膜剂一般为合成聚合物，如硝化纤维素、乙酸纤维素、丙烯酸聚合物等，也可添加适当助剂，如增塑剂等对其进行改性。硝化纤维素虽在成膜的硬度、附着力和耐磨等方面具有优良的特性，但容易收缩变脆，光泽较差，可加入甲苯磺酰胺甲醛树脂（MHP）改善涂膜硬度，增加光泽度，加入柠檬酸酯使涂膜柔软，减少膜层收缩和开裂。

悬浮剂为体系提供足够的黏度，以使颜料等成分能均匀分散，但黏度过大，会影响产品的流平性。指/趾甲油是触变性体系，在剪切力的作用下，如刷子拖动刷过指/趾甲面时，体系黏度下降，但当体系静止时，黏度重新恢复。关键是调节触变性曲线的上限和下限。体系黏度太高会导致过度凝胶化，太低则会引起颜料沉积。常见的悬浮剂，如季铵化膨润土、二氧化硅、水辉石等。

3. 工艺过程和包材对流变特性的影响

前面谈到配方体系中的各种成分对产品流变特性的影响。其实，指/趾甲油的生产工艺也是十分重要的，即便是相同的配方也可能产生不同的结果。砂磨机、球磨机和均质器常用于悬浮体系的加工，机械运动部件的材质好坏、分散时的均质效果都会对最终的产品性能产生极大的影响。

通常，指/趾甲油的包装由玻璃瓶和与瓶盖相连的刷子组成。瓶内形状应尽可能平缓，避免过多的凹槽和凸起，这样可以减少固相物沉积，即便有少许沉淀，轻微振摇后也可混合均匀。刷子上的刷毛数量、长度和硬度等也会影响涂膜效果。

二、牙膏

牙膏是用于清洁牙齿、保护口腔卫生健康的日用消费品，其基本功能是帮助清除牙菌斑等不洁物、清洁口腔、洁白牙齿和清新口气。

牙膏主要由研磨剂、表面活性剂、保湿剂、增稠剂、香精、水、功效成分及其他添加剂等原料组成。这些原料形成一个复杂的混合物，既有固相与液相的分散体系，也有水相和油相的乳化体系，要保证牙膏制成一种均匀、分散、外观良好的膏状物，并在一定时间内保持相对稳定，除了要充分掌握各种原料的性能和作用外，还要了解原料之间内在的相互关系，其中影响膏体流变性的主要因素是研磨剂、保湿剂、增稠剂。

1. 对牙膏流变特性的要求

容易吸引消费者并被其接纳的牙膏产品,应具有以下一些流变特征。

在没有受到外力挤压时,膏体不会从开盖的管内自行流出;使用时,只要稍许用力,膏体即可从管中挤出,并形成均匀的条状;将所需量牙膏挤到牙刷上时,牙膏条状物必须能站立在刷毛上,且轮廓鲜明,不会下陷;刷牙时,牙膏能很快分散于口腔内,形成的泡沫要给人以舒适感,且便于冲洗。另外,在储运和货架期应能保持形态和性能稳定。

要实现这些要求,牙膏应是黏稠的,因为牙膏是固相分散于液相中的浓悬浮体,分散介质和分散相之间的界面具有很大的界面能,是一种不稳定体系,只有增加分散介质的黏度,才可避免分散粒子沉降,这也是牙膏首先应具有的稳定性;牙膏应具有剪切变稀的假塑性,这样才能在挤出和刷牙时具有流动性;牙膏在较低剪切速率时,应表现出相当的塑变值,即具有触变性,在形变后能迅速恢复结构,这样牙膏只有受力才可挤出,外力撤除即可恢复原有的流变状态,牙刷上的膏条也不会下陷。

2. 牙膏各成分对流变特性的影响

研磨剂是牙膏的主要原料,其目的是与牙刷配合,通过与牙齿的摩擦作用,去除牙菌斑、软垢、牙结石和食物残渣。研磨剂的粒度大小、形状和添加量都会对膏体流变特性产生影响。常见的研磨剂有天然碳酸钙、轻质碳酸钙、氢氧化铝和二氧化硅等。以钙基为主的研磨剂白度低、硬度大、粒度也偏大,但价格较低;以铝基为主的研磨剂白度、纯度高,与其他成分的相容性好,且粒度更细,但粒度分布范围宽,颗粒形状各异;以硅基为主的研磨剂表面圆滑,大小均匀,硬度适中,是较为理想的选择。

保湿剂也是牙膏的主要成分,其目的在于防止膏体中的水分散失,并能从空气中吸收水分,以保持膏体的形态和性能稳定,同时也可改善牙膏在口腔中的分散性和铺展性,影响牙膏的泡沫量。甘油和山梨糖醇是常见的保湿剂,它们可增大牙膏的黏度,但对其他流变特性的影响较小。

增稠剂的功能是使牙膏具有三维聚合网状结构,从而具有良好的触变性和较高的塑变值。增稠剂多是可以形成类凝胶结构的有机聚合物和无机物,或是两者的混合体系。常见的改性纤维素类增稠剂,如羟甲基纤维素和羟乙基纤维素;合成有机聚合物,如聚乙烯醇和聚丙烯酸酯;无机物,如二氧化硅气凝胶;天然物,如海藻酸盐、黄原胶、琼脂、明胶等。

3. 工艺过程对流变特性的影响

影响膏体黏度和触变性的因素是多方面的,除配方组成外,工艺过程也是不可或缺的因素。工艺因素可分为工艺设计和过程控制两个方面。工艺设计一般与配方设计同步进行,内容包括原料的预处理、加料顺序和方法、均质速度和时间、温度、真空度、陈化时间等,好的工艺设计方案能减缓牙膏内在质量变化的速度。过程控制中,如制膏机对膏体的研磨、剪切力过强过大,会破坏羧甲基纤维素(CMC)的网状结构,降低胶体的稳定性,产生分水现象。另外,刚输送到储膏缸中牙膏温度较高，如果马上封闭盖子，会引起水汽蒸发后冷凝回流，游离出水分，也会破坏胶体的稳定性。

三、凝胶类制品

凝胶类制品的英文名为 jelly，市场上常把其直译为啫喱。一般以表面活性剂、高分子聚合物、活性添加剂、增溶剂、增稠剂、防腐剂、水、香精等为原料，经增溶混合工艺制成的外观呈透明或半透明凝胶状或半流动性黏稠状产品。

凝胶类产品是非牛顿流体，存在较高的塑变值。其在静止时黏度较高，可悬浮不溶组分，呈透明或半透明的"冻"状，同时具有良好的触变性，易于涂抹分散。

早期的凝胶类产品中包括无水凝胶体系，主要由白矿油和非水胶凝剂组成，虽然有很好的光泽，但因其过于油腻，现只在为数不多的几款产品中使用。现在的凝胶大多数是含水胶体分散悬浮体系，可分为聚合物基质和表面活性剂基质两大类。聚合物基质凝胶是用合成聚合物，如丙烯酸类、乙烯类，或天然聚合物，如植物多糖类作为胶凝剂，他们相互交联成三维网状结构，将分散介质，如水、油等液体或气体封闭在一定空间内，使其不能自由流动。此类凝胶的流变特性与聚合物的链结构、链间结构化程度、相对分子质量大小和分子质量分布等因素有很大关系。表面活性剂基质凝胶则是由于表面活性剂所形成的缔合结构使体系增加黏度的。

第四节　常用仪器设备

化妆品种类繁多，不同产品对流变学要求会有很大不同，有些如牛顿流体只需测量黏度，有些非牛顿流体需要测量黏度与剪切应力或剪切速率的关系，有些如牙膏和膏霜需要测量塑变值，有些如啫喱型产品需要测量蠕变柔量和复数模量。

目前，市场上用于流变特性测量的仪器非常多，大多数仪器能测量流变性质与温度、剪切应力或剪切应变的相互关系。如测量稳态黏度的简单剪切式黏度计、同轴圆筒黏度计、毛细管黏度计、锥板黏度计和平行黏度计等，测量复数黏度的动态流变仪、流变性测定仪和正交流变仪等。还有一些用于生产过程质量控制的简易仪器，如气泡式、杯式、落球或棒式黏度计。下面简单介绍其中两种。

一、毛细管黏度计

常用毛细管黏度计有乌氏黏度计和奥氏黏度计两种。这两种黏度计比较精确，使用方便，适合于测定低至中等黏度的牛顿流体的黏度。

通过测量一定体积的流体，流过一定长度的毛细管所需的时间来计算流体的黏度。

1. 乌氏黏度计

乌氏黏度计（Ubbelohde）结构如图 5-4 所示，液体由管 2 加入，自管 1 上端将液体吸至刻

度线 m_1 以上,在重力作用下任其自然流下,记录液面自测定线 m_1 下降至 m_2 所需的时间。

在毛细管 E 上端截面(记为 1)与下端截面(记为 2)间列柏努利方程,并以下端截面为基准面,得:

$$z_1 + \frac{p_1}{\rho g} + \frac{u_1^2}{2g} = z_2 + \frac{p_2}{\rho g} + \frac{u_2^2}{2g} + h_{f12} \quad (5-10)$$

式中:p_1、p_2——分别为 1 点和 2 点处的静压强,Pa;

u_1、u_2——分别为 1 点和 2 点处的流速,m/s;

z_1、z_2——分别为 1 点和 2 点处的位压头,m 液柱;

h_{f12}——流体从 1 点流至 2 点所产生的阻力损失,m 液柱。

阻力可通过范宁公式计算,并设流体处于层流状态。

$$h_{f12} = \lambda \frac{l}{d} \frac{u^2}{2g} = \frac{64}{R_e} \frac{l}{d} \frac{u^2}{2g} = \frac{32\mu u l}{\rho g d^2} \quad (5-11)$$

式中:λ——流体流动阻力系数,无因次;

l——毛细管长度,m;

d——毛细管内径,m;

u——流速,m/s;

ρ——流体密度,g/cm^3;

μ——流体黏度,Pa·s;

R_e——雷诺指数,$R_e = \frac{ud\rho}{\mu}$。

得到

$$\mu = \frac{d^2 \rho g \times \pi d^2 t}{32 \times V \times 4} = \frac{\pi \rho g d^4 t}{128V} \quad (5-12)$$

式中:V——测定线 m_1 与 m_2 之间的流体体积,m^3;

t——流动时间,s。

直接由实验测定液体的绝对黏度是比较困难的,通常采用测定液体对标准液体(如水)的相对黏度,已知标准液体的黏度就可以标出待测液体的绝对黏度。

2. 奥式黏度计

奥氏黏度计(Ostwald)的结构如图 5-5 所示。其操作方法与乌氏黏度计类似。但是,由于

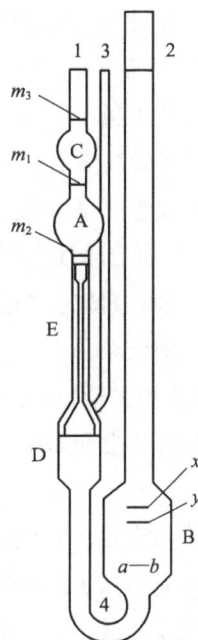

图 5-4 乌氏黏度计

1—主管 2—宽管 3—支管 4—弯管
A—测定球 B—储器 C—缓冲球
D—悬挂水平储器 E—毛细管
x,y—充液线 m_1,m_2—环形测定线
m_3—环形刻线 a,b—刻线

乌氏黏度计有一支管3,测定时管1中的液体在毛细管下端出口处与管2中的液体断开,形成了气承悬液柱。这样流液下流时所受的压力差 ρgh 与管2中的液面高度无关,即与所加的待测液的体积无关。而利用奥氏黏度计测定时,要求每次加液量应相同,因为液体下流时所受的压力差 ρgh 与管2中液面高度有关。

使用玻璃毛细管黏度计应注意以下几点:

(1)黏度计必须洁净和干燥。

(2)黏度计应垂直固定在恒温槽内。因为倾斜会造成液位差变化,引起测量误差,同时会使液体流经时间变长。

(3)黏度计使用完毕,应立即清洗,特别是测高聚物时,要注入纯溶剂浸泡,以免残存的高聚物黏结在毛细管壁上而影响毛细管孔径,甚至堵塞。清洗后,在黏度计内注满蒸馏水并加塞,防止落进灰尘。

(4)液体的黏度与温度有关,一般要求温度变化不超过 ±0.3℃。

(5)毛细管黏度计的毛细管内径选择,可根据所测物质的黏度而定,毛细管内径太细,容易堵塞,太粗则测量误差较大,一般选择测水时流经毛细管的时间在120s左右为宜。

二、锥板式黏度计

常见的是锥板式黏度计是一种旋转式黏度计,它主要包括一块平板和一块锥板。如图5-6所示。

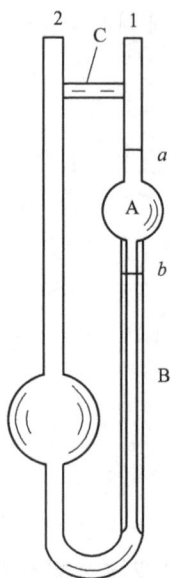

图5-5 奥氏黏度计

A—球 B—毛细管 C—加固用的玻棒

a,b—环形测定线

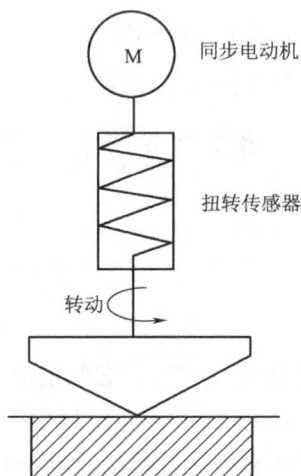

图5-6 锥板式黏度计

　　电动机经变速齿轮带动平板恒速旋转,依靠毛细管作用使被测样品保持在两板之间,并借样品分子间的摩擦力而带动锥板旋转。在扭矩检测器内的扭簧的作用下,锥板旋转一定角度后不再转动。此时,扭簧所施加的扭矩与被测样品的分子内部摩擦力有关,样品黏度越大,扭矩越大。扭矩检测器内设有一个可变电容器,其动片随着锥板转动,从而改变本身的电容数值。这一电容变化反映出的扭簧扭矩即为被测样品的黏度,由仪表显示出来。

　　锥板黏度计的优点是样品使用量少,容易填装和清理。使用锥板黏度计应注意以下几点:

　　(1)被测样品体系均匀,不得夹带气泡和外来杂质。

　　(2)黏度测量在恒温条件下进行,注意将被测液体的温度恒定在规定的温度点附近,精确测量时最好不要超过 0.1℃。

　　(3)要根据样品的性质,选择适当的转速,使流体处于层流状态,不能形成湍流。

　　(4)仪器在测量后要及时清洗。可用合适的有机溶剂浸泡,不能用金属刀具等硬刮,因为转子表面有严重的刮痕时会带来测量结果的偏差。

思考题

　　1. 牛顿流体与非牛顿流体的区别是什么?

　　2. 简述流体的分类及各种类流体的特点。

　　3. 通过化妆品实例,简要说明流变学和感官评价的关系。

　　4. 简述毛细管法测定黏度的原理。

参 考 文 献

[1]裘炳毅. 化妆品和洗涤用品的流变特性[M]. 北京:化学工业出版社,2004.

[2]裘炳毅. 化妆品化学与工艺技术大全[M]. 北京:中国轻工业出版社,1997.

[3]王培义. 化妆品——原理·配方·生产工艺[M]. 北京:化学工业出版社,2004.

[4]章苏宁. 化妆品工艺学[M]. 北京:中国轻工业出版社,2007.

[5]刘志东,郭本恒. 食品流变学的研究进展[J]. 食品研究与开发,2006,27(11):211-215.

[6]陈朝俊,李斌,赵宏伟. 流变学的应用与发展[J]. 当代化工,2008,37(2):221-224.

[7]耿建刚,李军. 牙膏磨擦剂的发展动向及展望[J]. 牙膏工业,2006,(4):39-41.

[8]徐春生. 牙膏的稳定性[J]. 日用化学品科学,2006,29(12):17-20.

[9]谢文政,唐献兰. 牙膏常见质量问题的原因分析[J]. 广西轻工业,2001,(1):38-39.

[10]Sherman P. Problems Associated with the Assessment of the Consistency of Cosmetic and Toilet Preparations [J]. Soap,Perfumery & Cosmetics,1972,45(1):54-8,60.

[11]Moskowitz H R. Cosmetic Product Testing - A Modern Psychophysical Approach[M]. New York:Marcel Dekker,Inc,1984. 11~72.

[12]刘萌戈,周持兴.润肤露流变性能的研究[J].日用化学工业,2004,34(3):167－169.

[13]韦昇,苏爱莲,陈德定.由膏体流变性确定牙膏配方的研究[J].牙膏工业,1999,(3):17－20.

[14]徐季亮.牙膏用CMC的溶液流变性对牙膏胶体的影响[J].牙膏工业,2001(4):33－35.

[15]汪海波,徐群英,刘大川,等.燕麦β－葡聚糖的流变学特性研究[J].农业工程学报[J].2008,24(5):31－36.

[16]高鹰,宗红伟,尹玲,等.浅析增稠剂、保湿剂对牙膏膏体物理化学性质的影响[J].牙膏工业,2008(2):27－30.

第六章　皮肤用化妆品功效性评价方法

　　皮肤是人体重要的而且是最大的器官(图6-1)。它覆盖于整个体表,成年人全身皮肤的面积是1.5~2.0m²,其质量约占体重的16%。皮肤具有特殊的独立功能,它是体内脏器和组织的保护器官,亦是内部脏器、神经对周围环境的感应器官。

　　人类使用皮肤用化妆品首要的目的是保护身体,其次是美化外表。皮肤用化妆品占市场一半以上份额,包括清洁、保护、美化等多种化妆品。本章将从防晒、保湿和抗皱三个方面对化妆品功效评价方法进行阐述。

　　为帮助读者对皮肤用化妆品功效性评价方法的理解,本章还结合化妆品的功效,对皮肤的生理学组织结构和功能特点作简要介绍。

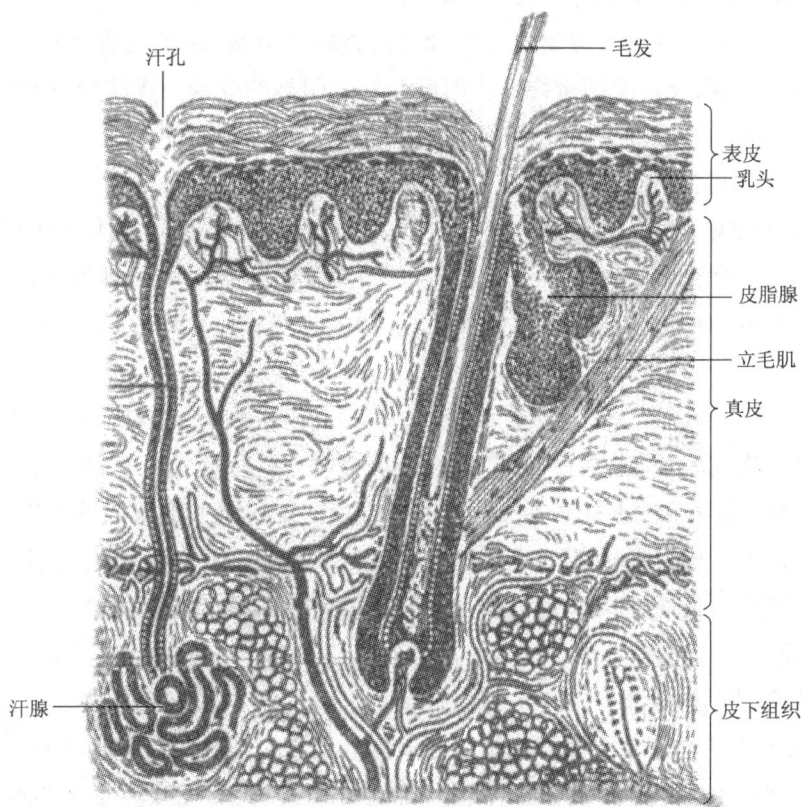

图6-1　皮肤的解剖和组织

第一节　化妆品防晒性能评价

一、皮肤的颜色与影响因素

正常皮肤对光有吸收能力,可以保护机体内的器官和组织免受光的损伤。皮肤组织吸收光有明显的选择性,如角质层内的角质细胞能吸收大量的短波紫外线(波长为 180~280nm)。棘层的棘细胞和基底层的黑素细胞则能吸收长波紫外线(波长为 320~400nm)。故皮肤组织对不同的光的吸收情况是不同的,紫外线大部分都被表皮吸收。随着波长的增加,光的透入程度也有所变化,红光及其附近的红外线透入皮肤最深,都能被皮肤吸收,而长波红外线(波长为1.5~400μm)透入程度很差,大部分被表皮吸收。基底层的黑素细胞对防止紫外线损伤有重要的作用,黑素细胞产生的黑素颗粒,有吸收紫外线的能力,可以被输送到角质形成的细胞中。皮肤色素的代谢一般分为两部分:一部分是由遗传决定的,不受光的影响;另一部分为功能性的,受内外许多因素的影响,紫外线照射后发生的皮肤晒黑即属于这一类,停止照射后,这种皮肤反应则迅速消退。黑素颗粒对防止紫外线可能引起的日晒损伤具有屏障作用。

决定皮肤颜色的主要因素有黑素、血红蛋白、类胡萝卜素、真皮血管及真皮纤维等,这些成分在受到紫外线、药物及其他刺激物的作用后会发生明显的改变。皮肤颜色变化能够反映皮肤屏障的完整性、皮肤的敏感性,以及皮肤对药物、美容、护肤品的反应等。

1. 皮肤颜色的形成

物体的颜色取决于光源的光谱组成和物体表面反射的各波长光的比例对人眼产生的感觉。例如,在日光下,一个物体反射 450~560nm 波段的光,而相对吸收其他波长的光,那么该物体表面为绿色。白色光和皮肤相互作用,通过反射和吸收两种方式转变为有色光,从而使皮肤呈现不同的颜色。

光线照射到皮肤表面后,部分被色素吸收,另有 4%~8% 的光线被角质层反射。色素和透明角质颗粒等对光线的吸收不均一使皮肤的光学特性变得很复杂。皮肤中主要的反射物质除表皮中的透明角质颗粒外,还有真皮中的胶原纤维束。角质层上部组成成分的不同也是决定皮肤表面反射特性的一个重要因素。光滑的、含水较多的角质层有规则的反射可形成明亮的光泽,而干燥、有鳞屑的角质层以非镜面反射的方式反射光线,使皮肤灰暗。如果角质层中有空气,则鳞屑表面有白色光泽。

2. 皮肤颜色的影响因素

在正常情况下,表皮中含有黑素和类胡萝卜素。黑素包括优黑素和褐黑素,分别呈褐色和黄至红褐色,吸收光谱较宽,能吸收整个可见光和紫外光。类胡萝卜素是一种外源性黄色脂类物质,多来自水果和蔬菜等。当大量摄入后会在表皮中过多积聚,主要沉积在基底层。在真皮毛细血管中,有另外三种色素,即鲜红色的氧合血红蛋白、蓝红色的血红蛋白和黄色的胆红素。此外,还有其他一些发色团,包括核苷酸的嘌呤,氨基酸如苯丙氨酸、酪氨酸、色氨酸和半胱氨酸,以及尿酸、叶酸、核黄素和类固醇等,这些物质的数量和比例对皮肤的颜色也会产生一定的影响。

肤色较淡的皮肤,表皮白色透明。黑素使表皮皮肤呈黄褐色、褐色或黑色。它们主要聚集于表皮,尤其是基底层,过多地摄入类胡萝卜素会使皮肤颜色显著变黄。皮肤血管中的血液容量、红细胞的数量、氧合血红蛋白和血红蛋白的相对比的不同会使皮肤呈现红色或青色。

二、紫外线辐射的基本特征及对人体皮肤的作用

1. 紫外线辐射的基本特征

太阳光线辐射到地球时,红外线波段会产生热效应,可见光波段呈现出各种颜色,紫外线波段则会引起光生物反应,导致黑色素产生。通常,我们讨论的紫外线波长范围一般在200～400nm,其中波长200～290nm为短波紫外线(UVC),波长290～320nm为中波紫外线(UVB),波长320～400nm为长波紫外线(UVA),UVA又可进一步分为UVA I 区(波长340～400nm)和UVA II 区(波长320～340nm)。

UVC在穿越大气层时,几乎完全被臭氧层吸收,对人体造成伤害很小,不会晒黑皮肤,但会产生粉红色红斑;UVB可穿透臭氧层到达地球表面,它主要作用于人体表皮层,引发鲜红色红斑;UVA可穿透皮肤直达真皮层,使皮肤出现深红色红斑或变黑,产生色素沉着以及皮肤老化,甚至引发皮肤癌。

2. 皮肤日晒红斑

皮肤日晒红斑是日光引起皮肤光生物学损害的临床表现之一,主要由日光光谱中的紫外线引起。

日晒红斑即日晒伤,又称皮肤日光灼伤、紫外线红斑等。皮肤日晒红斑是紫外线照射后在局部发生的一种急性光毒性反应(phototoxic reaction)。临床上表现为肉眼可见、边界清晰的斑疹,颜色可为淡红色、鲜红色或深红色,可有程度不一的水肿,重者出现水疱。依照射面积的大小和时间的长短被照射者可有不同症状,如灼热、刺痛或出现乏力、不适等轻度全身症状。红斑数日内会逐渐消退,可出现脱屑以及继发性色素沉着。

皮肤红斑可分为以下两种:

第一种,即时性红斑,是受到大剂量紫外线照射时,于照射期间或照射后很快出现的微弱红斑反应,数小时内可逐渐消退。

第二种,延迟性红斑,是紫外线辐射引起皮肤红斑反应的主要类型。通常在紫外线照射后经过4～6h的潜伏期,受照射部位开始出现红斑反应,并逐渐增强,于照射后16～24h达到高峰。延迟性红斑可持续数日,然后逐渐消退,继发脱屑和色素沉着。

日晒红斑是如何产生的呢?动物和人体皮肤黏膜的紫外线照射实验表明,紫外线辐射使真皮内多种细胞释放组胺、5-羟色胺、激肽等炎性递质,使真皮内血管扩张,渗透性增加,从而产生即时性红斑。抗组胺类药物则能有效阻止即时性红斑的产生。

延迟性红斑的发生机制比较复杂。激肽类物质在红斑反应期并不升高,各种血管扩张抑制

剂,包括抗组胺类药物,也不能有效阻止延迟性红斑的产生。通常认为,延迟性红斑的发生机制涉及体液和神经两方面的因素。体液因素指在紫外线辐射下,皮肤黏膜引起一系列的光化学和光生物学效应,使组织细胞出现功能障碍或造成其结构损伤。神经因素指在紫外线辐射下,周围神经损伤或神经阻滞麻醉后,所支配区域的皮肤紫外线红斑反应明显减弱,或低级神经中枢病变或脊髓麻醉时,病变或麻醉平面以下的皮肤紫外线红斑反应被高度抑制,或高级神经中枢病变或全身麻醉时,皮肤紫外线红斑反应完全消失或十分微弱。

影响日晒红斑的主要因素有:

(1)照射强度或剂量。日晒红斑的形成和皮肤上受到的照射剂量有关。在特定条件下,人体皮肤接受紫外线照射后出现肉眼可辨的最弱红斑需要一定的照射剂量,即皮肤红斑阈值,通常称之为最小红斑量(Minimal Erythema Dose,MED),单位为 mJ/cm^2 或 J/m^2,也可用达到这一照射程度的最短时间表示(单位:s)。依照射剂量的大小,皮肤可出现从微弱潮红到红斑或水肿,甚至出现水疱等不同反应。

(2)紫外线波长。人体皮肤对各种波长的紫外线照射可出现不同程度的红斑效应。国际照明问题委员会(Commission International de l'Eclairage,CIE)1987 年推荐的紫外线红斑效应光谱显示,波长 297nm 的 UVB 红斑效应最强。以 297nm 的 UVB 所产生的红斑效应作为100%,则不同波段紫外线的致红斑效应:254nm(50%),265nm(19%),280nm(28%),289nm(30%),302nm(58%),313nm(4.5%),385nm(0.1%)。

此外,各种波长紫外线引起红斑的量效关系亦不相同。随着照射剂量的增加,UVC 引起的皮肤红斑反应强度并无明显增大;UVB 引起的红斑反应迅速加剧,并在波长 289nm 处和紫外线剂量有较好的线性关系;UVA 引起的红斑反应类似 UVC,即照射剂量与红斑反应呈非线性关系。因此,皮肤的红斑指标仅适用于评价对 UVB 的防护效果,即日光防护系数(SPF)值测定,而不适用于对 UVA 的防护效果评价。

(3)皮肤类型。人类皮肤对紫外线照射的反应性受遗传因素和后天环境共同影响,每个健康人的皮肤对外界的刺激的敏感性常有较大的差别,不同皮肤类型的人对紫外线敏感性和色素的响应是不同的。Fitzpatrick—Pathak 根据受日光照射后皮肤变化,将皮肤分为六种类型,见表6-1。

表6-1 Fitzpatrick—Pathak 日光反应性皮肤类型

皮肤类型	未曝光区皮肤	对日光敏感性和色素的响应	UVB MED/mJ·cm^{-2}
I	白色	极易晒伤,不发生黑化	20~30
II	白色	容易晒伤,轻度晒黑	25~35
III	白色	有时晒伤,有些晒黑	30~50
IV	白色	很少晒伤,中度晒黑	50~75
V	棕色	难晒伤,深棕色	60~90
VI	黑色	不晒伤,深晒黑	100~200

日晒红斑和日晒黑化是皮肤对紫外线照射产生的两种不同的生物效应，Ⅰ—Ⅲ型皮肤日晒后易出现红斑，反映对紫外线红斑效应的敏感性；Ⅳ—Ⅵ型皮肤日晒后易出现黑化，反映的是对紫外线色素效应的敏感性。皮肤的上述不同反应反映了人类皮肤在产生日晒红斑方面的能力差异，这种差异是由遗传基因决定的。

（4）照射部位和肤色。人体不同部位的皮肤对日晒红斑的敏感性存在差异。一般而言，躯干部皮肤敏感性高于四肢，上肢皮肤敏感性高于下肢，肢体屈侧皮肤敏感性高于伸侧，头、面、颈部及手、足部位对紫外线最不敏感。如以躯干部皮肤敏感性为100%，人体其他部位皮肤对照射的敏感性为：胸背部100%，上肢50%～75%，下肢25%～50%，面、颈部25%～50%，手、足背部25%。

肤色深浅对皮肤的日晒红斑反应性也有一定影响。皮肤的颜色主要由表皮中黑素小体的含量及色泽所决定，黑素小体可吸收紫外线以减轻其对深层组织的辐射损伤，从而影响日晒红斑的形成。经常日晒不仅可使肤色变黑，也可以提高对紫外线的耐受性，使皮肤对日晒红斑的敏感性降低。此外，黏膜对紫外线照射的反应性比皮肤迟钝，通常黏膜的 MED 值比皮肤大 1 倍左右。

（5）其他因素。人的年龄、生理变化和病理因素也会影响对紫外线的敏感性。另外，接触其他物理因素，如红外线、超短波、B 超、磁场、热传导疗法等，可使紫外线红斑潜伏期缩短，反应增强。运动、出汗、海水浴或盐水浴等可使皮肤角质层水化，减少紫外线的反射和散射，导致MED 值下降，促使皮肤更容易产生日晒红斑。

3. 皮肤日晒黑化

皮肤日晒黑化，即日晒黑，指日光或紫外线照射后引起的皮肤黑化作用。通常限于光照部位，晒斑边界清晰，临床上表现为弥漫性灰黑色色素沉着，无自觉症状。皮肤发生炎症后色素沉着也可以引起肤色的加深，但一般限于炎症部位的皮肤，色素分布不均，从发生机理上看主要是一系列炎症性介质，如白三烯 LTC_4 和 LTD_4 等和黑素细胞的互相作用所致。皮肤晒黑则是光线对黑素细胞的直接生物学影响。

皮肤日晒黑化有三种类型：

（1）即时性黑化（instant pigmentation）。照射过程中发生或受到照射后立即发生的一种色素沉着。通常表现为灰黑色，限于照射部位，色素沉着消退很快，一般可持续数分钟至数小时不等。

（2）持续性黑化（persistent pigmentation）。随着紫外线照射剂量的增加，色素沉着可持续数小时至数天不消退，可与延迟性红斑发生重叠发生，一般表现为暂时性灰黑色或深棕色。

（3）延迟性黑化（delayed pigmentation）。照射后数天内发生，色素可持续数天至数月不等。延迟性黑化常伴发于皮肤经常受紫外线照射后出现的延迟性红斑，并涉及炎症后色素沉着的机制。

像日晒红斑一样，对日晒引起的皮肤黑化反应也存在着类似的影响因素，如辐射强度或辐射剂量、紫外线波长、皮肤类型以及机体生理、病理状态等。

4. 皮肤光老化

皮肤光老化是指由于长期的日光照射导致的皮肤衰老或衰老速度加快的现象，是由反复日晒导致的累积性损伤。

皮肤光老化的特点是在光暴露部位出现皱纹,临床表现为皮肤粗糙肥厚,皮沟加深,皮嵴隆起,出现皮革样外观和斑驳状色素沉着等症状。在紫外线照射下,皮肤真皮弹力纤维变形,纤维增粗、扭转和分叉,从而导致皮肤松弛无弹性;其次,紫外线照射还影响胶原纤维的成分和结构,使皮肤出现松弛和皱纹;氨基多糖和蛋白多糖是皮肤真皮基质中的重要成分,如透明质酸,可以结合大量水分,起到滋润和养护皮肤的作用,紫外线照射可使氨基多糖裂解,可溶性增加,影响其结构和功能,最终导致皮肤干燥松弛无弹性。

5. 光敏感性皮肤病

前面所讲的皮肤日晒红斑、变黑及光老化均是皮肤对紫外线辐射的正常反应,所有个体均会或多或少发生。而皮肤光敏感则是皮肤对紫外线辐射的异常反应,临床表现以光损害为主,或者光照后使病情加重,如多形性日光疹、慢性光化性皮炎等。某些遗传性皮肤病可导致或加重皮肤光老化的发生,如先天性色素异常症、先天性皮肤异色症、先天性角化不良等。其特点是在光感性物质的介导下,皮肤对紫外线照射的耐受性降低或敏感性增强,引发皮肤光毒反应或光变态反应,并导致一系列相关的疾病。

三、防晒功效性评价方法

1. SPF 值的定义及测定

防晒指数(SPF),也称为日光防护系数,表明防晒用品所能发挥的防晒效能的高低。SPF值越大,防晒效果越好。它是根据皮肤的最低红斑剂量(MED)来确定的。

使用防晒用品后,皮肤的最低红斑剂量会增长,那么该防晒用品的防晒系数 SPF 则为:

$$SPF = \frac{使用防晒化妆品防护皮肤的\ MED}{未防护皮肤的\ MED} \qquad (6-1)$$

皮肤的红斑指标仅适用于评价对 UVB 的防护效果,即 SPF 值的测定,而不适用于对 UVA 的防护效果评价。

SPF 是目前国际上较广泛采用的表征防晒用品防晒功效的指数,一般采用人体皮肤试验或其他方法确定。SPF 最初由 Willis 提出,随后,美国、德国、澳大利亚、日本都确立了 SPF 测定方法。2002 年起,我国卫生部颁布了 SPF 测定技术标准。

采用人体皮肤试验测定防晒功效 SPF 值须注意以下几点(具体详见附录8):

(1)光源。所使用的人工光源必须是氙弧灯日光模拟器并配有过滤系统。要求日光模拟器应发射连续光谱,在紫外区域没有间隙或波峰;光源输出应稳定、均一,且输出的光谱应符合规范要求。

(2)受试者必须身体健康,男女均可;既往无光感性疾病史,近期内未使用影响光感性药物和/或口服或外用皮质类固醇激素等抗炎性药物等。

(3)测试者受光照射体位宜选择后背,可采取前倾位或俯卧位。

(4)样品用量为 2mg/cm^2,样品涂抹面积不小于 30cm^2。

（5）设置具不同 SPF 值的标准品为阳性对照。

2. 防晒化妆品长波紫外线防护指数（PFA 值）的定义及测定

日光中 UVA 照射到皮肤,主要产生皮肤黑化的生理学效应,该效应以最小持续性黑化量（Minimal Persistent Pigment Darkening Dose,MPPD）来量度。MPPD 是辐照后 2～4h 在整个照射部位皮肤上产生轻微黑化所需的最小紫外线辐照剂量或最短辐照时间。UVA 防护指数（Protection Factor of UVA,PFA）则是指引起被防晒化妆品防护的皮肤产生黑化所需的 MPPD 与未被防护的皮肤产生黑化所需的 MPPD 之比,即:

$$PFA = \frac{使用防晒化妆品防护皮肤的\ MPPD}{未防护皮肤的\ MPPD} \qquad (6-2)$$

近年来标识和宣传具有 UVA 防护或广谱防晒效果的化妆品越来越多。其中针对防晒化妆品标签上 PFA 值或 PA +～+++ 表示法的人体试验较为常用,并得到国际上多数国家、化妆品企业以及消费者的认可。

采用人体皮肤试验测定防晒功效 PFA 值须注意对受试者要求与采用人体皮肤试验测定防晒功效 SPF 值类似,但对光源要求有别于后者,即紫外线光源应能发射 UVA 区的连续光谱（方法详见附录9）。

我国对防晒化妆品 UVA 防护效果的标识,是根据所测 PFA 值的大小,在产品标签上标识 UVA 防护等级 PA（Protection of UVA）值。PFA 值只取整数部分,按表6-2换算成 PA 等级:

表6-2　PFA 值与 PA 等级换算

PFA 值	PA 等级	PFA 值	PA 等级
<2	无 UVA 防护效果	4～7	PA + +
2～3	PA +	≥8	PA + + +

3. 防晒性能仪器测定法（体外法）

将防晒化妆品涂在透气胶带或特殊底物上,利用紫外分光光度计法测定样品的吸光度值或紫外吸收曲线,是目前国内外所有仪器测定法的基本原理。但是,仪器测定的 SPF 值和 PFA 值与相应人体测定值有时差别很大,因为仪器法只检测了化妆品中紫外线吸收剂这一单一因素,而没有考虑其他防晒成分的影响。

此外,仪器法还忽略了防晒成分与皮肤的反应。但此类方法简单快速、费用低且不造成人体皮肤损伤,为企业在产品研发过程中需反复测试 SPF 值和 PFA 值提供了一个简便可行的方法。

（1）紫外分光光度法。将样品依标准涂层厚度,涂布于石英板或夹于石英板间,使用普通紫外分光光度计,测定其紫外光区的吸收光谱。

试验材料及仪器包括:石英比色皿,3M 透气胶带,可见分光光度计,分析天平,普通干燥箱。

实验步骤如下:

①将 3M 胶带剪成 1cm×4cm 大小,粘贴在石英比色皿透光侧表面上。

②精确称取 8mg 样品,将样品涂抹在石英比色皿上,并制备 5 个平行样品。

③将制备好的样品比色皿置于 35℃的干燥箱里,干燥 30min。

④将待测样品比色皿置于样品光路中,取另一贴有胶带的石英池置于参比光路中,分别测定波长为 285nm、290nm、295nm、300nm、305nm、310nm、315nm、320nm 的吸光度值,取各测定数值的算术平均值。

⑤依次测定 5 个平行样品,计算均值。再算平均值的算术均数即为该样品的吸光度值。

⑥测试结果及评价。

吸光度 <1.0:无防晒效果。

吸光度 =1.0:低级防晒效果。

吸光度 >1.0, 且 <2.0:中级防晒效果。

吸光度 >2.0:高级防晒效果。

(2)紫外透射率分析仪法。试验材料及仪器包括:石英比色皿,3M 透气胶带,Labsphere UV-1000S紫外透射率分析仪,闪烁氙灯光源,分析天平,普通干燥箱。

实验步骤如下:

①将 3M 胶带固定于特制的石英玻璃板上(8cm×7.7cm)。

②精确称取样品,以 $2mg/cm^2$ 的用量将样品均匀涂抹于石英板 3M 胶带上。

③将制备好的样品置于 37℃的干燥箱中,干燥 10min。

④接通电源,预热仪器,测定样品的 SPF 值,每样品板测定不少于 6 个点。

⑤计算 SPF 值。可利用专用软件包计算,也可用下式计算:

$$SPF = \frac{\sum\limits_{290}^{400} E_\lambda S_\lambda d_\lambda}{\sum\limits_{290}^{400} E_\lambda S_\lambda T_\lambda d_\lambda} \tag{6-3}$$

式中:E_λ——为北纬 40°,太阳顶角 20°,夏天中午阳光不同波长的辐射强度;

S_λ——不同波长光的红斑效应系数;

T_λ——不同波长样品的透光率;

d_λ——波长间隔大小。

(3)SPF-290 型仪器测试法。SPF-290 型防晒系数分析仪是国内外广泛使用的一台仪器,它将早期的欧美国家人体测试数据储存在计算机内,防晒化妆品的样品经光谱测定后自动转换为 SPF 值输出。

实验步骤如下:

①测试前准备:每次测定时,先用仪器本身附带的滤片及标准品进行点检测试,一切正常后再进行样品测试。

②样品测试:先测定空白膜的本底曲线,然后用点样器在 3M 胶带上均匀点加样品,用带有乳胶手指套的手指涂抹,使膜表面的样品以 $2\mu L/cm^2$ 分布。

③测定值:将涂抹后的样品板放在 37℃ 的恒温干燥箱中干燥,用 SPF-290 分析仪在透明膜上随机选取 6 个点测试。

④利用工作站处理数据,得到 SPF 值或 PFA 值。

第二节　化妆品保湿性能评价

皮肤表皮的角质层具有吸水、屏障功能,角质层中所含有的氨基酸类、乳酸盐及糖类等使角质层保持一定的含水量,以维持皮肤的湿润。皮肤的外观与角质层的水分含量有关,正常的皮肤角质层通常含有 10% ~30% 的水分以维持皮肤的柔软和弹性。水分减少时,皮肤不再娇嫩并且变得干燥,水分减到 10% 以下时,肌肤的张力与光泽会消失,角质层也比较容易剥落,皮肤会变得干枯暗哑,皱纹亦因而产生。要维持肌肤的湿润,除要补充皮脂膜的不足之外,重要的在于促使表皮角质细胞健全,强化真皮网组织结构,增进两者的保水功能。

保湿是护肤类化妆品的基本功能,它要具备三种能力,即防止水分过度蒸发,保湿性良好,使皮肤呼吸功能顺畅。这样可使皮肤角质层维持一定的含水量,增加皮肤的水分和湿度,以保持皮肤的光泽和弹性,促进皮肤屏障功能的修复。研究皮肤如何保湿、开发保湿化妆品是护肤抗衰老永恒的主题。

一、皮肤的保湿生理学基础

1. 保湿的功能

(1)皮肤生理重要功能——保湿。人由婴幼儿到老年,其皮肤老化的过程也可以说是皮肤水分减少、丢失的过程。从宏观来看,皮肤是重要的储存水分的器官,它的储水量仅次于肌肉。正常情况下,皮肤的含水量占人体所有水量的 18% ~20% ,大部分储存在皮内,婴儿皮肤储水量高达 80% ,女性皮肤储水量比男性高,故皮肤富有弹性、亮泽。

皮肤的稚嫩度主要取决于表皮角质层的含水量。角质层含水量由内向外呈梯度下降,当外界相对湿度低于 60% 时,角质层含水量就会下降到 10% ,此时皮肤干燥、脱屑,发生皲裂。

皮肤既能储水,也能失水。角质层中有两种水,即结合水与游离水。在角质层内水与离子、氨基酸、蛋白等结合成结合水,当结合水超过饱和状态,与角质层细小的间隙间形成微小的水滴,就形成游离水。游离水过多会将角质细胞浸软,成过水合状态即呈现浸渍。人生活在大气环境中,皮肤直接暴露在大气环境中。皮肤既从体内向大气中排出水分,也从大气中吸收水分,保持人体水分平衡,就可以保持皮肤柔软、光滑、有弹性。

(2)天然保湿因子(Natural Moisturing Factor,NMF)。皮肤有吸湿能力、保湿能力,是因为人体内有天然保湿因子的缘故。它们是一组可溶性低分子物质,占干燥质量的 25% ,其中以氨基酸、吡咯烷酮羧酸和乳酸盐为主要成分,它们占 NMF 的 64%。这些成分本身无保湿能力,它们在皮肤里形成钠盐后才具有保湿能力。

那么,皮肤中的什么结构能保持水分呢？最初的观点认为,可能是皮脂腺分泌的油性成分能够保持水分,进一步研究认为,皮脂膜能够防止水分蒸发,但它还不是皮肤中的主要保湿机构。1967 年 O. K. Jacobi 发现,在皮肤角质层中有许多吸附性的水溶性物质,是参与角质层保持水分作用的重要元素,他把这类物质命名为天然保湿因子,当时,这被称为划时代的发现。

天然保湿因子就是皮肤角质层中含有吸附性的水溶性物质,它能够保持皮肤中的水分。天然保湿因子的主要成分是尿素、氨基酸、乳酸盐、吡咯烷酮羧酸等人体自身营养物质和代谢产物。天然保湿因子具有很强的亲水性,能有效防止水分的散失。NMF 的这些成分与蛋白质结合,存在于角质细胞中。尤其是角质细胞的脂质与蛋白质共同构成了保护 NMF 的细胞膜,阻止了 NMF 的流失,从而使角质层保持一定的含水量。如果角质层的完整性受到破坏,NMF 将会损失,皮肤的保湿作用就会下降。在化妆品领域中研究 NMF 是个热门的课题,对保湿护肤类化妆品的开发有重要的意义。

天然保湿因子能保持水分,皮脂膜也能保持水分,那么它们是什么关系呢？皮肤是如何保持水分的呢？

皮肤中 NMF 保持水分,起主要作用;皮脂腺分泌的皮脂在皮肤表面形成皮脂膜,皮脂膜可以防止水分过分蒸发。神经酰胺、粘多糖等物质,使细胞间水缔合,保湿。NMF 的优点:干时吸水,湿时排水,使皮肤舒适。如果皮肤长时间的浸泡在水中,角质层就会被溶胀,其通透性因而会增强,当外界的水分进入体内的同时,角质层中的天然保湿因子则会渗透流失,使皮肤的保水能力降低,继而导致皮肤干燥。

(3)皮肤保湿"砖块—泥浆"模型。近年来,皮肤学研究证实角质层并非是一层死亡的、无功能的组织,其屏障功能与它的特殊组成和结构有关,皮肤的柔润作用也是复杂的生化过程。1991 年,Elias 等提出了"Bricks—Morlar"模型("砖块—泥浆"保水屏障模型)解释角质层复杂的结构与功能的关系。表皮角质层形成细胞层层相叠,这种层层相叠的表皮细胞好比是砖,而层层相叠细胞间的间质好比灰浆,它们致密的结合,使之非常牢固,严密无缝。它能防止真皮内和表皮水分的逸出和丢失。保持着正常皮肤的湿度,起到了良好的皮肤屏障作用。

皮肤角质层的细胞壁和脂肪中存在着天然保湿因子的亲水性物质及细胞脂质和皮脂等油性成分,包括游离脂肪酸、甘油三酸酯、甘油二酸酯、单酸酯、游离胆醇、胆醇酯类、角鲨烯、烷烃和蜡类等,其中天然保湿因子占 30%,油性成分占 11%,这些油性成分或与天然保湿因子相结合,或包围天然保湿因子防止其流出,对水分挥发起着适当的控制作用。此外,存在于真皮内的粘多糖类也是起保水作用的重要成分。

2. 化妆品保湿作用机理

(1)皮肤为什么要保湿。皮肤表皮的角质层具有吸水、屏障功能,角质层中所含有的氨基酸类、乳酸盐及糖类等使角质层保持一定的含水量,维持皮肤的湿润。要维持肌肤的湿润,除要补充皮脂膜的不足之处,最重要的在于促使表皮角质细胞的健全,强化真皮网组织的结构,增进两者的保水功能。缺少水分和缺少油脂都会使皮肤变得干燥,皮肤干燥是让皮肤提早衰老的主要元凶。一般来说,缺少水分的皮肤呈片状,有裂纹和皱纹,手感粗糙,易受刺激,缺少脂质体的皮肤不能产生天然的抗皱物质——皮脂,所以皮肤易老化、敏感,而且皮肤很薄。

(2)引起皮肤保湿结构失衡的原因有以下几点。

①年龄因素。随着年龄的增长,皮肤角质层水分含量会逐渐减少,皮肤不再娇嫩,角质也比较容易剥落,皮肤就会出现干燥、紧绷、粗糙及脱屑等。皱纹也因此而产生。皮肤老化,其保湿作用及屏障功能逐渐减弱,保湿功能逐步减弱。

②气候因素。秋季,风大尘多,空气干燥。此时,暴露在外的面部皮肤会有一种紧绷绷的不适感,这是由于皮肤缺少水分的缘故。人在冬季血液循环和新陈代谢趋于迟缓,汗腺皮脂腺的排泄减少,维持肌肤水分及弱酸性等作用的皮脂膜不易形成,再加上空气湿度小、天气干燥,人的皮肤随着干冷的空气而慢慢流失水分,皮肤将因失去水分而干涩、枯黄。

③皮肤病变。如银屑病、鱼鳞病等。

④环境因素。长期生活在空调环境中,面部的水分被蒸发而变得紧绷、干燥,甚至产生小细纹。此时属于暂时性缺水,应及时给面部补水,否则皮肤会在不知不觉中失去光泽。

⑤化学因素。如洗衣粉、肥皂、洗洁精等洗涤剂及酒精等有机溶剂等。

⑥饮食睡眠习惯。如偏食、饮水少、失眠等。

⑦干性皮肤。

由此可见,皮肤时刻与外界环境直接接触,如不加以保护,或多或少都会存在缺水现象,直接影响皮肤的外观。

(3)角质层与皮肤保湿机理。从生物学的观点看,皮肤保湿性与皮肤的含水量、皮肤柔润剂的作用与表皮保持水分的作用有关。过去,人们错误地认为皮肤干燥是由于皮肤表面缺乏脂类物质,现在经过大量实验证明,如果仅在干燥皮肤表面涂抹油脂,并不能使其变得柔软。因为皮肤干燥的真正原因是角质层中水分不足,并且水分常常以结合水的方式与角质层结合。因此认为,皮肤角质层中水分含量是维持皮肤柔软性和弹性的最重要的因素。能够保持皮肤角质层中水分的各种物质都可称为皮肤保湿剂。

①脂质屏障作用。从生理角度看,皮肤的柔韧性不仅和含水量有关,而且和皮肤所含脂的质量有关。脂质形成的屏障可控制水分进出皮肤的扩散作用,脂质屏障与角蛋白相连,角蛋白使水与皮肤结合,有助于防止水分的散失——这就是脂质的屏障作用。屏障作用是物理作用,取决于渗透压和扩散作用,即湿度、角质层的厚度及其完整性。若皮肤的屏障损伤,透过皮肤的水分散失速度加快。表皮从基底层到角质层,各层之间的含水量呈减少的趋势,并存在着水的浓度差。当最外层角质层的水分蒸发后,内层水分就会向外扩散,补偿角质层水分的损失。水分子可溶解在脂质中,能够渗透并通过脂质层,这种模式能够较好地描述通过角质层表皮水分的散失。

②角质层的含水量和水的作用。由于各层之间存在水的浓度差,当浓差扩散的平衡被破坏

后,各层之间就会产生浓差扩散。角质层的水分蒸发后,内层的水分会向外扩散,补偿角质层的水分损失。正常健康人皮肤角质层中约含 5%(质量分数)牢固结合的水;疏松结合的水约为 40%(质量分数),成为次级结合水,与角质层中 NMF 和相关物质存在有关,并随环境的变化,在角质层中较快发生水合和脱水作用;还有超过 40%(质量分数)以上的游离水分,含量变化很大。一般认为,角质层的水的含量对其塑性起着主要的作用。

3. 化妆品保湿的途径

(1)防止水分蒸发的油脂保湿。这类保湿品效果最好的是矿脂,即俗称的凡士林。矿脂不会被皮肤吸收,会在皮肤上形成保湿屏障,使皮肤的水分不易蒸发散失,也保护皮肤不受外物侵入。由于它极不溶于水,可长久附着在皮肤上,因此具有较好的保湿效果。

它的缺点是过于油腻,只适合极干的皮肤或极干燥的冬天使用。对于偏油性皮肤的年轻人则不适合,会阻塞毛孔而引起粉刺和痤疮等。

除了矿脂之外,还有高黏度白蜡油,各种甘油三酸酯,及各种酯类油脂。含有抗蒸发保湿剂的护肤品,基本都含有这些成分,适合极干性皮肤在晚间使用的晚霜和营养霜。

(2)吸取外界水分的吸湿保湿。这类保湿品最典型的就是多元醇类,使用历史最久的就是甘油、山梨糖、丙二醇、聚乙二醇等。这类物质具有自周围环境吸取水分的功能,因此在相对湿度高的条件下,对皮肤的保湿效果很好。

但是在相对湿度很低,寒冷干燥、多风的气候,不但对皮肤没有好处,反而会从皮肤内层吸取水分,而使皮肤更干燥,影响皮肤的正常功能。很多护肤保养品,如化妆水、乳液、面霜等护肤品中都或多或少含有这类成分,可以帮助产品保持水分,使其水分不至于快速散失。一方面有助于产品的稳定性,另一方面帮助吸收。含这类成分的保湿护肤品,适合在相对湿度高的夏季、春末、秋初季节以及南方地区使用,尤其不适合北方的秋冬季使用。

(3)结合水分作用的水分保湿。这类保湿品不是油溶性的,也不是水溶性的,属于亲水性的,是与水相溶的物质。它会形成一个网状结构,将游离水结合在它的网内,使自由水变成结合水而不易蒸发散失,达到保湿效果。它不会从空气或周围环境中吸取水分,也不会阻塞毛孔,亲水而不油腻,使用起来很清爽,这是属于比较高级的保湿成分,适合各类肤质、各种气候,白天、晚上都可以使用的保湿品。这类保湿品的成分以胶原质、弹力素、玻尿酸为代表。

(4)修复角质细胞的修复保湿。干燥的皮肤无论用何种保湿护肤品,其效果总是短暂有限的,不如从提高皮肤本身的保护功能及保湿功能,来达到更理想的效果。

维生素 E 可聚集在皮肤的角质层,帮助皮肤角质层修复其防水屏障,阻止皮肤内及角质层水分蒸发散失。维生素 E 在擦后 6~24h 内被吸收到皮肤的真皮层,并保护皮肤的细胞膜。

维生素 A 是调节皮肤细胞成长及活动的重要成分,它可以使皮肤增加弹性,并帮助表皮和真皮增加厚度。

维生素原 B_5 也就是泛醇,可促进纤维母细胞的再生,帮助组织的修复。

维生素 C 可促进胶原质的合成,使皮肤更饱满,防止皱纹的形成。

二、与保湿性能相关的皮肤生理性能测定方法

1. 角质层含水量的测定

皮肤水分含量是由内部和外部两种因素决定的,皮肤角质层保持水分能力变化较大,水分含量可以从10%~60%变化,但是最重要的还是皮肤出汗的呼吸过程及皮肤中水混合物的组成。外部因素包括环境温度、湿度、药品和化妆品等,都能决定和改变皮肤中的水分含量,最终各种因素会使皮肤的水分条件达到一个平衡状态。另外,年龄、性别和皮肤部位不同,水分含量也不相同,因此不能简单地提供一个正常皮肤水分的平均值。皮肤水分含量会影响皮肤表面的水和油脂混合膜的形成,而这层保护膜对防止皮肤的衰老是非常重要的。

（1）测定原理。水分测试多用电容法,常见的仪器有 Corneometer CM 825、Skicon 200、Nova DPM 9103 和 Dermalab 等,也有用电阻法进行测量的。下面以 Corneometer CM 825 为例介绍(图6-2)。

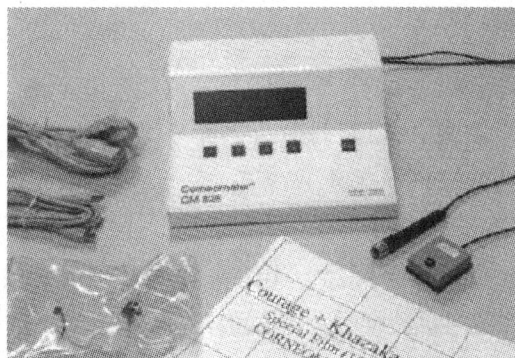

图6-2　皮肤水分测试仪(CM825 型)

皮肤角质层除含有水分外,还含有盐类、氨基酸等物质,具有一定的导电能力。水的介电常数很高,约为81,而其他物质的介电常数只有7左右。测量探头中的电容器与皮肤接触后,电容值的变化可以反映皮肤角质层含水量的大小,其结果通过设定的湿度测量值(Moisture Measurement Value, MMV)来表示。MMV 的数值为0~150。电容量的测量方法比其他方法更优越,由于被测试皮肤和测试探头没有不自然的接触,几乎没有电流通过被测试皮肤,因此测试结果实际上不受极化效应和离子导电率的影响。仪器探头和皮肤中水分建立平衡过程中没有惯性,可以实现快速测量,这样同时也消除了活性皮肤对测量结果的影响。

（2）技术参数如下。

①测量面积:7mm×7mm。

②测试压力:0.16N/m²。

③精度:±3%。

④数值范围:0~130。

⑤测试时间：1s。

（3）测定条件。皮肤含水量MMV的测量过程受环境温度、湿度影响较大。一般选择（22±1）℃，湿度：50%±5%，并且进行实时动态监测。

（4）志愿者要求如下。

①有效志愿者人数至少选30人。

②志愿者年龄在18~65岁之间。

③无严重系统疾病、无免疫缺陷或自身免疫性疾病者。

④无活动性过敏性疾病者。

⑤既往对护肤类化妆品无过敏史者。

⑥近一个月内未曾使用激素类药物及免疫抑制剂者。

⑦ 未参加其他临床试验者。

⑧ 志愿参加并能按试验要求完成规定内容者。

⑨排除条件如下。

a. 妊娠或哺乳期妇女。

b. 试验期间全身应用激素类、免疫制剂类药物者。

c. 未按规定使用受试物或资料不全者。

测试前，所有志愿者应填写知情同意书。

（5）实验方法。试验前，受试者需要统一用清水清洗双手前臂内侧，洗净后在受试者双手前臂内侧做好测量标记。将各组试验样品与受试部位随机编号，决定试验样品和受试部位的对照顺序。试验区域间隔1cm，每处试验区域为5cm×5cm，按2mg样品/cm²的用量称取样品，使用乳胶指套将样品均匀涂布于试验区内，等待15min。

测试时，只需将水分测试探头垂直地压在被测皮肤表面，探头顶部被压回一段距离，探头内部有一弹簧使探头顶部保持0.16N/m²的压力压在皮肤表面，1s内主机上就会显示出结果，并给出提示声音，如图6-3所示。

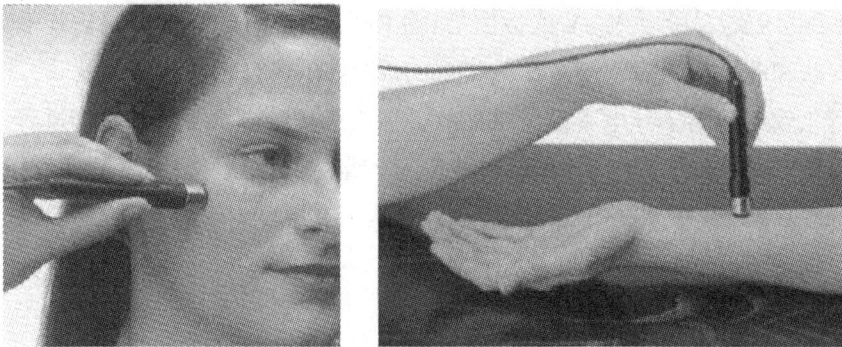

图6-3　皮肤水分测试示意图

按实验的设计分别于各时段测量 MMV 值的变化。将每次检测的平均值减去空白值即为该时段 MMV 值的变化值,再除去空白值即得出 MMV 值的增长率。

皮肤水分含量增长率计算公式如式 6 - 4 所示:

$$\varphi = \frac{MMV_t - MMV_0}{MMV_0} \times 100\% \qquad (6 - 4)$$

式中:φ——皮肤水分含量增长率;

　　MMV_0——涂抹前皮肤的含水量;

　　MMV_t——涂抹后 t 时段皮肤的含水量。

在该测试模式下的经验数据如表 6 - 3 所示,数据是在正常室温条件下(温度为 20℃,相对湿度为 40% ~ 60%)所得到的数据,仅供参考。

表 6 - 3　MMV 参考值

皮肤状况	前额、脸部、颈部等	手臂、手、腿部等
皮肤较干燥	< 50	< 35
皮肤干燥	50 ~ 60	35 ~ 50
皮肤水分充分	>60	> 50

将市售葡聚糖、燕麦肽、芦荟粉、透明质酸(HA)、神经酰胺和海藻糖分别配制成水溶液,使用 Corneometer CM 825 测试各保湿霜 2h 内使皮肤 MMV 值的变化。结果见表 6 - 4。

表 6 - 4　保湿霜皮肤 MMV 的变化

时间/min	芦荟粉	海藻糖	神经酰胺	葡聚糖	透明质酸	燕麦肽
15	46.83%	20.00%	66.49%	44.88%	37.80%	27.96%
30	48.09%	24.47%	59.26%	41.39%	38.58%	32.14%
60	51.60%	59.38%	51.86%	36.85%	52.26%	43.89%
90	48.42%	56.63%	50.01%	37.87%	47.95%	45.45%
120	54.60%	59.42%	54.16%	32.27%	52.01%	46.48%

由表 6 - 4 可以看出,几种添加剂均使皮肤含水量增大,说明都具有一定的保湿能力,但各自变化趋势不同。神经酰胺在短时间内可使皮肤含水量增大,说明其即时保湿能力较强;芦荟粉可保持稳定的保湿效果;其他添加剂在使用 1h 后也可表现出良好的保湿效果。

选择五种市售保湿霜,测试其 4h 内使皮肤 MMV 值的变化,结果见图 6 - 4。

由图 6 - 4 可知,五种市售保湿霜使皮肤的 MMV 变化呈现出相同的趋势,即随时间增加逐渐降低,除样品 5 在 180min 时达到最高增加率外,其他四种样品均在涂抹后达到最佳保湿效果,并持续降低。测试期间五种样品使皮肤的 MMV 增长率均大于 0,说明保湿效果好,且具有

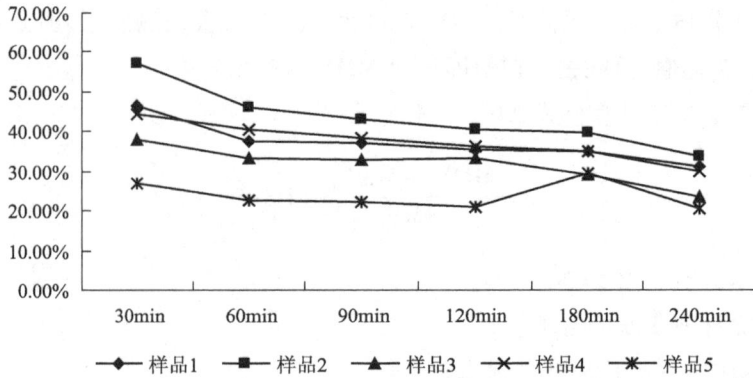

图 6 - 4　样品在 4h 内使皮肤 MMV 增长率的变化

较强的持久保湿能力。其中,样品 2 效果最好,最高时增长率可达到 57.26%。

利用 Skicon 仪器测试皮肤电导值的变化,也可以评价化妆品的保湿效果。它的测定原理是由于电解质在水中具有导电性,皮肤表面角质层含有大量的电解质,它的电导能力和水分含量的相关系数达到 0.99。

2. 水分经皮肤散失量的测定

皮肤水分流失量(Transepidermal Water Loss,TEWL)对评估皮肤水分保护层的功能是非常重要的参数,在国际上已经得到了广泛的认可。皮肤水分保护层越完好,水分的含量就会越高,TEWL 的数值就越低。TEWL 的单位为:$g/(h \cdot m^2)$。

在化妆品的研制过程中,通过测试皮肤水分流失 TEWL 的数值可评价化妆品保湿的功效,也可应用于皮肤的斑贴试验、接触性皮炎、职业性皮肤病、物理疗法、对新生儿的系统观察、烧伤及新生组织的监测,及时发现皮肤的保护功能是否已被破坏。因此在检测和评价化妆品、保健品和药物对皮肤的功效方面,皮肤水分流失 TEWL 测试仪 Tewameter TM300 是一种非常有效的仪器。

(1)测试原理:该仪器的测试原理来源于菲克(Fick)扩散定律,见式 6 - 5。

$$\frac{\mathrm{d}m}{\mathrm{d}t} = -D \cdot A \cdot \frac{\mathrm{d}p}{\mathrm{d}x} \qquad (6-5)$$

式中:m——水分的扩散量,g;

　　　t——扩散时间,h;

　　　D——水蒸气在空气中的扩散常数,取 $0.0877g/(m \cdot h \cdot mmHg)$;

　　　A——扩散面积,m^2;

　　　p——蒸汽压力,mmHg;

　　　x——皮肤表面测量点的距离,m。

使用特殊设计的两端开放的圆柱形腔体测量探头在皮肤表面形成相对稳定的测试小环境,通过两组温度、湿度传感器测定近表皮(约 1cm 以内)由角质层水分散失形成的在不同两点的水蒸气压梯度,直接测出经表皮散发的水分量。

测量探头和皮肤水分流失测试仪(TM300型),如图6-5、图6-6所示。

图6-5　测量探头

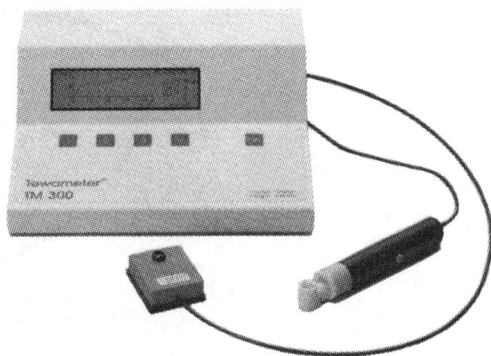

图6-6　皮肤水分流失测试仪(TM 300型)

(2)技术参数。测量探头是由两组温度和湿度传感器所组成。测量探头的形状和大小可以防止空气流动对测量数据的影响,探头可以进行校准。

①探头参数:$\phi 1mm \times 2cm$,探头质量:90g。

②测量范围:温度0.01℃,相对湿度0.01%。

③操作环境:温度0～30℃,相对湿度30%～70%。

(3)实验方法。皮肤水分流失TEML的测量分为标准测量法和连续测量法两种,推荐使用标准测量法。

标准测量的时间由仪器自动设定,测试时将测试探头顶端的圆柱体垂直于被测皮肤表面放置(图6-7),测量开始后,仪器每秒自动采集一次TEWL数据,显示屏会将这些数值显示出来,成为一条曲线,在这条曲线上同时显示出TEWL的平均值和偏差值。通过转换屏幕内容,该仪器还可以分别显示出探头下端传感器处的温度和相对湿度曲线,同时还可显示温度和相对湿度的平均值

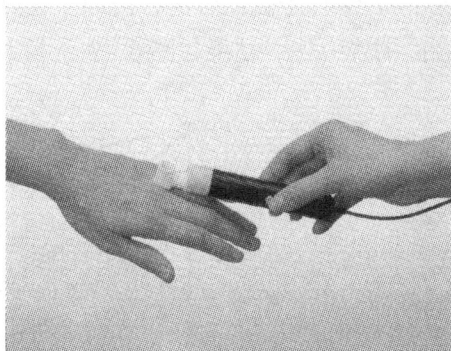

图6-7　TEWL测试示意图

(图6-8)。测量条件、方法及结果处理同皮肤水合率MMV。

(4)测试过程的影响因素。

①TEWL值测量时,探头对受试部位的压力对结果影响很大。为保证每次测量过程中探头的压力大致保持一致,测量时应当用手托住探头尾部,使探头以自身重力压在测量部位上,可使结果重现率较好。此外,必须始终由固定人员进行TEWL值的测量,通过较长时间的测量培养经验,尽量降低误差。

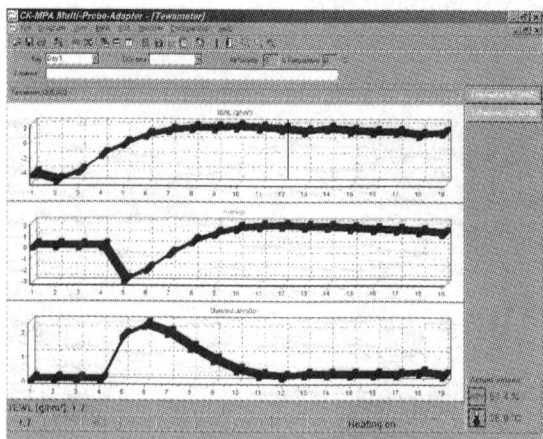

图 6-8　测试结果图

②在测量过程中,应尽量保持受试者情绪平稳,心跳正常。如受试者过度兴奋,会导致其表皮水分散失急剧上升,使测量结果严重偏离。因此,最好在整个测试过程中安排受试者静坐或看书等。

③为了保持受试者一直处于温湿度恒定的环境中,应尽量避免受试者在测量期间外出。

④每次开机后,机器需要 15min 的预热时间才可进行校准和零点校准。

将市售葡聚糖、燕麦肽、芦荟粉、透明质酸(HA)、神经酰胺和海藻糖等添加到适当基质中,制成保湿霜,涂抹于受试者前臂内侧。在封闭恒温恒湿室内使用 Tewameter TM300 测试各时段受试者的 TEWL 值。结果如图 6-9 所示。

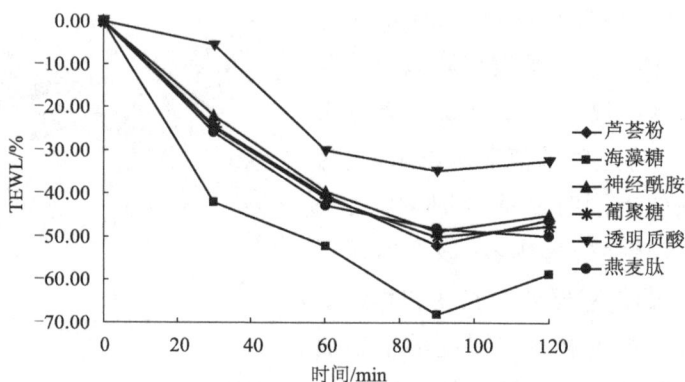

图 6-9　添加基质的保湿霜 2h 皮肤 TEWL 值的变化

各种保湿霜使用后均使皮肤的 TEWL 值降低,并随着时间延长而进一步减小,之后又会随时间的延长逐步增大。实验结果表明,海藻糖保湿霜的锁水效果最好,燕麦肽、神经酰胺、葡聚糖、芦荟粉锁水效果接近。

3. 角质层水负荷试验

角质层水负荷试验可以评价皮肤吸收水分和保持水分的能力。

若在正常环境下,人体皮肤水分含量为 MMV_0。将 1 滴蒸馏水或生理盐水置于皮肤表面,停留 10s 后完全擦去,以形成 100% 相对湿度的环境,此时皮肤水分含量为 MMV_{max}。MMV_{max} 与 MMV_0 之差为吸水能,反映吸收水分能力大小。

继续在不同时间测量皮肤水分含量,得到 MMV 随时间 t 的延长而逐渐减小的变化规律,即水分放出曲线:

$$MMV_t = MMV_{max} \cdot e^{-\lambda t} \tag{6-6}$$

上式中 λ 为水分放出常数,它反映保持水分能力的大小。λ 数值越小,表示水分放出速度越慢,即保持水分能力越强。

实验过程中测量受试区域和空白对照区域的皮肤参数时,通常会在涂抹后 1h、2h、4h 等不同时间进行,也可适当延长到 8h。若考察化妆品的长期使用效果,可让志愿者连续一周或数周使用,并对皮肤参数进行测量。也可在皮肤角质层含水量测定试验中,增加角质层水负荷试验,借此对化妆品保湿效果进行评价。

第三节 化妆品抗皱性能评价

衰老又称老化,分生理性衰老与病理性衰老两类。化妆品涉及的主要是生理性衰老,即生物体自成熟期开始,随增龄而发生的渐进的、受遗传因素影响的、全身复杂的形态结构与生理功能不可逆的退行性变化。英文 aging 就含有"增龄"、"加龄"的意思。皮肤衰老是一种多环节的生物学过程,是人体在成熟期以后发生在皮肤上的综合表现,也是随着年龄增长而产生的一系列皮肤生理学功能和组织学结构以及临床体征等方面的变化,这些变化是判断皮肤衰老的重要标志。皮肤衰老过程不仅仅只是肌肤和容貌的渐进性苍老,而且代表了皮肤组织最大储备功能的丧失,表现为基础功能的降低和对环境影响反应能力的削弱,导致皮肤细胞和组织修复损伤的能力降低和永久性功能的丧失。

但衰老和老化是两个不尽相同的概念,老化是指随着年龄增长而出现的机体内部细胞、组织等不断的老化。可以说,人一离开母体,乃至婴儿、幼年、少年、青年的各个阶段,机体内部细胞都在不断老化(有的物质增多,有的物质减少,有的衰退)。老化是衰老的前奏,是指衰老的动态过程;而衰老是老化进程发展的结果,是一种持续和不可逆转的发展过程。

一、皮肤老化的生理学基础

1. 皮肤衰老的特征及机理

(1)皮肤衰老的表观特征。一般说来,皮肤衰老具有五个最基本的特征,即皮肤老化的普

遍性、多因性、进行性、退化性、内因性,主要表现为以下几方面:

①从皮肤的外表来观察,皮肤明显出现皱纹,尤其是在人体的面部。

②皮肤的颜色随着年龄的增加而逐渐加深,即色素沉着。老年之后,则开始出现老年斑。

③随着年龄的增加,皮肤的表皮逐渐变薄,皮肤中水分和脂肪含量减少,使皮肤变得粗糙、失去光泽、松弛。

④皮肤的附属器官毛发、指/趾甲等,发生明显的变化,如毛发变白、脱落,指/趾甲变得干燥、肥厚。

(2)皮肤皱纹的形成(图6-10)。皱纹是皮肤老化的最初征兆。皱纹进一步发展,会形成皱襞,即皮肤上较深的褶子。25岁以后,皮肤的老化过程开始,皱纹渐渐出现。出现的顺序一般是前额、上下眼睑、眼外眦、耳前区、颊、颈部、下颏、口周。

皱纹的形成

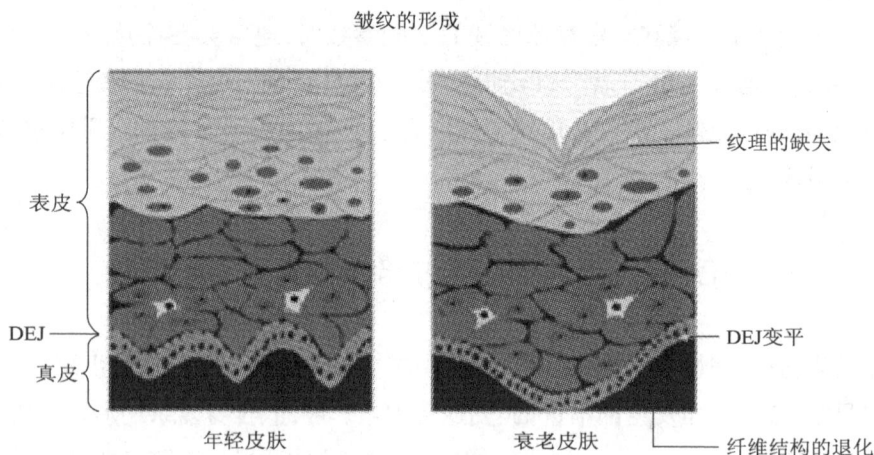

图6-10　皮肤皱纹的形成

如图6-10所示,衰老的皮肤与年轻皮肤之间主要存在三个明显的差别:

①表皮最外层角质细胞形成的纹理明显不同,年轻皮肤呈现细、密、网状纹路。而衰老皮肤则会发生严重缺失,呈现疏、少,具有定向走势的特征。

②在表皮与真皮结合处(DEJ),年轻皮肤表现为多褶皱,而衰老皮肤在DEJ处变平坦。

③真皮结构中胶原弹力纤维网络会发生很大变化。衰老皮肤排列松散,网内间隙加大,真皮密度降低,胶原蛋白和蛋白聚糖等分子合成细胞外基质(Extracellular Matrix,ECM)大分子过度降解,表现为手触弹力大幅下降,表皮松懈,皱纹大面积出现。

导致皱纹产生的原因很多,从中医理论的角度来看,皱纹与人体内在脏腑的功能活动密切相关。从现代医学的角度来看,认为皱纹的出现与年龄、表情肌和重力有关。

2. 皮肤衰老的类型

目前的研究表明,皮肤衰老是内源性因素和外源性因素共同作用的结果,内源性衰老(intrinsic aging)又称为自然衰老,为不可避免的渐进过程;外源性衰老主要指由紫外线辐射、吸烟、风吹、日晒及接触有害化学物质等环境因素导致的,其中由于日光中的紫外线辐射是环境因素中导致皮肤老化的主要因素,所以外源性老化又称为光老化(photoaging),下面分别就自然衰老和光老化的特征分别进行介绍。

(1)皮肤自然衰老的表观特征。皮肤自然衰老是指发生于老年人非暴光部位皮肤的临床、组织学、生理功能的退行性改变,它是随着时间推移和年龄增长而自然发生于皮肤组织结构和生理功能的变化。这些变化在外观上主要表现为:皮肤萎缩、干燥、粗糙、苍白或灰暗、无光泽、皱纹增多、沟纹加深、皮肤下垂、松弛、弹性降低、韧性下降而脆性增加,特别在口周围、外眼角处出现放射状皱纹,并导致皮肤原有功能的减退;皮肤出现老年白斑、褐色斑或其他老年性皮肤色素沉着增加,且日趋加重或明显,呈广泛性全身性分布;同时出现老年性疣,以及皮肤脉管系统突出,皮肤表层血管明显暴露、扩张,毛细血管扩张时呈细红丝或片状红斑,小静脉扩张时稍粗且呈蓝色或紫黑色;出现眼睑下垂和黑眼袋。

其皮肤生理学上的改变主要表现在皮肤屏障、保护、呼吸、代谢、分泌、排泄、透皮、渗透、吸收、温觉、痛觉、免疫等方面的功能全方位降低。

(2)皮肤光老化的表观特征。皮肤光老化是指皮肤衰老过程紫外线损伤的积累,是自然衰老和紫外线辐射共同作用的结果,在外观上主要表现为皮肤暴露部位粗糙、皱纹加深加粗、结构异常、不规则性色素沉着、血管扩张、表皮角化不良、出现异常增殖、真皮弹性纤维变性及降解产物积蓄等。

在皮肤结构和生理功能上主要表现为表皮厚度增加,在不同部位可出现严重的萎缩或增生,角质形成细胞和黑素细胞发生一定程度的核异型。角质形成细胞缺乏分化成熟的有序性,黑素细胞不规则地分布在基底膜上方,郎格罕氏细胞数量明显减少,真皮细胞外基质,如胶原、弹性纤维、氨基聚糖、蛋白聚糖等不同程度变形变性,真皮内出现大量粗大、杂乱无章、异常增生的弹力纤维,严重者出现弹力纤维无定形团块,这种变性的弹力纤维不再具有弹性特征,且成熟胶原纤维数量减少,皮肤小静脉由于血管壁明显增厚而出现血管屈曲、扩张。

(3)皮肤自然衰老与光老化的区别。皮肤自然衰老与光老化在发生年龄、原因、临床特征等方面均有明显的差别(见表6-5,图6-11)。

表6-5　皮肤自然衰老与光老化的区别

区　　别	皮肤自然衰老	皮肤光老化
发生年龄	成年以后开始,逐渐发展	儿童时期开始,逐渐发展
发生原因	固有性,机体衰老的一部分	光照,主要为紫外线照射
影响因素	机体健康水平,营养状况	职业因素、户外活动
影响范围	全身性,普遍性	局限于光照部位
临床特征	皮肤皱纹细而密集、松弛下垂,有点状色素减退,无毛细管扩张、角化过度	皮肤皱纹粗,呈橘皮、皮革状,出现不规则色素斑,如老年斑,皮肤毛细血管扩张、角化过度

续表

区 别	皮肤自然衰老	皮肤光老化
组织学特征	表皮均一性萎缩变薄,血管网减少,胶原含量减少,真皮萎缩,弹力纤维降解、含量减少,所有皮肤附属器均减少、萎缩	表皮不规则增厚或萎缩,血管网排列紊乱、弯曲扩张、I型胶原减少,网状纤维增多、弹力纤维变性、团状堆积,皮脂腺不规则增生
并发肿瘤	无此改变	可出现多种良性、恶性肿瘤
药物治疗	无效	维A酸类、抗氧化类有效
预防措施	无效	防晒化妆品及遮阳用具有效

Glogau 等根据皮肤皱纹、年龄、有无色素异常、角化及毛细血管情况将皮肤光老化分为四种类型,见表6-6。

表6-6 皮肤光老化的 Glogau 分型法

分型	皮肤皱纹	色素沉着	皮肤角化	毛细管改变	光老化阶段	年龄/岁	化妆要求
I	无或少	轻微	无	无	早期	20~30	无或少用
II	运动中有	有	轻微	有	早期至中期	30~40	基础化妆
III	静止中有	明显	明显	明显	晚期	50~60	厚重化妆
IV	密集分布	明显	明显	明显(皮肤灰黄)	晚期	60~70	化妆无用

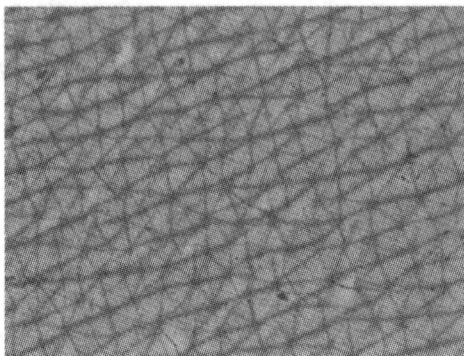

(a) 20岁女性的皮肤纹理图   (b) 50岁女性的皮肤纹理图

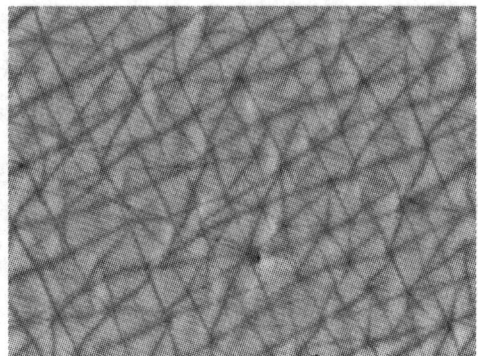

图6-11 年轻女性与年老女性的皮肤纹理对比

3. 影响皮肤衰老的因素

人体的皮肤通常从25~30岁以后即随着年龄的增长而逐渐衰老。人体各部分受遗传基因所控制而出现的一系列衰老现象是不可避免的。但是,由于人们的生活环境、生活方式、皮肤护理方法、遗传等诸多因素的不同,使得每个人衰老的程度、速度有很大的差异,它不仅与年龄有关,还受一些其他因素的影响。

（1）内在因素。内在因素包括以下三个方面。

①皮肤附属器官功能的自然减退。由于皮肤的汗腺、皮脂腺功能降低,分泌物减少,使皮肤由于缺乏滋润而干燥,造成皱纹增多。

②皮肤的新陈代谢减慢。新陈代谢的减慢使得真皮内弹力纤维和胶原纤维功能减退,造成皮肤张力与弹力的调节作用减弱,使皮肤皱纹增多。

③皮肤的营养障碍。面部的皮肤较身体其他部位的皮肤薄,由于皮肤的营养障碍,使得皮下脂肪储存逐渐减少,纤维组织营养不良,性能下降,从而使皮肤出现皱纹。导致营养不良的原因有:饮食结构不合理,营养摄入量不足;消化、吸收功能障碍;疲劳过度,消耗过量等。这些因素都会加速皱纹的产生,导致皮肤的衰老。

（2）外在因素。一般来讲,皮肤衰老除自然的生理因素以外,还与下列因素有关。

①紫外线。研究表明,长期受紫外线照射是导致皮肤衰老的最常见、作用最强的外在因素。紫外线刺激和损伤皮肤,使其过度增殖、色素沉着,最终导致皮肤老化。

②过多及过于丰富的面部表情。表情肌位于面部皮肤的深部,如果面部的表情变化过多,平时多愁善感、急躁易怒、闷闷不乐等,经常在脸上出现愁苦、紧张、拘谨的表情。面部表情肌会不断地收缩、舒张,并牵动面部皮肤一起活动。在皮肤的弹性和张力不佳的状态下,会加速皱纹的增多。

③长期睡眠不足。皮肤细胞有分裂增殖、更新代谢的能力。皮肤的新陈代谢功能在晚上10点至凌晨2点之间最为活跃,新陈代谢最旺盛。如睡眠不足可使皮肤调节功能降低,出现皱纹,加速衰老。

④长期处于光线暗的环境中。在光线暗的环境下看书、写字、工作时,面部肌肉常呈紧张的收缩状态,久而久之,会由于皱眉而在眉间及眼尾出现皱纹。

⑤不当的迅速减肥或缺乏体育锻炼。由于平时的体育锻炼少或因体重的迅速减轻,都易使皮肤松弛而形成皱纹。

⑥皮肤水分补充不足。皮肤角质层含水量为10%～20%,它具有较强的吸水性,可柔软皮肤,皮肤水分补充不足,会使皮肤缺乏滋润,失去弹性而出现皱纹,加速衰老。

⑦环境突然改变或环境恶劣。一个美好的环境可以使人心旷神怡,精神抖擞,皮肤放松。环境突然改变,如气候冷、热骤变或长时间地使皮肤暴露在烈日下、寒风中,皮肤难以适应,会变得粗糙,加速衰老,出现皱纹。

⑧化妆品使用不当。劣质化妆品对皮肤的刺激,或过多地扑粉吸去了皮肤表层的水分,都极易使皮肤粗糙、老化,出现皱纹。

⑨烟、酒等的刺激。早在1856年,就有人怀疑吸烟对皮肤有一定的影响,流行病学研究肯定了吸烟是导致面部过早出现皱纹的因素之一。除此之外,过度饮酒,喝太浓的茶、咖啡、含酒精的饮品等,都易对皮肤产生刺激而促使其衰老,产生皱纹。

4. 皮肤衰老的机理

现代医学关于衰老的起因学说已达 300 多种。其中,遗传衰老学说、内分泌衰老学说、免疫衰老学说、交联学说、自由基学说五种"衰老学说"普遍得到认可和接受,被称为"五大主流学说"。当今世界几乎所有的抗衰老产品均是基于这五种理论研制生产出来的。

(1)遗传衰老学说。该学说认为某种生物寿命的长短或衰老是由遗传因子,即基因决定的。人和不同种属动物的寿命有很大差别,而每种生物都有其相对稳定的寿命,这种差别完全取决于各种生物各自的遗传特征,是生物进化的结果。1974 年,艾博特等对九千多人的情况进行了研究,结果证实了"父母长寿的,子女也长寿"。大量事实证明,人类及动物的衰老和遗传有着密切的关系。即使同是人类,因遗传特点不同,衰老速度也不一样。比如,从世界各国平均寿命可以看出,女性的寿命一般比男性长 5~10 岁。这是男女在遗传上有所不同的缘故——男女染色体成分有区别。男和女的差别发生在第 23 对染色体上,其中女性第 23 对染色体都是 X 染色体,而男性的第 23 对染色体中一个大的是 X 染色体,另一个小的是 Y 染色体。Y 染色体中所含遗传成分很小。因此,女性的遗传物质是十分完整的两套,两套染色体可以相互弥补。就是说,一套染色体受到某种影响受到了损伤,可以由另一套提供相同的遗传信息加以修复,而男性却只有一套是完整的,另一套是不完整的,若损伤发生在第 23 对染色体中的 X 染色体上,那就无法修复了。据认为,这便是男性寿命较短的根本原因,也是女性的免疫系统衰退较慢的原因。皮肤衰老是人体整体衰老的一个组成部分。

(2)内分泌衰老学说。该学说认为,是丘脑垂体轴的功能和形态逐渐退化导致性腺激素、肾上腺皮质激素等多种腺体激素分泌减少,继而出现腺体萎缩、性功能减退、生殖能力下降等内分泌衰退体征的发生。

(3)免疫衰老学说。自由基作用于免疫系统,或作用于淋巴细胞使其受损,引起老年人细胞免疫与体液免疫功能减弱,并使免疫识别力下降,出现自身免疫性疾病。该学说认为,作为免疫系统中心器官的胸腺,在性成熟后便开始退化,体内抗体水平也不断下降,诱发衰老和多种皮肤病。

(4)交联学说。生物体是一个不稳定的化学体系,属于耗散结构。体系中各种生物分子具有大量的活泼基团,它们相互作用发生化学反应使生物分子缓慢交联以趋向化学活性的稳定。随着时间的推移,交联程度不断增加,生物分子的活泼基团不断消耗减少,原有的分子结构逐渐改变,这些变化的积累会使生物组织逐渐出现衰老现象。生物衰老的根本原因是各种生物大分子中化学活泼基团相互作用而导致的进行性分子交联。

(5)自由基学说。1956 年,英国的 D. Harman 提出的自由基学说是目前国际上公认的一种衰老理论。该学说认为:在人体的新陈代谢过程中会不断产生带有不对称电子的原子或分子,这种带有不对称电子的原子或分子被称为自由基(化学粒子)。自由基急需从其他原子或分子中抢夺配对的电子,因而它的化学反应能力极强。如果体内消除自由基的机制和功能不完善,游离的自由基就会攻击人体的细胞,造成细胞损伤,当细胞受到自由基不断的破坏性冲击时,衰老便发生了。自由基的损伤是后天累积性的,当这种破坏达到不可恢复的临界点时,最终引起细胞死亡。在正常情况下,人体内的自由基是处于不断产生与消除的动态平衡之中。如果自由基产生过多或清除过慢,它就会攻击细胞膜、线粒体膜,与膜中的不饱和脂肪酸反应,形成过氧化脂质,造成脂质过氧化增强。脂质过氧化产物可分解为更多的自由基,引起自由基的连锁反应。这样膜结构的完整性就会受到破坏,引起脑细胞、肌肉细胞、肝细胞及亚细胞结构、线粒体、DNA、RNA 等的广泛损伤,加速机体的衰老进程并诱发各种疾病。

①自由基的特征。自由基是指能够独立存在的,含有一个或多个未成对电子的分子或分子的一部分。由于自由基中含有未成对电子,具有配对的倾向。因此大多数自由基都很活泼,具有高度的化学活性。自由基的配对反应过程,又会形成新的自由基。

②自由基的产生。自由基的产生主要有两种途径:其一是来自环境,如环境污染、紫外线照射、室内外废气、吸烟、药物中毒等,都会直接导致人体内产生自由基(活性氧);其二是来自体内,人体内也会自然产生自由基,这是人体代谢过程中的正常产物,十分活跃又极不稳定,它们会附着于健康细胞之上,再慢慢瓦解健康细胞,而被破坏的细胞则又转而侵害更多健康的细胞,如此恶性循环从而导致皮肤老化现象提前到来。

③自由基对生物大分子的危害。由于自由基高度的活性与极强的氧化反应能力,能通过氧化作用来攻击其所遇到的任何分子,使机体内大分子物质产生过氧化变性、交联或断裂,从而引起细胞结构和功能的破坏,导致机体组织损害和器官退行性变化。

④自由基的清除。在正常的生理条件下,机体内虽然产生自由基,但能迅速被体内的酶系统所破坏,不会对人体造成损害。自由基主要是由自由基清除剂加以清除的。自由基清除剂的主要作用机制是:直接提供电子使自由基还原,增强抗氧化酶的活性,从而迅速消灭自由基。细胞内自由基清除主要是通过抗氧化作用,如超氧化物歧化酶(SOD)清除超氧阴离子,谷胱甘肽过氧化物酶(GSH-Px)清除过氧化氢,GSH-Px 还可消除过氧化脂质。细胞膜上的自由基主要通过 α-生育酚来消除。细胞外的自由基主要通过维生素 C、维生素 E、维生素 A、谷胱甘肽等消除。总之,凡是抗氧化物均为自由基清除剂。

⑤自由基与自由基衰老理论。其中心内容认为,衰老来自机体正常代谢过程中产生自由基随机而破坏性的作用结果,由自由基引起机体衰老的主要机制可以概括为以下三个方面。

生命大分子的交联聚合和脂褐素(lipofuscin)的累积。自由基作用于脂质过氧化反应,氧化终产物丙二醛等会引起蛋白质、核酸等生命大分子的交联聚合,该现象是衰老的一个基本因素。脂褐素不溶于水故不易被排除,这样就在细胞内大量堆积,在皮肤细胞的堆积,即形成老年斑。

由于自由基的破坏而引起皮肤衰老,出现皱纹,脂褐素的堆积使皮肤细胞免疫力的下降导致皮肤肿瘤易感性增强,这些都是自由基破坏的结果。

器官组织细胞的破坏与减少。器官组织细胞的破坏与减少,是机体衰老的症状之一。例如,神经元细胞数量的明显减少,是引起老年人感觉与记忆力下降、动作迟钝及智力障碍的又一重要原因。器官组织细胞破坏或减少主要是由于基因突变改变了遗传信息的传递,导致蛋白质与酶的合成错误以及酶活性的降低。这些的积累，造成了器官组织细胞的老化与死亡。

免疫功能的降低。自由基作用于免疫系统，或作用于淋巴细胞使其受损，引起老年人细胞免疫与体液免疫功能减弱，并使免疫识别力下降出现自身免疫性疾病。

二、与皮肤老化相关的皮肤生理性能测定方法

皱纹形成是皮肤老化最重要的特征，受遗传、内分泌等诸多内源性因素变化的影响，同时外源性因素，如紫外线、吸烟等可明显加速、加重皱纹的形成。一般来说，从 20 岁左右开始，人体前额部即可出现皱纹，30~40 岁时不断增多并逐渐加深加重，几乎与此同时在外眼角部出现鱼尾纹，接着围绕上下眼睑出现皱纹，向口周蔓延并随着年龄进一步增长，到 50 岁以后，由口至腭部的深度皱纹出现，以后皱纹放射到全身，形成更加典型的老化外貌。进行皮肤皱纹的测定，对于判断皮肤老化十分重要。

抗衰老化妆品的功效评价可分为体外实验(in vitro)和在体实验(in vivo)两部分。

体外实验评价包括清除自由基能力的测定和成纤维细胞体外增殖能力检测，清除自由基能力包括清除二苯代苦味酰基自由基(DPPH)、超氧阴离子和羟自由基能力的测定。

皮肤衰老外观上以色素失调、表面粗糙、皱纹形成和皮肤松弛为特征，可表现为皮肤色度、湿度、酸碱度、光泽度、粗糙度、油脂分泌量、含水量、弹性、皮肤和皮脂厚度，皱纹数量、长短及深浅等多种理化指标和综合指标的变化，因此通过比较抗衰老化妆品使用前后对皮肤衰老各方面特征的影响，可以比较客观地评价抗衰老化妆品的功效。

1. 清除 DPPH 能力的测定

(1)测试原理。二苯代苦味酰基自由基(分子式为 $C_{18}H_{12}N_5O_6$)是一种以氮为中心的自由基，性能稳定，若受试物能清除它，则表示受试物具有降低羟自由基、烷自由基或过氧自由基等自由基的有效浓度，可阻断脂质过氧化链反应。DPPH 的单电子在 520nm 处有强吸收，其乙醇水溶液呈深紫色。将受试物加至 DPPH 溶液中，使用分光光度计于 520nm 下，测定体系在不同时间因清除 DPPH 而引起吸光度减少的情况，可推知受试物的抗氧化能力，同时 DPPH 较长的半衰期使此分析方法保持了良好的重现性。

(2)样品测定。测试过程分以下几步进行。

①在 10mL 试管中依次加入 pH 值为 6.88 的标准磷酸盐缓冲溶液 4mL, 0.1777mmol/L 的 DPPH 溶液 4mL，混匀。

②再加入待测样品溶液，蒸馏水补充体积至 10.00mL 刻度，充分混匀。

③10 min 后在 520 nm 处测量吸光度。

④每组样品重复测定三次，取平均值。

(3)结果分析。对 DPPH 自由基的清除率可用式(6-7)计算：

$$\eta_1 = (1 - \frac{A_1 - A_2}{A_3}) \times 100\% \qquad (6-7)$$

式中：η_1——受试物对 DPPH 自由基的清除率；

　　A_1——加抗氧剂反应后 DPPH 溶液的吸光度；

　　A_2——不加 DPPH，只加抗氧剂及水的溶液的吸光度；

　　A_3——未加抗氧剂，只加 DPPH 及水的溶液的吸光度。

2. 清除超氧阴离子能力的测定

（1）测试原理。邻苯三酚在碱性条件下自氧化产生高能活性超氧阴离子 O_2^-，O_2^- 作为单电子使其进一步被氧化，生成一系列复杂的激发态氧化产物。当这些产物从激发态返回基态时，会发出化学冷光。生物体中存在抗氧化成分能使 O_2^- 发生歧化反应，从而消除 O_2^- 而抑制发光。抗氧化力越强，抑制发光的百分数就越高。借此可以对抗衰老能力进行评价。

以空白对照的发光强度值为 100%，可计算出加入抗氧化剂后抑制发光的程度。

（2）样品测定。测试过程分以下几步进行。

①受试物活性的测定：在 4mL 离心管中加入 pH 值为 8.2 的 Tris—HCl—EDTA 缓冲液 2.8mL，再加入受试物 0.1mL，45mmol/L 的邻苯三酚溶液 0.1mL，在 340nm 处测吸光度值，记为 A_0，30min 时再测，记为 A_{30}，40min 时记为 A_{40}。

②空白测定：在 4mL 离心管中加入 Tris—HCl—EDTA 缓冲液 2.8mL，再加入 45mmol/L 的邻苯三酚溶液 0.1mL，补入 0.1mL 水，在 340nm 处测得吸光度为 B_0，30min 时再测，记为 B_{30}，40min 时记为 B_{40}。

（3）结果分析。受试物对超氧阴离子的清除率可用式 6-8 计算：

$$\eta_2 = \frac{(B_0 - A_0) - (B_{30} - A_{30})}{B_0 - A_0} \times 100\% \tag{6-8}$$

式中：η_2——受试物对超氧阴离子的清除率；

　　B_0，A_0——空白溶液和受试物溶液的初始吸光度；

　　B_{30}，A_{30}——空白溶液和受试物溶液在 30min 时的吸光度。

3. 清除羟自由基能力的测定

（1）测试原理。H_2O_2 和 Fe^{2+} 发生 Fenton 反应产生·OH。·OH 亲电性强，会与结晶紫中电子云密度较高的—C=C—基团发生加成反应，使结晶紫褪色。通过对结晶紫吸光度值的变化可间接测定出·OH 的生成量。

（2）样品测定。测试过程分以下几步进行。

①向 5mL 离心管中分别加入 0.4mmol/L 结晶紫 0.5mL，0.2mol/L pH 值为 7.4 的 PBS 溶液 1.4mL，1mmol/L $FeSO_4$ 溶液 0.5mL，样品 0.1mL，最后加入 6% H_2O_2 溶液 0.5mL。

②放置 1h 后，在 584nm 下测量其吸光度 A。

③用蒸馏水代替样品时的吸光度作为 CK_1，用蒸馏水代替样品和 H_2O_2 时的吸光度作为 CK_2。

（3）结果分析。受试物对羟自由基的清除率可用式 6-9 计算。

$$\eta_3 = \frac{1 - (CK_1 - A)}{CK_1 - CK_2} \times 100\% \tag{6-9}$$

式中：η_3——受试物对羟自由基的清除率，%。

4. 成纤维细胞体外增殖能力检测

1961 年，Hayflick 通过人胚胎二倍体成纤维细胞体外培养有限增生实验，提出细胞衰老研究模型，之后，这一模型得到了学术界的广泛应用。所谓二倍体细胞培养，是培养的细胞始终维持二倍体生物学性状的培养方法。二倍体细胞来源于体内二倍体细胞，也即正常细胞的初代培养。初代培养细胞成功后能始终维持二倍体细胞性状，便成为二倍体细胞培养。二倍体细胞具有有限的增殖能力，这种增殖能力取决于供体的种族与年龄。为了观察延缓衰老样品对细胞衰老有何作用，在细胞体外传代的培养液中加入一定浓度的药物溶液，继续传代培养，记录各组传代的间隙天数。研究表明，不同年龄人皮肤成纤维细胞的复制寿限与供者的年龄呈负相关，供者年龄每增加一岁，其细胞的体外复制寿限降低 0.2 代，而一些早老症，如 Wemer 综合征患者其成纤维细胞的体外复制寿限明显低于正常人二倍体成纤维细胞的体外复制寿限。

(1)样品测定。测试过程分以下几步进行。

①配制细胞分离液，将 0.25% 胰蛋白酶溶液与 0.02% EDTA 溶液等量混合。

②将单层培养的细胞用细胞分离液进行消化，使之成为 1mL 的细胞悬液。

③用 Hanks 液稀释成 10mL，将细胞悬液调节成 $1 \times 10^6/mL$ 浓度，接种于培养瓶中，并将进行功效性评价的样品组和对照组分别以特定浓度加入培养基中。

④在 CO_2 培养箱中进行常规培养。每天每组取 3 瓶计数，计算平均值，连续计数 7d。

(2)结果分析。用对数坐标系，以细胞浓度为纵坐标，天数为横坐标，绘制生长曲线。

5. 皮肤皱纹测定方法

本试验首先用硅氧烷液体制作硅氧烷膜片，得到被测者皮肤上一片特定形状的皮肤皱纹的反相复制品，即这个膜片上有皱纹的部位是凸起的，没有皱纹的部位是凹陷的。当一束特定波长的光线照到该膜片后，凸起的部位透光量小，凹陷的部位透光量大，根据透光量的多少，从而判断和量化皱纹的程度。测定时，膜片不同部位的光信号由 CCD 摄像镜头（Charge Coupled Device，电荷耦合器件）收集，通过光电及数字化处理可得到皮肤的三维图像，然后通过专用的软件进行分析，即可得到不同皮肤皱纹的相应参数。

(1)测试仪器。皮肤皱纹测试系统 Skin - Visiometer SV 600。

(2)测试方法。测试过程分以下几步进行。

①根据基本操作要求校正仪器。

②试验前，受试者需要用统一的温和清洁剂清洗试验部位，并在受试部位划出 3cm × 3cm 大小的位置对称的正方形实验区域，将各实验区域编号。

③随机划分出测试区域和空白对照。

④用硅氧烷液体制作硅氧烷膜片，得到检测被测者皮肤上测试区和空白对照区域的皮肤皱

纹的反相复制品。

⑤利用图像分析测定仪采用一束特定波长的光线照到该膜片。

⑥CCD摄像镜头收集膜片不同部位的光信号,通过光电及数字化处理可得到皮肤的三维图像,然后通过专用的软件进行分析,即可得到被测者皮肤上测试区和空白对照区域的皮肤粗糙度参数。

参照德国工业标准(Deutsche Industrie Normen,简称DIN),各参数的含义如图6-12所示。

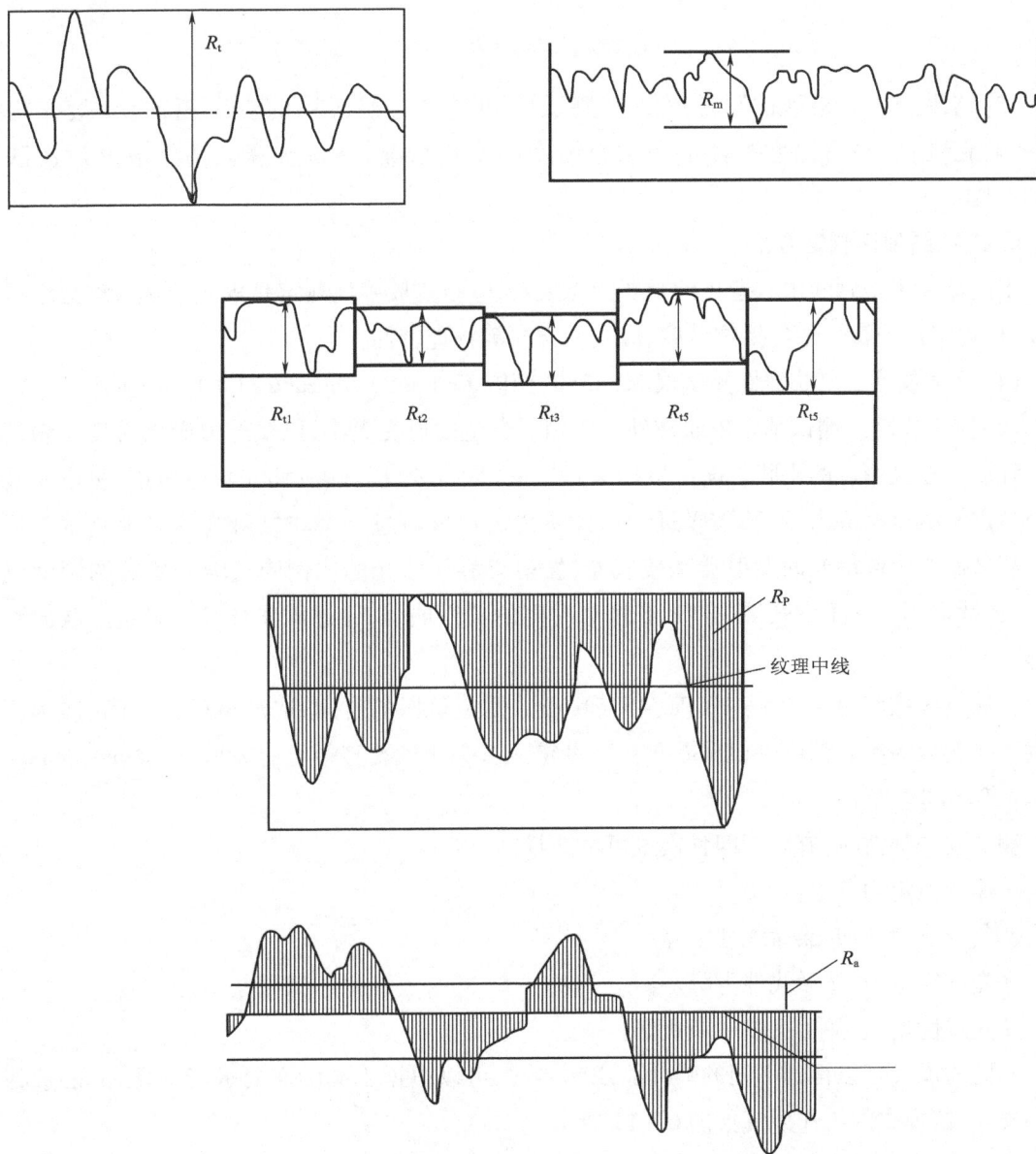

图6-12 皮肤纹理各参数的含义

皮肤粗糙度 R_t:测量段中最高峰到最低谷之间的高度。

最大粗糙度 R_m:相邻的峰值和谷值之间的高度。

平均粗糙度 R_z:5 个测量段皮肤粗糙度的平均值。

平滑深度 R_p:通过皮肤的表面轮廓作一中线,将轮廓分成两部分,使中线两侧轮廓线与中线之间所包含的面积相等。平滑深度是峰值与中线之间的高度。

算术平均粗糙度 R_a:皮肤轮廓上各点至中线距离绝对值的算术平均值。

各参数之间的关系满足:

$$R_t \geqslant R_m \geqslant R_z \geqslant R_p \geqslant R_a$$

(3)结果分析。根据被测者皮肤上测试区和空白对照区域的皮肤粗糙度、最大粗糙度、平均粗糙度、平滑深度和算术平均粗糙度的变化情况,评价抗衰老功效成分对皮肤老化的影响。

6. 皮肤黏弹性测定方法

皮肤弹性也是判断皮肤老化的重要标志之一,进行皮肤弹性测定是皮肤老化检测必不可少的项目,测定皮肤弹性中包括拉伸度、应变力方向等物理特性。

(1)测试仪器。皮肤弹性测试仪 MPA580,德国 Courage + Khazaka(CK)公司生产。

(2)测试原理。测试基于皮肤在外力作用下产生的形变大小,以及外力撤除后皮肤恢复原状的程度。在被测试的皮肤表面产生 $(2 \times 10^3) \sim (5 \times 10^4)$ Pa($20 \sim 500$mbar)负压,将皮肤吸进一个特定的测试探头内,皮肤被吸进测试探头内的深度通过一个非接触式的光学测试系统测得。测试探头内包括光的发射器和接收器,发射光和接收光的比例同被吸入皮肤的深度成正比,这样就得到了一条皮肤被拉伸的长度和时间的关系曲线,通过此曲线可以确定皮肤的弹性性能。

施加负压推荐使用 4.5×10^4 Pa(450mbar)。恒定负压的时间、取消负压的时间、连续测量中的重复次数等参数都可以根据需要自己设定。探头测试孔直径可有 $\phi2$mm,$\phi4$mm,$\phi6$mm 和 $\phi8$mm 等不同选择。

测试皮肤弹性时,有以下四种模式可供选择:

①保持恒定的负压。

②负压线性增加,然后线性下降。

③先恒定负压,然后线性下降。

④先线性增加,然后突然中断负压。

不同的模式可以得到不同的弹性曲线和参数,可以根据不同的需要进行选择,一般选择第一种模式,该模式的工作原理如图 6 - 13 所示。

图中为两次连续测试的曲线及数据。其中 $0 \sim 1$s 为恒定负压作用结果,$1 \sim 2$s 为取消负压,皮肤进行恢复,$2 \sim 4$s 为第二次测试曲线图。

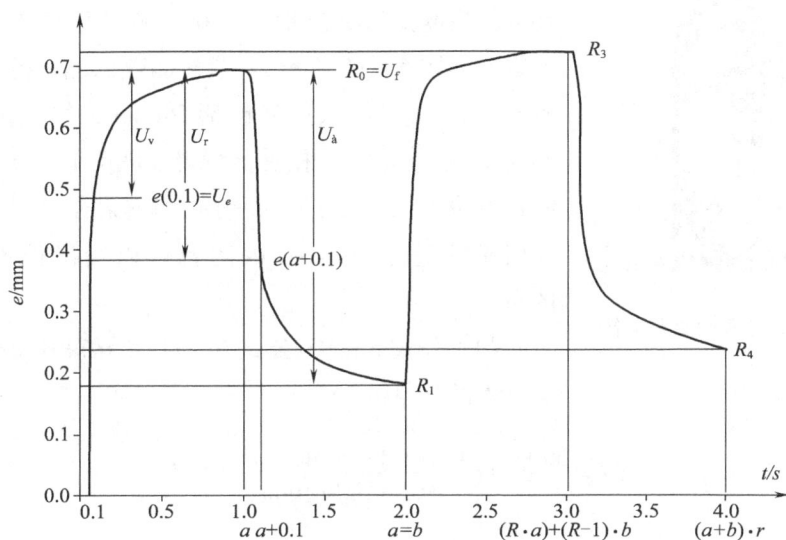

图 6 - 13 恒定负压模式的工作原理

恒定负压作用时，U_f 为皮肤最大拉伸量；U_e 是施加负压 0.1 s 时的拉伸量，为弹性部分拉伸量；$U_v = U_f - U_e$ 为皮肤的黏弹性部分，或称为塑性部分拉伸量。越是年轻、弹性好的皮肤，U_e 值越高，而 U_v 值很小；反之，年老、弹性差的皮肤，U_e 值比较低，而 U_v 值较高。

取消负压时，皮肤就会迅速恢复原状态。U_r 为取消负压 0.1 s 时皮肤的恢复值，为弹性收缩量；U_a 为从取消负压到下一次施加负压时皮肤的恢复值；$U_a - U_r$ 的差为塑性收缩量。年轻、弹性好的皮肤，收缩曲线很快到达零点，几乎是垂直变化，即 $U_r = U_f$，而年老、弹性差的皮肤的 U_r 要比 U_f 值低得多。

（3）测试注意事项。仪器使用前应将测试探头、数据传输线和电源线接好。开机后计算机软件自动检测仪器工作是否正常，如果有问题，将给出相应的提示。开始测试前请通过软件设置好测试模式和响应的参数，测试时只需将探头轻轻压在被测皮肤表面，探头内部的弹簧可以使探头对被测皮肤的压力保持恒定。计算机控制测试过程开始，数据曲线同时显示在计算机的屏幕上，通过计算可得到皮肤的弹性结果。测试完成后可将结果进行保存和打印输出。

7. 皮肤色素检测

老年性白斑、老年性黑子、黄褐斑等皮肤色素失调是皮肤老化的重要临床表现，通过对皮肤色素量及分布的检测能够很好地反映皮肤光老化的程度及功能性化妆品的使用效果。

人类皮肤的颜色主要取决于人体皮肤中黑色素和血红素（红色素）的含量。皮肤黑色素和血红素测试仪为 Mexameter MX 18，德国 Courage + Khazaka（CK）公司生产。

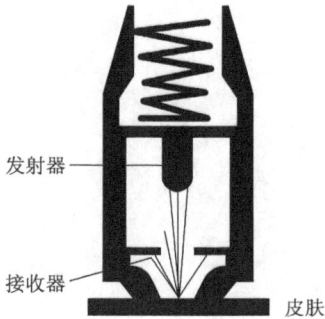

图 6 – 14　皮肤色素检测的工作

该仪器基于光谱吸收的原理,通过测定特定波长的光照在人体皮肤上后的反射量来确定皮肤中黑色素和血红素的含量。如图 6 – 14 所示,色素检测仪的测试探头由光源发射器和接收器组成,入射光包括 568nm 的绿光,660nm 的红光和 870nm 的红外光,接受器测得皮肤反射的光。发射器和接收器的位置保证了只有漫射光和散射光可以被测到。由于发射光的量是一定的,因此就可以测出被皮肤吸收的光的量。

利用公式 6 – 10、公式 6 – 11 计算得到皮肤中黑色素和血红素的含量。

$$MX = \frac{500}{\lg 5} \cdot \lg \frac{\text{Infrared} - \text{Reflection}}{\text{Red} - \text{Reflection}} + \lg 5 \qquad (6-10)$$

$$EX = \frac{500}{\lg 5} \cdot \lg \frac{\text{Red} - \text{Reflection}}{\text{Green} - \text{Reflection}} + \lg 5 \qquad (6-11)$$

式中:MX——皮肤中黑色素的含量;

EX——皮肤中血红素的含量;

Infrared——入射红外光强度;

Red——入射红光强度;

Green——入射绿光强度;

Reflection——对应每种光的反射强度值。

测量数值越高,说明皮肤中黑色素和血红素的含量越高。

根据皮肤对不同波长光的吸收和反射的情况就可对皮肤的色素进行检测。仪器设有弹簧,以保持检测时对皮肤的压力恒定,精度可达 ±5%。

8. 皮肤水分测试

水分是皮肤表皮角质层重要的塑形物质之一,皮肤老化时,表皮角质层变薄,角质层中自然润泽因子含量减少,皮肤水合能力降低,皮肤水分丧失增加,同时细胞皱缩,组织萎缩,出现组织学结构和形态学改变而使皮肤逐渐出现细小皱纹,随着皱纹的进一步增多和加深,使皮肤表面积也不断增大,加上表皮进一步变薄,水分丧失更加严重,皮肤老化加重。通过对皮肤水分的测定,不仅可以直接了解皮肤表皮角质层含水分的情况,也可以间接反映皮肤老化的程度。

皮肤水分的测定主要有皮肤含水量的测定和皮肤水分散失测试,具体检测仪器和方法参见相关章节。

9. 皮肤酸碱度测试

皮肤酸碱度大小是由皮肤角质层中水溶性物质、排出的汗液、皮肤表面的水脂乳化物及皮肤呼吸作用所排出的二氧化碳等数量多少而决定的。一般生理状态下,皮肤表面通常呈弱酸性,pH 值范围在4.5～6.5,这种微酸性的环境,对于维护皮肤正常的生理功能,防止微生物特别是病原微生物的侵袭具有较为重要的屏障防护作用,同时,对外界环境中的酸或碱对皮肤的侵蚀也有一定的缓冲作用。随着年龄的增长,维持皮肤弱酸性的皮肤酸性物质生成减少,皮肤的 pH 值呈上升趋势,逐渐丧失对外界酸碱变化的缓冲作用和皮肤防护作用。因此对皮肤酸碱度的测定,可以观测抗衰老化妆品延缓皮肤衰老的作用效果。

(1)仪器。Skin - pH - Meter pH900,德国 Courage + Khazaka (CK)公司生产。

(2)测试原理。皮肤酸碱度的仪器测试探头由玻璃电极(内含缓冲液)和参比电极组成,顶端由一个玻璃的半透膜构成,该半透膜将内部缓冲液和外部皮肤表面所形成的被测溶液分开,但外部被测溶液中的氢离子(H^+)可以通过此半透膜。根据皮肤表面氢离子浓度的变化,即可测出皮肤表面的 pH 值。

其 pH 值测量范围为0～12,精度可达±0.1。

(3)注意事项。测定前先用 pH = 4 和 pH = 7 的标准缓冲液对该仪器进行调试和校正,并将测试探头浸泡于 KCl 饱和溶液中备用。

测试时,把探头在蒸馏水中清洗一下,取出后如探头顶端有多余的液体应轻轻甩一下,但要保证探头顶端有一滴液体,然后将该探头垂直地轻轻放在被测皮肤表面上即可测试。

测试完毕后,应将探头放在蒸馏水中清洗一下,然后再进行下一次测试。

10. 皮肤油脂测试

皮脂腺分泌的皮脂主要含有角鲨烯(12%)、蜡酯(25%)和甘油三酸酯(57%)及少量来自表皮的胆固醇酯,能够在皮肤表面与汗腺分泌的汗液形成一层乳状膜或水脂乳化物,对保持皮肤角质层的柔润、防止角质层正常水分的挥发、保持细胞组织的正常结构和形态特征有重要的生理作用。随着年龄的增长,皮脂分泌下降,水脂乳化物形成减少,会导致皮肤干燥、粗糙、无光泽等症状的出现。

通过对皮肤表面皮脂的测定可初步判断皮肤老化的状况。

(1)仪器。Sebumeter SM810,德国 Courage + Khazaka (CK)公司生产。

(2)测试原理。油脂测试基于光度计原理。选择一种0.1mm 厚的特殊消光胶带,可以迅速吸收人体皮肤上的油脂。由于油脂的作用,消光胶带即变成半透明状,吸收的油脂越多,透光量就会越大,用光度计测定透光量,根据消光胶带前后透光量发生的变化,即可测出皮肤油脂的含量。

Sebumeter SM810 最大的优点是测试探头体积小、使用方便,可测试皮肤的任何部位,这是一种油脂腺分泌物的间接测量法。

(3)实验方法。仪器每次使用前都要进行一次校准和标定。

将油脂测试探头插入主机上相应的油脂测试孔中,轻轻一按,主机屏幕上就会显示"L OOO"。如果显示"L E",说明这段胶带是使用过的胶带,必须将油脂探头的侧面滑块向下滑动一次,再试一次,出现"L OOO"之后说明这是一段未使用过的胶带。这时主机屏幕上出现30s

时钟倒计时。立即将探头以适当的压力垂直压到被测皮肤表面直到30s结束。这时仪器发出"嘟嘟"的提示声音,将油脂探头重新插回到主机上的油脂测试孔中,并轻轻一按就得到了油脂的数值。

(4)注意事项有以下几点。

①在将油脂探头插入主机上相应的油脂测试孔中时,不要用力过大,以免损坏主机和油脂探头。

②在测量皮肤油脂时,每次测量应尽量保持相同的压力。

③油脂探头的塑料盒上有一个1和0标尺,它表明塑料盒中还剩余多少未用过的塑料胶带。1表示100%,0表示塑料胶带已用完。

④测试皮肤油脂分泌程度,请在清洗干净的皮肤上每小时测试一次。即使要测试化妆品对皮肤油分的影响,也不能涂抹之后马上测试。为了确定皮肤的自然类型,必须在不使用化妆品的条件下将皮肤清洗干净2h后进行测试。

思考题

1. 简述皮肤的组织结构。

2. 皮肤的生理功能有哪些?

3. 简述紫外线的基本特征和对人体的作用。

4. SPF值的含义是什么?

5. 简述角质层含水量的测量原理。

6. 简述皮肤衰老的机理。

参 考 文 献

[1]刘玮,张怀亮. 皮肤科学与化妆品功效评价[M]. 北京:化学工业出版社,2005.

[2]毛培坤. 化妆品功能性评价和分析方法[M]. 北京:中国轻工业出版社,1998.

[3]王培义. 化妆品——原理·配方·生产工艺[M]. 北京:化学工业出版社,2004.

[4]章苏宁. 化妆品工艺学[M]. 北京:中国轻工业出版社,2007.

第七章 发用化妆品功效性评价方法

人体毛发是一种自表皮附属器官毛囊萌发的皮肤附件,生长在人体绝大部分皮肤表面。如图7-1所示,毛发由毛干和毛囊两部分组成;毛囊由内毛根鞘、外毛根鞘和毛球组成。毛囊自皮肤表面延伸,历经皮肤角质层、表皮,直至供血充盈、神经纤维分布丰富的真皮层。毛发露出皮面以上部分称为毛干,在毛囊内的部分称为毛根,毛根下端与毛囊下部略膨大的毛球相连。毛发的长短、质地和色泽因人而异,即便同一个体的身体不同部位也存在差异。身体不同部位存在的毛发,如头发、男性须毛、腋毛属终毛(terminal hair)类,具有长(>1cm)、粗且硬、色泽浓等特点;而眉毛、睫毛属刚毛(bristle)类,具有短(<5mm)、粗且硬、色泽浓等特点。另外,还有毫毛(vellus hair),其短、软而细,且色泽淡,如汗毛。

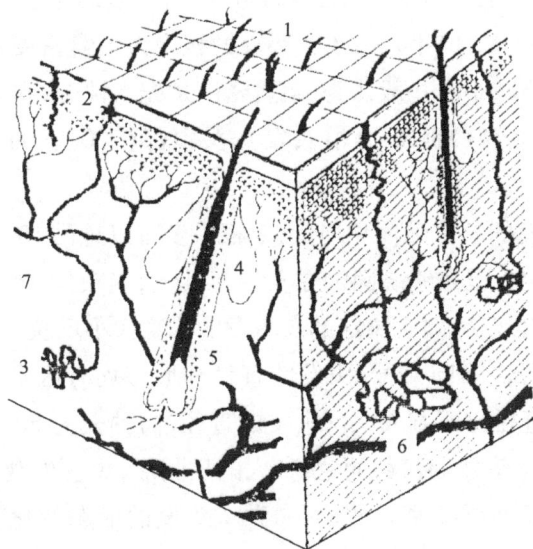

图7-1 毛发萌发及生长所处皮肤断面示意图
1—角质层 2—表皮 3—汗腺 4—皮脂腺
5—毛囊 6—血管 7—真皮

不同种类的毛发,具有相似的表观形态和化学组成,例如外表皮为鳞片状结构以及均含有角蛋白质等。然而,由于对身体不同部位改善或修饰功效要求不同,化妆品构成也千差万别。本章重点讲述头发用化妆品的功效性评价。

第一节 头发生理学概述

一、头发的生理功能与生理特性

从古至今，无论是东方人还是西方人，人们非常重视头发在辅助社交方面的重要作用。例如，借助发式区分性别，梳理复杂的发式、佩戴华贵的头饰以达到美化修饰、吸引异性的目的。

头发本身不是活的器官，不含有神经、血管或活细胞。头发对人体具有保护作用。例如，头发可以承受一定程度的机械磨损从而保护头皮。作为热绝缘体，头发使人体头部保持恒温而免受环境高温或紫外线辐射的损伤，同时引流因头皮生热产生的汗水而降温。头发还是人体重要的传感器。"毛发耸立"一词是对处于惊悚环境人形象化的刻画。传感接收器的功能使得毛发的保护作用得到加强。

头发的生理特性，如头发密度、色泽、强度、形态直径等因人而异，受到遗传基因的控制，也受到营养、激素等因素的调节以及化学物质的改变。头发的生理特性决定了头发功能的表现。

（1）头发的密度。头发的密度取决于毛囊的密度，与毛囊的密度基本一致。婴儿期头部毛囊的密度是 $800 \sim 1000$ 个/cm^2，成年人由于头部表面积增大毛囊密度降低，青壮年为 $500 \sim 600$ 个/cm^2，老年人毛囊密度略减小。一般认为，毛囊密度是先天性的，到成年后也不会增加。人类头部大约平均有 10 万个毛囊（即 10 万根头发），头顶部（300 个/cm^2）多于后枕部（200 个/cm^2）。

（2）头发的强度。头发的拉伸强度相当大，单根头发可以悬吊100g的物体而不会拉断。头发也可承受弯曲处理，例如将湿发缠绕固定在美发工具上，当头发干燥时可以在一定时间保持卷曲状态。这是由毛发含有双硫键所决定的。头发的强度大小反映了头发质量的优劣。

（3）头发的形态和直径。不同人种，头发的直径和形态均有区别。一般，东方人单位面积头发密度比西方人小，但直径比西方人大。头发的直径，白种人为 $50 \sim 90\mu m$，而黄种人则可大于$80\mu m$甚至达到$120\mu m$。头发的横截面，黄种人的呈圆形，头发外观显示直发居多；黑种人的头发横截面呈椭圆形，头发外形细密卷曲；而白种人头发的形态变化较大，可以是直的或波浪状，直径变化也比较大，横截面或呈圆形或呈椭圆形。不同人种婚育所生出子女的头发可能混合上述的基本形态。

（4）头发的颜色。头发颜色有很多种，从黑色到棕色、黄色到白色。头发的颜色由毛皮质中黑素颗粒的种类和数量所决定。黑素颗粒有两种：即真黑素（eumelanin）及褐黑素（phaeomelanin）。真黑素颗粒是卵圆形的，形态一致，边缘清楚；褐黑素颗粒小，部分呈卵圆形，部分呈棒状，多见于黑发及白种人的浅黑色发中。褐黑素为淡色素，多见于红发及黄发中，红发中几乎全部为褐黑素。在许多人的发中常混有这两种色素颗粒，真黑素多则头发呈黑色。发中两种色素颗粒的多少，由遗传基因决定。

二、头发的组织结构与化学组成

1. 头发的组织结构与化学组成

从形态学上来说，一根完整的头发纤维包含 3～4 个不同的结构单元。头发最外层为毛小皮（cuticle），中间占较大比例的是毛皮质（cortex），其间的无定形物质为细胞膜复合物（cell membrane complex）；位于中心位置的是毛髓质（medulla）（注：毛髓质非必需结构成分）。

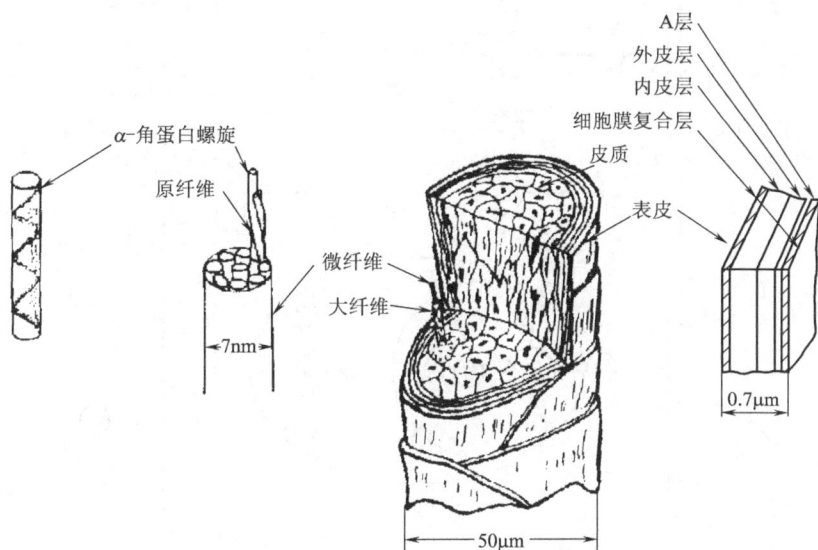

图 7-2　头发结构示意图

如图 7-2 所示，毛小皮是头发表面一层薄的保护层，以 5～10 个扁平的薄片状细胞似鱼鳞重叠交盖而成。毛小皮的薄片细胞厚 0.5μm，长 45～60μm，其中 5μm 暴露于头发表面。毛小皮围绕着毛皮质，毛皮质是头发纤维质量的主要组成部分，它由纺锤状细胞沿头发纤维的轴排列而成。头发的皮层细胞含有纤维状蛋白质。粗的头发通常含有一个疏松多孔的部分，称为毛髓质，位于头发的中心。细胞膜复合物，其功能是将头发其他结构成分黏合，同时与其他非角蛋白成分构成外部物质扩散至头发纤维的重要通道。

毛小皮由外而内又分作四层：外表皮层、外角质层 A 层、外角质层 B 层和内角质层。外表皮层位于毛表皮的最外面，厚 5～7 nm，外表皮层的最外面是一层由脂肪酸酯的混合物构成的类脂，也称 F-层。F-层的主要成分是由 18-甲基二十碳烯酸，F-层之下则是含有亲水基团的蛋白质层。脂肪酸和蛋白质以酯键和硫酯键结合。类脂的存在使纤维表面呈疏水性质。

头发主要是由不溶性的角质蛋白所组成，角蛋白是由氨基酸组成的多肽链。角质蛋白含有色氨酸、胱氨酸、谷氨酸等 18 种氨基酸。

2. 头发结构中存在的作用力

头发结构的稳定性是多肽链之间各种作用力所决定的。这些作用力包括：氢键、盐键、二硫键、范德华力、共价多肽和酯键（图 7 – 3）。

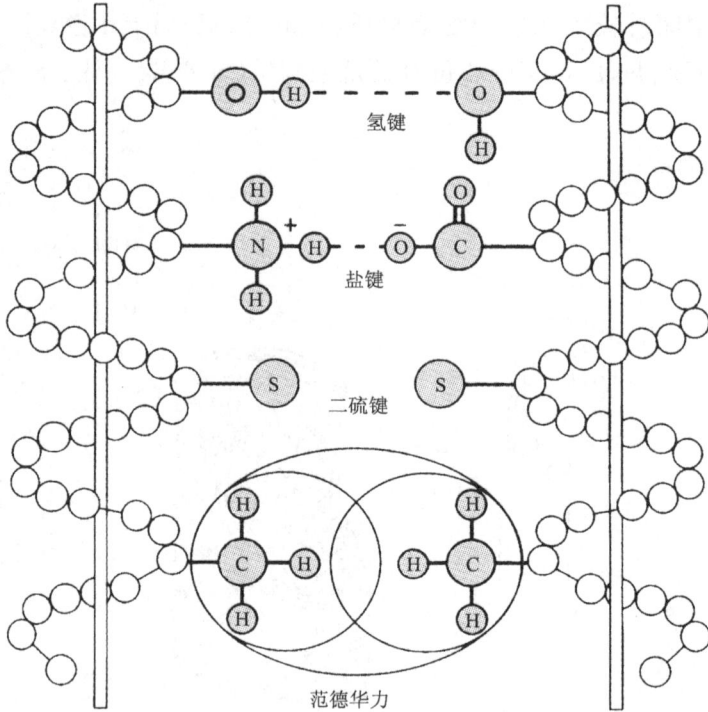

图 7 – 3　头发结构中存在的作用力

（1）氢键（C=O···NH）。氨基和邻近的羧基之间的结合可形成氢键。虽然氢键是一种微弱的相互作用，但由于一条多肽链中可存在的氢键数目很多，所以它们也是多肽结构上一个重要的稳定因素。

（2）盐键（—NH$_3^+$ $^-$OOC—），亦称离子键。在多肽链的侧链间存在许多氨基（带正电）和羧基（带负电），相互之间因静电吸引而成键，即离子键。在 pH = 4.5～5.5 的范围内（等电点），两者的结合力最大。头发角蛋白强度的 35% 与盐键有关。这种键很易被酸和碱破坏。

（3）肽键（—CO—NH—）。两个氨基酸分子之间，以一个氨基酸的 α - 羧基和另一个氨基酸的 α - 氨基（或者是脯氨酸的亚氨基）脱水缩合把两个氨基酸连接在一起所形成的酰胺键，即肽键。多个氨基酸之间通过肽键这种重复的结构彼此连接组成了多肽链的主干。

（4）二硫键（—CH$_2$S—SCH$_2$—）。是由两个半胱氨酸残基之间形成的一个化学键。它使多肽链的两个不同区域之间能够紧密地靠拢起来。二硫键是一种结构上的要素，它能维持分子折叠结构的稳定性。烫发水的原理即基于二硫键的还原断裂及其后的氧化固定反应。

（5）酯键（—O—CO—）。含有羟基的氨基酸的羧基和另一氨基酸的羧基在横向以酯键的形式连接。

（6）范德华力。多肽链之间靠范德华力的连接，是分子间引力的作用，由于此引力很弱，通常可以忽略不计。

三、头发的生长循环

毛发是皮肤的附属物，生长于毛囊深部。毛囊是由原始上皮性毛胚芽演变而来。人原始上皮性毛胚芽在妊娠 12 周胎儿的头皮即出现，后逐渐形成毛囊。

毛球位于皮肤基底层，由分裂活跃的上皮细胞，即毛母质组成。毛母质细胞不断发生有丝分裂产生新的细胞并合成蛋白质。新生的细胞脱离毛球向上迁移，而新合成的含硫蛋白质处于还原态。当细胞迁移至角质化区时，含硫蛋白脱水，通过温和的氧化形成二硫键。此时长约几百微米的毛发纤维形成。毛母质细胞的不断分裂使得毛发不断增长。位于毛球附近的黑色素细胞分泌黑色素，黑色素在毛母质细胞分化时即被吞噬，最终赋予头发颜色。

毛根鞘是硬直的、厚壁角蛋白化的管，与处于生长期头发直接相邻，它决定了毛发生长时截面的形状。在毛发角蛋白化以前，内毛根鞘发生角蛋白化；当毛发生长时，引导其生长。在接近表皮处，内毛根鞘与表皮和毛囊脱开。

毛囊中毛母质细胞并非永远处于活动期，会发生一段时间的休止再分裂状态。因此，头发的生长也是周期性的，分为生长期（anagen phase）、退行期（catagen phase）和休止期（telogen phase）。从婴儿到出生后的几十年中，头部的每个毛囊大约可发生 20 个生长周期。各毛囊独立进行周期性变化，邻近的毛囊并不处于同一生长周期，头发生长也呈非同步镶嵌模式（asynchronous mosaic pattern）周期性生长。参见图 7-4。

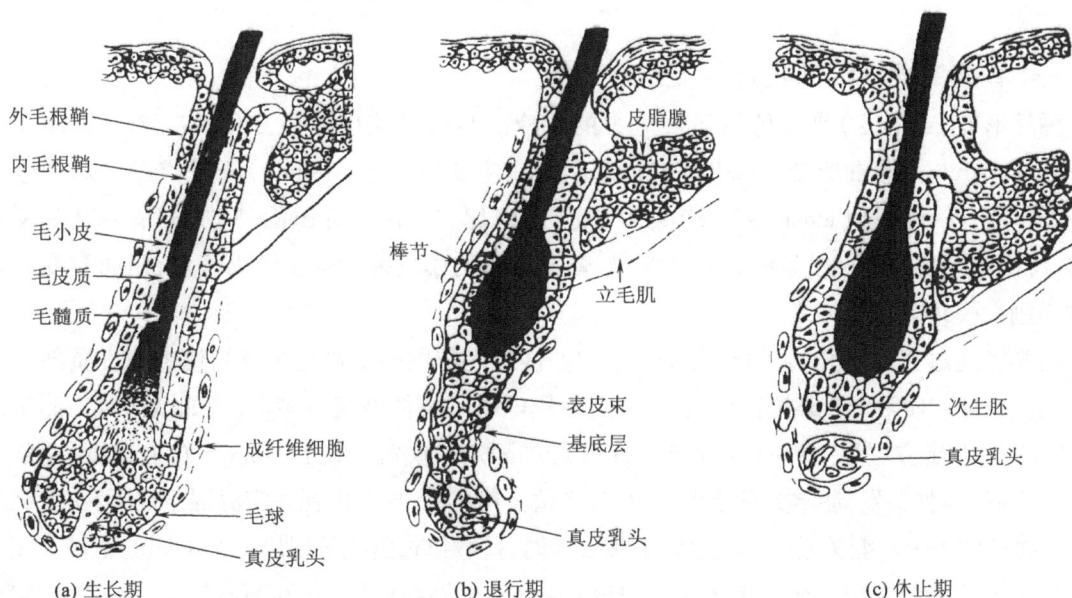

(a) 生长期　　　　　　(b) 退行期　　　　　　(c) 休止期

图 7-4　毛囊的生长循环周期

（1）生长期，也称活动期。其特征是毛球下部细胞分裂速度快，代谢旺盛；毛球上部细胞分化出皮质、毛小皮，毛发呈活跃增生状态；毛乳头增大，细胞分裂加快，数目增多。原不活跃的黑色素细胞树枝状突起伸出，开始分泌黑色素。头发生长期一般可持续 2～6 年，此期内头发每月约生长 1cm，头发长度可达 1m。

（2）退行期，也称移行期。毛发积极增生停止，形成杵状毛（club hair），其下端为嗜酸性均质性物质，周围绕呈竹木棒状。内毛根鞘消失，外毛根鞘逐渐角化，毛球变平，不成凹陷，毛乳头逐渐缩小，细胞数目减少。黑色素细胞失去树枝状突起，又呈圆形，而无活性。退行期为 2～4 周。

（3）休止期。毛根部的角化逐渐向下，终于与毛乳头分离，分离处毛囊收缩，使毛发脱落。此时，毛乳头很小，细胞紧密。随后，新的毛乳头逐渐形成，又重复毛发生长周期。休止期为3～4个月。

毛发处于生长周期中各期的比例随部位不同而异。在头皮部 15%～20% 的头发处于休止期，仅 1% 处于退行期，而眉毛则 90% 处于休止期。

第二节　头发的物理性质和发用化妆品的基本作用

头发的物理性质包括单根头发的物理性质和头发束的物理性能。单根头发纤维的物理性质一定程度上决定了发束的物理性能，而消费者对发用化妆品性能的评判指标，如发束是否易打理、是否对发束乱飞有所改善等，正是发束的物理性能的表现。

单根头发纤维的物理性质主要包括头发的弹性形变、摩擦因子、纤维截面积（或直径）、静电荷、光泽等。发束的物理性质包括发束梳理性、飘拂度、光泽、发量感、发型保持能力等。

一、单根头发纤维的拉伸形变

弹性形变（或应变）是固体物质对应力的响应。与头发梳理相关常见的应变有拉伸应变（stretching strain）、弯曲应变（bending strain）和扭曲应变（torsional strain）三种类型。每种应力和应变都有一个模量（modulus），即应力与应变之比，以单位面积固体物质所受的力表示（F/A）；拉伸应变的弹性模量称为杨氏模量，弯曲应变的模量称为弯曲杨氏模量，扭曲应变的模量称为刚性模量。

科学家通过实验研究，认为对头发纤维拉伸性质起作用的主要是头发结构中的皮质部分。

头发拉伸性质常用荷载拉长法表征，一般使用电驱动拉伸测定仪测定，例如微型张力测定仪（图 7-5）。测定方法是：将 5cm 长的头发单丝纤维固定在仪器夹具上，以固定拉伸速度（通常为 0.25cm/min）拉伸头发，测定头发纤维应力/应变值。图 7-6 显示出在一定温湿条件下，头发纤维其荷载拉长应力—应变关系。当头发纤维被拉伸时，荷载拉长曲线呈现出三个不同的区域。在曲线 OA 段，头发纤维表现出真正弹性，服从 Hookean 定律，即拉伸应力（即荷载）与应变（即拉伸长度）成正比，此时头发发生完全可逆的形变。曲线的 A 点称为 Hookean 极限点（Hookean limit）或屈服点(yield point),该点代表角蛋白 α 螺旋结构中氢键发生断裂,纤维中一些 S—S 键也可能断裂。OA 段称为 Hookean 区。在 A 点和 B 点之间,施加很小的应力,就会导致很大的应变产生。AB 段称为屈服区(yield region),表明头发纤维角蛋白 α 螺旋结构解旋重排变成 β 折叠型结构。在 BC 段,头发纤维的拉伸性质又重新服从 Hookean 定律,然而此时头发纤维明显硬化,进一步拉伸,头发纤维在 C 点发生断裂。BC 段称为后屈服区(post yield region)。

图 7 - 5　头发张力测定仪

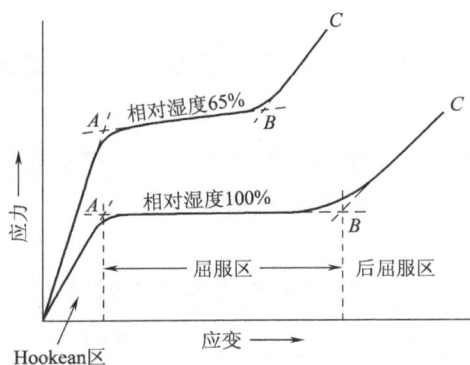

图 7 - 6　头发拉伸应力—应变曲线

日常梳理使头发纤维应变在 0~5%,远小于使头发发生断裂所需的应变。一般认为,当梳理行为结束时,头发将回弹,符合 Hookean 定律。事实上,即便是日常梳理也会损伤头发。在较高应力作用下,头发表面毛小皮可能脱离皮质。图 7 - 7 显示头发纤维拉伸回复应力—应变曲线。在水中角蛋白纤维被拉伸为原来长度的 30% 后,取消张力,头发开始回复至原长,但伸长曲线与回复曲线形成滞后回线。曲线下的面积代表伸长和回复所做的功。可见,伸长功总是大于回复功,伸长功与回复功之比称为回弹比(resilience ratio),此为研究头发纤维荷载拉伸另一重要的参数。

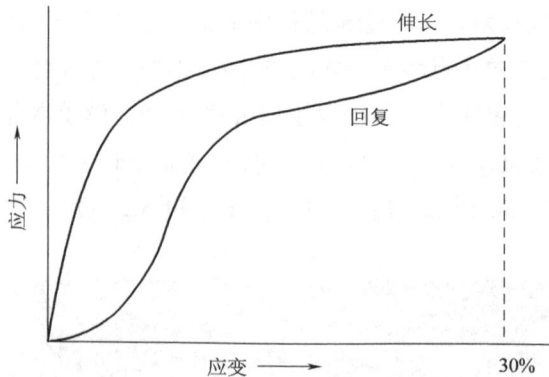

图7-7 头发拉伸—回弹曲线

头发拉伸性质受以下因素的影响。

（1）相对湿度或潮气含量。由图7-6可见，较之相对湿度65%条件下，水中（相对湿度100%）头发纤维更易拉伸，伸长性增大，弹性模量下降。相对湿度对头发拉伸性质影响见表7-1。

表7-1　相对湿度对头发拉伸性质影响

项　目	相对湿度（65%）	相对湿度（100%）	模量比
弹性模量 $Es/mg \cdot cm^{-2}$	55	21	2.62

（2）纤维直径。无论湿还是干的头发纤维的拉伸性质与纤维的直径相关。头发纤维直径越大，应力/应变比值越大。

（3）温度。温度对头发纤维拉伸性质的影响与湿度的作用相似。如表7-2所示，温度升高，头发纤维断裂应力下降，断裂时伸长百分数增大。

表7-2　温度对头发拉伸性质影响

温度 $T/℃$	pH = 7		
	弹性模量 $Es10^5/GPa$	拉断时应力 $\times 10^9/N \cdot m^{-2}$	拉断时伸长度/%
21	2.08	0.168	48
35	1.77	0.129	—
50	1.67	0.125	50
70	1.64	0.140	—
90	1.36	0.099	72

（4）化学处理的影响。冷烫或漂白头发，使用的化学试剂都会与头发纤维角蛋白中的二硫键和肽键发生作用。漂白试剂可将角蛋白中的胱氨酸氧化为磺基丙氨酸，使其失去交联结构，头发纤维的拉伸强度也因此下降25%。烫发包括角蛋白中交联的二硫键被还原和再氧化过

程,头发中大约 20% 的二硫键在还原反应中断开;这些化学反应导致了头发纤维拉伸性质的改变。据报道,市售家用烫发剂,在相对湿度 65% 时,使湿发的断裂应力下降 15%,伸长 20% 所需的应力下降 18%;使干发的断裂应力下降 7%,伸长 20% 的应力下降 11%。市售染发剂广泛含有芳香胺和苯酚以及过氧化氢,因此使其具有氧化性而破坏角蛋白中的二硫键,从而对头发拉伸强度产生影响。发用化妆品中均含有表面活性剂。单独的表面活性剂溶液对头发拉伸强度的影响不大,但表面活性剂作用与机械应力(梳理头发)交替使用对头发拉伸强度有较大的作用。处理头发溶液的酸碱性对头发拉伸性质的影响与溶胀作用有关。在 pH 值为 2~9 的范围内溶胀作用较小,pH >9 时,溶胀作用很快地增大,而在 pH <2 时,头发发生不可逆的结构改变,见图 7-8。

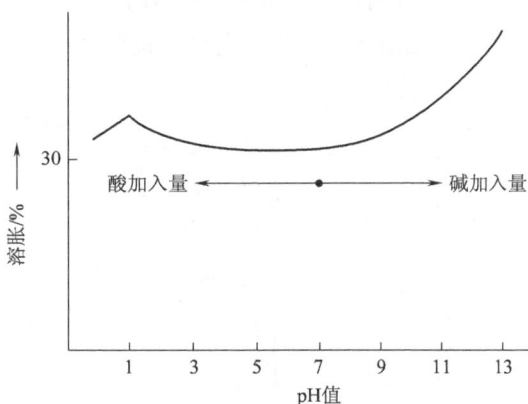

图 7-8　头发溶胀和 pH 值的关系

(5)其他因素的影响。阳光和紫外线辐射会引起二硫键的破坏,使头发拉伸强度下降。一些生理学失调也会对头发拉伸强度产生影响。

头发纤维除具有上述轴向力引起的弹性外,还存在着另外两种弹性作用,即弯曲弹性(bending elasticity)和扭转弹性(torsional elasticity)。弯曲弹性与纤维的韧性有关(fiber stiffness),扭转弹性与纤维的刚性有关(fiber rigodity)。当头发被梳理、刷洗和定型时,常会被扭转,抗扭转的阻力就是扭转刚性。弯曲韧性和扭转刚性都是评价头发质量的重要基本参数。

二、头发纤维的摩擦作用与头发的梳理性

梳理头发时,发梳对头发纤维表面所施加的力或头发纤维间的相互作用,都使得头发表面产生摩擦作用。考虑该摩擦作用为动摩擦作用,服从 Amonton—Coulomb 法则,即摩擦作用力 F 与滑移面之间的正压力 W 成正比,与接触面积无关;摩擦力与滑动速度无关。

$$F = \mu W$$

其中,μ 为动摩擦因数。对于刚性物体表面,摩擦因数与接触面面积大小无关,为常量;但对于头发纤维,其受力可能导致变形,使真正接触面面积发生改变,摩擦因数为变量。实际上,摩擦力未必和速度、压力无关。

动摩擦因数值可以反映头发表皮最外层的状况,为表征头发的手触感、梳理性等特性值。因而提供了头发表面损伤和平滑状况等信息。

1. 头发动摩擦因数的测定

许多头发动摩擦因数的测定方法,多借鉴于服装纤维动摩擦因数的测定方法。实际使用时,应根据方法实施难易程度、测定精度、再现性等选择最适宜的方法。本书以 Schwartz 发明的

旋转式滑轮法为例说明头发纤维动摩擦因数的测定原理,该方法也是目前广泛使用的一种高精度头发动摩擦因数的测定方法。如图 7 - 9 所示,在头发两端分别挂一相同质量的重物(W,W_1;质量为 m,m_1),并将头发(H)挂在滑轮(M)上,按箭头方向匀速旋转。此时,重物 W_1 使头发和滑轮产生摩擦,将平衡杆(P)压下。为恢复平衡杆到水平位置,则需调整刻度盘,由刻度盘上指示数读出所需力(T)的大小。按公式(7 -1)计算动摩擦因数。

$$\mu = 0.7331\lg\left(\frac{M_s}{M_0}\right) \tag{7-1}$$

式中:$M_s = m$,$M_0 = m_1 - T$。

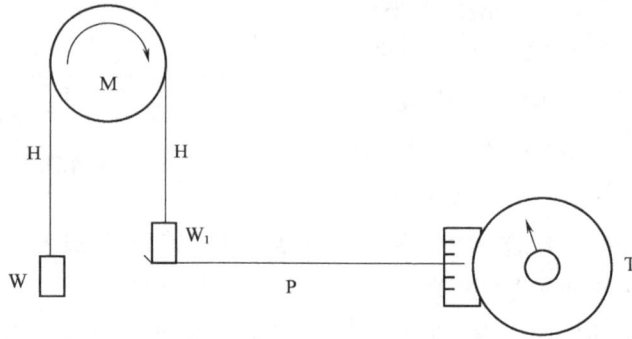

图 7 - 9　动摩擦因数的测定装置

使用这套装置,通过选择滑轮表面的材质可以测定头发与头发、头发与不同材质发梳之间的动摩擦因数。

2. 影响头发动摩擦因数的因素

环境的相对湿度、化学品对头发的处理以及头发表面残存的发用化妆品成分都会影响头发动摩擦因数的大小,另外在实际测定中还需注意头发运动的方向。

由表 7 - 3 可见,湿发摩擦作用高于干发摩擦作用,且头发动摩擦因数随相对湿度的增大而增大。将头发进行冷烫、漂白或用氧化染发剂处理,会对头发表面毛小皮造成损伤,手触摸头发会感觉毛躁,即动摩擦因数增加,而后者反过来进一步加深头发的损伤。

表 7 - 3　不同材质发梳对头发纤维摩擦作用的影响（高负载条件下测定）

项　　目	摩擦因数 μ_k		
	硬橡胶梳	尼龙梳	铝　梳
干梳	0.19	0.14	0.12
湿梳	0.38	0.22	0.18

图 7 - 10 显示旋转式滑轮法测定的经冷烫处理的头发的动摩擦因数随时间的变化,可见冷

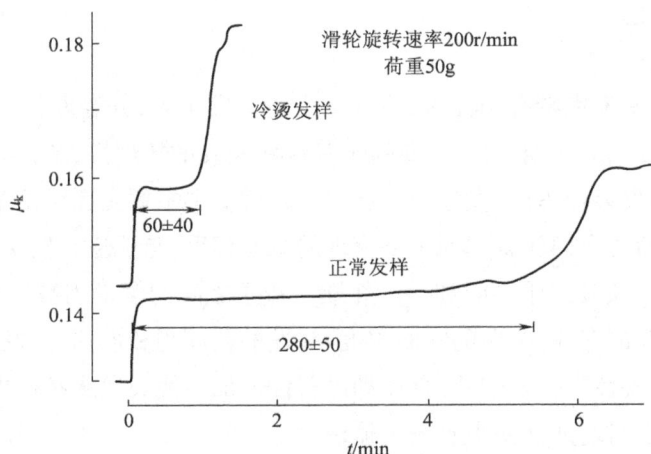

图 7-10 烫发处理对头发纤维摩擦作用的影响

烫短时间内对头发产生损伤,与正常头发比较,相应头发的动摩擦因数急剧上升。用头发调理剂处理头发,对动摩擦因数的改变与前三种情况不同。

表 7-4 研究了护发素对漂白头发的护理效果。与未漂白处理的头发相比,洗发水对头发表面摩擦作用没有改善,而头发调理剂添加到发用化妆品中则有效降低了头发的动摩擦因数。一般是相对分子质量大的阳离子表面活性剂能更有效地降低头发的动摩擦因数,见表 7-5。

表 7-4 头发漂白对头发纤维摩擦作用的影响(高负载条件下测定)

项 目	摩擦因数 μ_k(洗发水)	摩擦因数 μ_k(护发素)
未漂白处理头发	0.249	0.220
1 次温和漂白头发	0.342	0.190
3 次温和漂白头发	0.427	0.193

表 7-5 阳离子表面活性剂对头发纤维摩擦作用的影响

含各种季铵盐的护发素	各种浓度下的 μ_k		
	0.1%	0.01%	0
十六烷基三甲基溴化铵(CTAB)	0.390	0.298	0.537
十八烷基苄基二甲基氯化铵	0.450	0.394	0.298
双十八烷基二甲基氯化铵(DDAB)	0.171	—	0.298
咪唑啉类季铵盐(IQ)	0.188	0.690	0.166

此外,发用化妆品使用的硅油、一些阴离子表面活性剂也会影响头发的动摩擦因数。

头发表面毛小皮以 5~10 个扁平的薄片状细胞似鱼鳞重叠交盖,因此,头发的摩擦作用具有方向性,即由发根至发尖的方向的摩擦作用较之由发尖至发根的方向小,在测定头发纤维动摩擦因数时需加以注意。

3. 头发的梳理性

头发的梳理性是头发束特有的性质,可定义为将头发排列,并暂时保持该状态的能力或容易程度,不考虑对头发束的长期作用。Robbins 建议将头发的梳理性,结合对发用化妆品的特性考虑,分为三种类型:发束梳理性、发型保持和发束飘拂。本书暂主要讨论第一种类型。

发束梳理性,即通常人们注意到的头发梳理的难易程度,与梳通头发束所遇到的阻力有关。单根头发的性质(包括头发纤维之间和头发纤维与梳子之间的摩擦因数)、头发的直径、头发的刚性、头发表面静电荷的存在、头发的卷曲程度、头发的截面积和形状、头发的长度、头发的黏着性都会影响头发的梳理性。头发刚性、直径和黏着性增加会使头发更易梳理;头发卷曲程度大,摩擦作用、长度和静电荷增加会使头发较难梳理。

评估头发梳理性可使用人工梳头的方式,进行感观评价、定标和评分。图 7 - 11(a)为头发梳理测定仪,通过测定梳过一定长度和质量的头发束所需的力,达到对头发梳理性的检测。测试时,将头发束悬挂于负载槽中,将发梳安装在张力计的可动部分,然后测定其从上到下移动时所产生的力。测试后所得梳理力模式如图 7 - 11(b)所示。

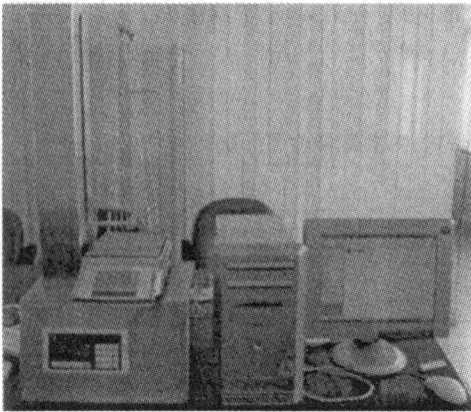

(a) 张力计梳理力测试器   (b) 梳理力模式

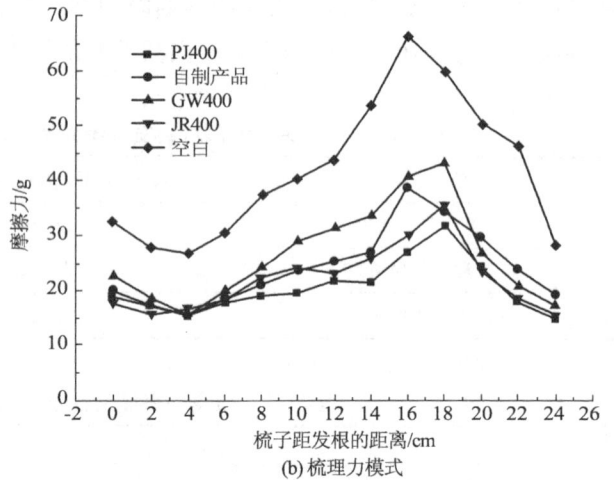

图 7 - 11　头发梳理性测定

由上图可得四类有用的数据,即头发束的整体平均梳理力,除发梢外的发束主体平均梳理力,发梢处的峰值力,发梢处的平均力。一般来说,头发束的整体平均梳理力及发梢处的峰值力有较为广泛的应用。但也可根据具体目的不同来决定选用哪一个数据。

三、头发静电与发束飘拂

当梳头发时,头发表面会因摩擦产生静电荷。由于头发是不良导体,产生的静电荷不能消散而存在于头发表面,头发纤维表面存在的同种电荷使其间存在排斥作用,结果造成头发飘拂,难于梳理。

1. 头发静电的测定

头发的静电测定有测定发束样品的电位和施加一定电压后测定头发放电速度两种方法。图 7 - 12 是使用振动容量型电位计测定头发的静电。研究静电荷的产生、静电荷在头发束的移动以及分布对于发用化妆品的开发很有意义。

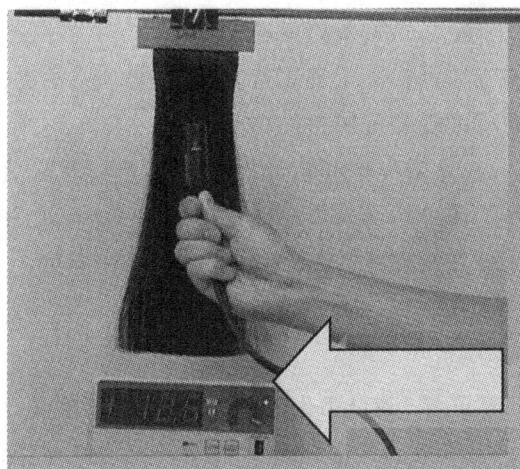

图 7 - 12　使用振动容量型电位计测定头发的静电

2. 影响头发产生静电荷的因素

头发潮气含量对头发静电作用的影响远较其他因素大,它对头发的电导有直接的作用。头发潮气含量增加,可降低头发的电阻,因而就减少了头发产生静电的倾向。在相对湿度为85%时,人头发的电阻为 $(10.0 \times 10^{12}) \sim (17.0 \times 10^{12})\,\Omega$。当相对湿度由0升至90%时,头发纤维的电阻急剧下降数万倍。表 7 - 6 数据显示出相对湿度变化对头发产生静电的影响。

表 7 - 6　相对湿度变化对头发产生静电的影响

头发处理	相对湿度/%		
	27	51	76.5
洗发水	14.3	10.8	3.3
护发素	2.5	1.5	0.4

一般情况下,角蛋白纤维的电阻会随温度的升高而下降,大约每升高10℃,电阻下降5倍。因而,热梳头不会像在室温下梳头那样出现静电。头发表面残存的电解质会降低其电阻,例如,添加氯化钾可降低羊毛的电阻;用蒸馏水冲洗,除去毛发上的电解质,能增大毛发的电阻。头发表面静电荷的正负与头发表面沉积物和表面处理有关。

3. 头发静电与发束飘拂的相关性

静电引起头发的飘拂与三方面因素有关:头发纤维上静电荷的产生、头发纤维的电导率和头发类型。产生静电的主要原因是两个表面化学势不等的发梳与头发纤维表面间摩擦生电,如使用润滑剂减小摩擦力,或使用与头发表面化学成分构成接近的牛角梳,可产生较少的电荷。实验已证实,头发表面的电导率较高时,静电引起的头发飘拂程度较低。季铵盐型阳离子表面活性剂可以有效增加头发表面的电导和减少头发纤维的摩擦,是优良的抗静电剂。头发飘拂程度与头发的类型也有关,直发比很卷曲的头发更倾向于飘拂。卷曲头发缠结可阻止静电引起飘拂时头发的分开,头发卷曲度越大,这种效应就越明显。

测定发束飘拂最简单的方法是在一定温湿度环境中梳理头发束,然后,测量梳后头发束的膨胀开的距离。发束飘拂的程度现在可通过图像分析方法方便完成。图像分析系统由白色背景板、照明灯、样品夹架、高分辨率数码照相机和一台微机组成。测试时先对头发样品拍照,然后将所得图像输入微机进行图像分析,获得发束飘拂度。一般来说,护发效果越好,头发发束飘拂的程度越低。通过相对比较发束飘拂程度,可以评价护发产品的功效。

四、发束光泽

健康的头发散发出的自然光泽,满足了人们追求美的心理需求,能够改善头发光泽的化妆品也因此受到人们的重视。头发束的光泽(lustre 或 hair shine)在一定程度上取决于单根头发的光泽。头发纤维表面无定形毛小皮单元,从发根至发梢如鳞片一片扣一片地规则排列。当光照射到头发上时,一部分光会进入纤维内部(部分会被头发中以无定形复合物存在的黑色素所吸收),一部分光在由致密的角蛋白构成的毛小皮表面发生反射或折射。由于头发呈圆柱形或椭圆柱形,射入头发内部未被吸收的光可能在纤维后壁发生第二次反射或折射,见图 7 - 13。如果以头发的长轴的垂直方向作为参考镜面,由于头发毛小皮鳞片与头发的长轴轴线有一定的角度,光线自发束反射时,按参考镜面计算的入射角与反射角不相等。Robbins 等对光线从发根至发梢或从发梢至发根发生反射的研究发现,毛小皮鳞片与头发的长轴大约呈 3°。假如毛小皮鳞片形状是非常理想的几何结构并且鳞片间无差异,则反射光线方向一致导致发束呈高亮度。然而实际上由于毛小皮鳞片边缘的不规则特点,发束反射光线存在散射。

1. 头发光泽的测定

头发光泽可以直接对发束予以主观评价,也可以用仪器测定。主观评价结果易为人们所接受,但要注意头发要保持一定的平整度,并且要多观察者多次评价,其评价结果才可能是可靠的。Stamm 等提出头发光泽的函数表达式,即:

$$头发光泽\ L = \frac{S - D}{S} \tag{7-2}$$

其中,S 是头发的镜面反射部分,D 是头发的散射部分。这个函数表达式的提出,为仪器评价头发的光泽提供了理论基础。

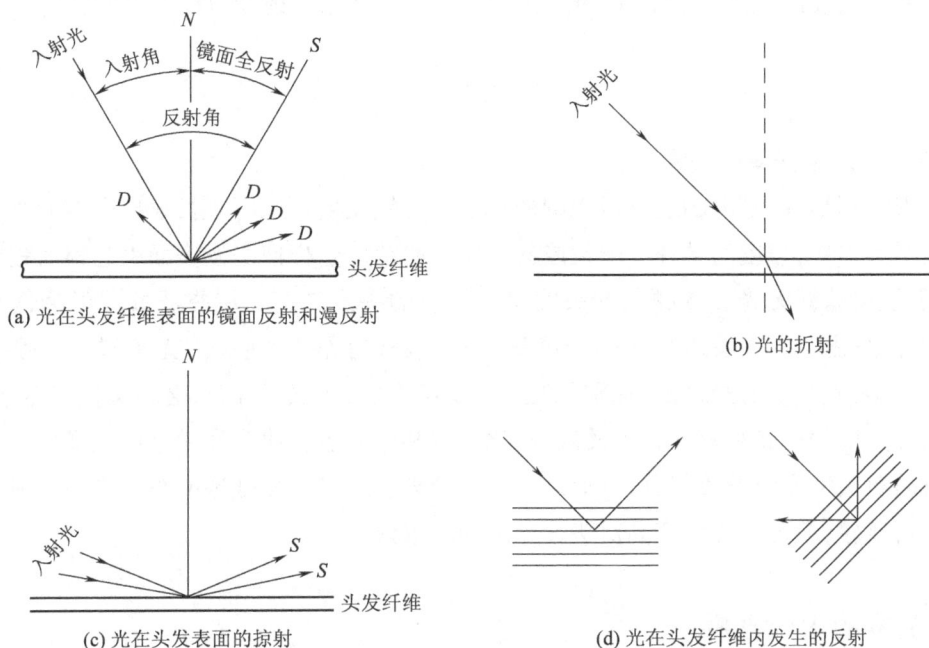

(a) 光在头发纤维表面的镜面反射和漫反射

(b) 光的折射

(c) 光在头发表面的掠射

(d) 光在头发纤维内发生的反射

图 7-13　头发对光照的反射、折射等行为示意图

　　采用多角光度计(goniophotometer)，在一定范围内改变光度检测探头与头发长轴方向的相对角度，测定反射光强度。仪器检测示意图及相应检测结果例图如图 7-14 所示。图 7-14 (b)显示第一个峰归属于头发表面对入射光的直接反射，而第二个峰归属于入射光线进入纤维后，经头发背面反射的光线。由于金黄色头发含黑色素少，对光线吸收较少，其背面反射光较强，金黄色头发第二个反射峰较强。

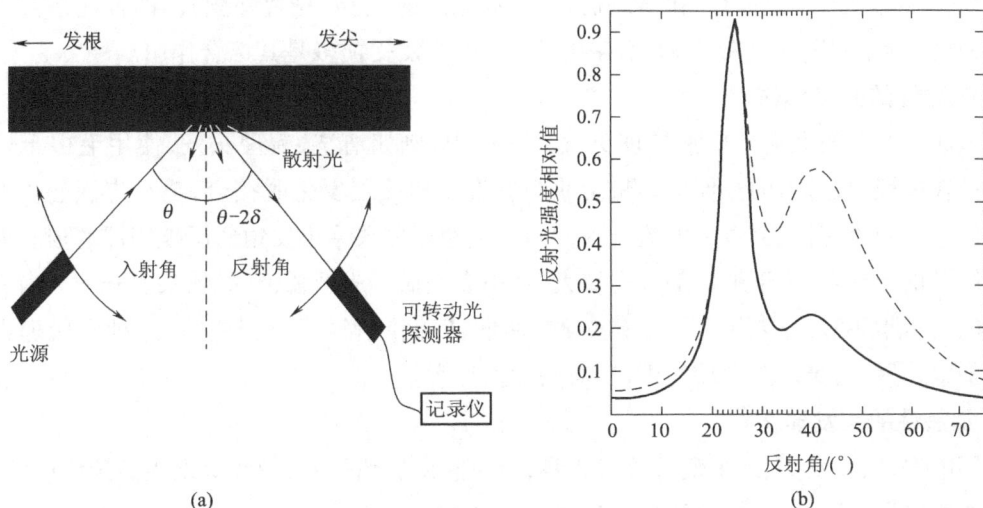

(a)

(b)

图 7-14　仪器检测示意图及相应检测结果例图

实际测定头发的光泽(L)常用反射光的峰值(S)和背景散射光(D)之比来度量：

$$L = \frac{S}{D} \qquad\qquad (7-3)$$

2. 影响头发束光泽的因素

头发束排列整齐,平滑的表面以规则的角度将光线反射,很少散射,显出高度的光泽。当头发生长时受到损伤,表皮的鳞片会碎裂或甚至完全脱落。这样使头发表面引起很大程度的光散射,使头发显得暗淡无光。深颜色的头发比浅颜色的头发光亮。用香波处理可降低头发的光泽。皮脂分泌,由于在头发表皮不均匀沉积,增加漫散射作用,使头发光泽减少。喷发胶的使用,会降低反射光与散射光之比,特别是发胶树脂碎裂后,漫散射加强,会使头发变得暗淡;但也有增加头发亮度的树脂和复配物。烫发、氧化作用和摩擦也会使头发光亮度下降。

化妆品对头发光泽的改善,可以通过对未经处理和经护发品处理的头发样品反射光与散射光之比进行比较,就可评价该产品对头发光泽的改善效果。

五、头发的水分含量

头发中的含水量受环境湿度的影响,通常占头发质量的 6% ~ 15% 。水可以降低角蛋白链间的氢键作用,因而使得头发柔软。

第三节　头发的损伤

一、头发受损的原因

受损伤头发给人以粗糙、暗哑、零乱、不易梳理、易断发的印象。大致有四方面的原因导致头发损伤,即机械性、高温加热、化学试剂处理、日光照射(主要是紫外线)。四种损伤方式作用于头发的机理不同,作用的头发组织结构也各异,但头发受损多是其综合作用。

1. 机械性的头发损伤

机械性头发损伤发生在日常护理头发的活动中,例如清洗、梳理头发,使用毛巾干燥头发等。在护理过程中,过高的拉伸应力将会使头发表皮角质层发生脱接合,毛小皮翘起。即使是施加较低应力的梳理,也会由于发梳与头发间产生摩擦导致毛小皮角质层破碎即磨损。如果是梳理缠绕严重的头发,由于施加的应力较大,毛小皮表面形成舷弧带,导致头发开叉。当头发表面覆盖的天然脂肪酸(十八甲基二十碳烯酸、油酸、棕榈酸等)膜有损失时,这种由梳理带来的损伤要加重。另外,梳理湿发较之干发,对头发损伤大。

2. 加热性的头发损伤

使用电吹风、卷发熨、扁平熨等美发工具,短时间内加热头发,导致头发表面角质层龟裂,更深层的角质层发生脱接合,使角质层凸出和出现圆坑。

3. 化学处理的头发损伤

　　一些美发化妆品,如冷烫精、漂白/染发药水、直发/软化药水,都是通过所含的还原剂或氧化剂破坏头发组织结构中原有的各种作用力实现的,但也同时带来头发的损伤。例如,冷烫常以活性成分巯基乙酸盐先将头发纤维中存在的胱氨酸还原为半胱氨酸,借助器具将头发固定为所希望的造型,再以温和的氧化剂氧化半胱氨酸回复胱氨酸。由于这种重组并非百分百完成,而且化学作用并非仅限于毛小皮。毛小皮最外层的脂肪酸保护膜首先被破坏,毛小皮出现小孔并隆起,暴露了内部的皮质。皮质内蛋白质可能出现流失,结晶度下降,头发的弹性、抗拉强度都下降。因此,由化学处理带来的头发的损伤程度要远高于其他几种损伤方式。

　　4. 紫外线辐射的头发损伤

　　头发的日光性损伤是无法避免的。由于头发的化学组成包含对紫外光敏感的色氨酸、胱氨酸和酪氨酸等氨基酸,易被光降解。头发由于蛋白质的缺失而脆弱发干。紫外线也会破坏皮质内的黑色素,使头发出现光漂白现象。

二、头发损伤的表征方式

　　对头发损伤进行表征,是开发护发化妆品的基础。在本章所述头发的生理性指标测定方法均可用来表征头发的损伤程度。例如,通过对头发拉伸模量、扭曲模量的测定,与未损对照头发比较获得对头发在机械性方面损伤的认识。对头发摩擦因数、梳理功的测定,获得头发毛小皮损伤程度的表征。采用电子显微镜、原子力显微镜获得对头发损伤的直观了解,如图 7-15 所示。

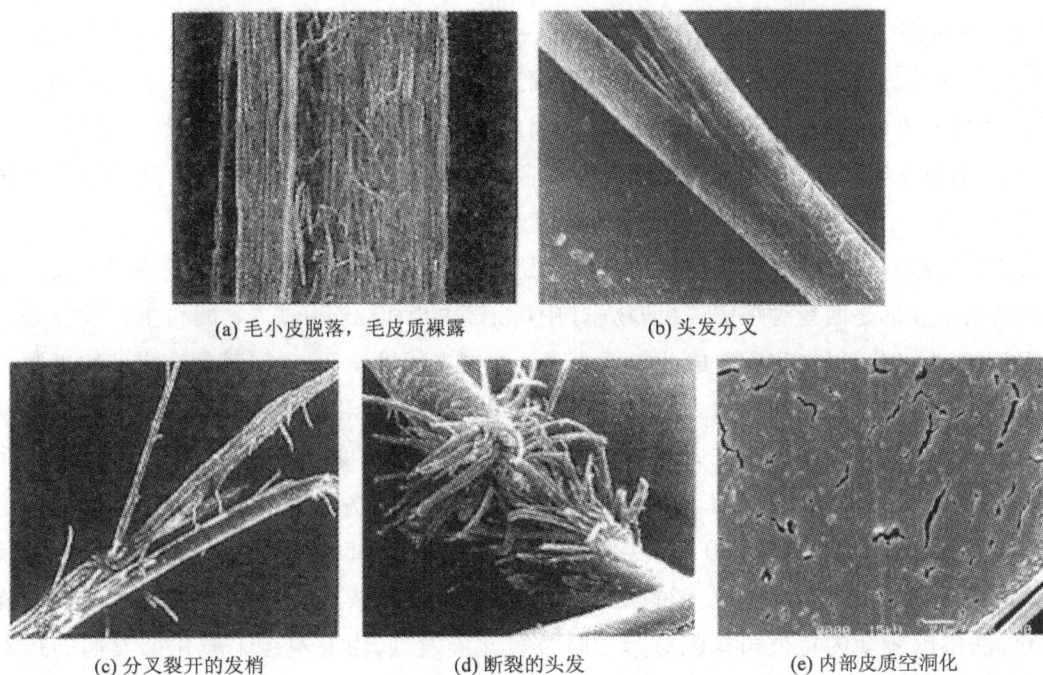

(a) 毛小皮脱落,毛皮质裸露　　　　　　(b) 头发分叉

(c) 分叉裂开的发梢　　　　(d) 断裂的头发　　　　(e) 内部皮质空洞化

图 7-15　头发损伤的表现

早期为人们接受的表征毛小皮损伤是测定头发的铜吸收量。但这种方法基于铜离子在头发表面的静电吸附,不具有选择性。氨基酸全分析和蛋白质定量也被用来表征头发的损伤。但这些方法对于损伤过程中头发组织结构可能发生的变化和各种键的变化不能给出解释。对此,有人采用 X 光电子能谱(XPS),可了解头发表面化学组成和键合状态。近来,也有采用拉曼光谱、固体核磁共振(solid state NMR)不经分离直接表征头发受损后毛小皮和皮质层中二硫键的变化。采用荧光指示剂与半胱氨酸发生特异反应,再结合显微镜观察等其他手段,对损伤头发内部微细结构的变化予以表征。

以上仅作抛砖引玉,相信随着科学技术的发展进步,头发损伤的表征方式也将越来越丰富,对损伤的认识也将越来越深入。

第四节　染发化妆品性能评价

一、染发化妆品发展的历史沿革与现状

染发化妆品,即能改变头发颜色的化妆品,一般又称为染发剂。

头发由于毛皮质中所含黑素颗粒(即真黑素及褐黑素)的种类和数量以及分布不同,使得头发呈现从黑色到棕色、红色、黄色到白色等多种颜色。人毛发所含黑素颗粒的种类数量,与人种存在关联,表现出具遗传性的特点。而在人的一生中,毛发黑素颗粒的种类数量也并非一成不变,表现出一定的色素代谢(包括黑素细胞的发生、色素合成和毛发色素代谢的调控三个环节)规律。除病理性因素导致头发颜色的改变,一般随着年龄的增长,毛囊中与黑素合成相关的酪氨酸酶活性进行性丧失,毛乳头中黑色素细胞生成的黑色素逐渐减少,加上细胞间隙变疏松,使空气进入发内,头发的折光性发生改变,因而使得头发从发根开始沿着发干从黑色渐变为白色,或一部分头发变白,而其他头发还保持黑色,白发和黑发相杂在一起,头发颜色开始灰化直至完全变白。显然,头发颜色的这种改变有违人们审美的需求。

有文献记载,早在 2000 多年前中国人已开始使用天然染发剂,试图将白发染成黑发。中国最早的药用染发剂是西晋时张华著《博物志》中所记载的"胡粉石灰方"。胡粉主要成分是碱式碳酸铅,石灰为氧化钙、水和后生成的氢氧化钙。中国古代染发剂,根据其配方成分的来源可分为四大类:动物成分染发剂、植物成分染发剂、矿物成分染发剂和混合成分染发剂。动物染发药有黑熊脂、蝌蚪等,植物染发药有何首乌、没食子、五倍子等,矿物染发药有胡粉、石灰等。而古代埃及人、波斯人、希腊人、罗马人、印度人也在尝试各种染色方法和染色剂。现今仍在使用的指甲花染发方法实际上早在 4000 年前埃及人就开始应用。1856 年,英国人 Perkin 首先发现并合成苯胺紫染料,标志着现代染发剂的发端,为进一步合成苯胺系染料和氧化原料奠定了基础。1883 年,法国巴黎梦内特公司首创对苯二胺类氧化染发剂,由此奠定了氧化染发剂的技术基础。1925 年后,法国欧莱雅公司相继推出了各种颜色的氧化染发剂。合成染发剂的发现和利用有了较大的发展。各种剂型的染发剂,如染发霜、染发香波、染发摩丝相继问世,使染发化妆

品花色日趋完善。欧美人多属白种人,习惯先将头发漂浅或漂白,然后随意将头发染成金色、黄色、亚麻色、红棕色、紫罗兰色等。随着我国改革开放和人民生活水平的提高,受欧美国际流行发色的影响,国人也从以往以发黑为美的审美需求,逐步过渡到彩色染发剂染发,中国的染发化妆品市场也因此大放异彩。

20 世纪 90 年代以来,中国染发剂生产呈现高速发展的态势,染发化妆品已成为发用类化妆品中发展最快的品种。据市场调查显示,当今我国美发市场以染发剂和摩丝为主流,共占据 84.27% 的市场份额,染发剂比摩丝高出 21.03% 。数据表明,染发产品在美发领域的中坚地位已经形成,而且具有色彩染发功能的产品正随着人们消费观念的转变而越来越受到青睐。目前,中国的染发产品消费群有两大类:一类是以中老年人为主的银发消费群,他们使用不同品牌的黑色染发剂,将白发、花白发染成黑色,旨在能显得年轻,获得传统美,美发行业称为传统染发,该类消费人群有 5000 万 ~ 6000 万人;另一类是以青少年为主的黑发消费群,他们使用不同的染发剂,将传统的黑发染成咖啡色、棕色、酒红色、紫红色、金色等国际流行色彩,旨在突破传统,获得时尚美。业内专家认为中国的传统染发群与时尚染发群大有并驾齐驱之势。

二、染发化妆品的种类及相应的作用原理

根据染色处理后头发颜色保持时间的长短,染发剂一般分为暂时性染发剂、半永久性染发剂和永久性染发剂。按其来源,又可分为合成染发剂、天然植物染发剂、矿物染发剂或金属染发剂等。我国市售染发剂以永久性染发剂为主。

1. 暂时性染发剂

顾名思义,暂时性染发剂(temporary hair colorants)与头发纤维以很弱的作用使头发着色。实际上,只需用洗发水洗涤一次就可除去头发上的暂时性染发剂。暂时性染发剂染料一般为水溶性酸性染剂,它与阳离子表面活性剂络合生成细小的分散颗粒;这些颗粒较大,不能透过毛小皮进入头发皮质,其结果这些染料络合物沉积在头发的表面上形成着色覆盖层。

暂时性染发剂常用的染料包括酸性染料、碱性染料、分散染料、无机或有机颜料、色淀、金属颜料等。按照化学物质分类,它们主要分属于偶氮、蒽醌、三苯基甲烷、吩嗪、苯醌亚胺类染料等。

2. 半永久性染发剂

半永久性染发剂(semi – permanent hair colorants),一般是指能耐 6 ~ 12 次洗发水洗涤(有的制造商定为 4 ~ 6 次洗涤)才褪色,并且不需要过氧化氢作为显色氧化剂的染发剂。将半永久性染发剂涂于头发上,停留 20 ~ 30min 后,用水冲洗,即可使头发染色。其作用机理是相对分子质量较小的染料分子渗透进入头发毛小皮,部分进入皮质,因而这种染色剂比暂时性染发剂更耐洗发水洗涤。半永久性染发剂可覆盖较大面积的灰发(可达 50%)。国外流行一些不同色调的半永久性染发剂,如由深金黄色至中等棕色。这类染发剂对头发基本没有损伤。

半永久性染发剂所用的染料包括硝基苯二胺、硝基氨基苯酚、氨基蒽醌、萘醌、偶氮、碱性染料和金属化染料等各种染料,很多情况下是复配使用的。由于这类染料分子结构相似,能确保

每种色调对头发亲和力相近,使染发和洗涤过程的色调不会因各种染料亲和力的不同而引起变化,易于配成各种色调,且它们与头发配伍性好,不会严重影响头发的天然光泽,与皮肤和纤维的亲和力较差,不会沾污毛巾和衣物,还有良好的耐光性。选用符合有关化妆品法规的这类染料,不会对人体有任何毒害作用,可放心使用。

3. 永久性染发剂

永久性染发剂(permanent hair dyes)与上述两类染发剂不同,它不含有一般所说的染料,而是含有染料中间体和偶合剂或改性剂。主要染料中间体化合物包括对苯二胺、对氨基苯酚、邻苯二胺、邻氨基苯酚、对二羟基苯或邻二羟基苯等。偶合剂是一类间位有氨基或羟基取代的芳香化合物。染发时,这些中间体和偶合剂首先渗透进入头发的皮质和髓质;在氧化剂,如过氧化氢作用下染料中间体发生氧化反应,再与偶合剂偶联,缩合形成有色的靛胺这类较大的染料分子。该染料分子被封闭在头发纤维内。由于染料中间体和偶合剂的种类不同、含量比例的差别,故产生色调不同的反应产物,各种色调产物组合成不同的色调,使头发染上不同的颜色。由于染料大分子是在头发纤维内通过中间体和偶合剂小分子反应生成,因此,在洗涤时,形成的染料大分子不容易通过头发纤维的孔径被冲洗除去,从而使头发的色调有较长的持久性。永久性染发剂不是绝对持久的,头发以每月约 12mm 的速度生长,尽管被染部分发丝色调不会变化很快,但新长出来的发丝仍然是白发,其永久性只能说明被染部分发丝色调的保持相对持久。

使用方便是永久性染发剂的优点,其缺点是多数使用苯胺类作为染料中间体,其刺激性和毒性在化妆品原料中属较高的。尽管无充分证据证明使用永久性染发剂对人体有伤害作用,但动物试验提示其存在潜在毒性。

三、染发化妆品的评价方法

染发剂的来源很多,既有合成化学品,也有天然植物及其提取物,金属无机盐等。尽管各种染发剂的生色机理不同,但从使用性上都须满足色调易实现且能够满足人们的审美要求,色调具一定稳定性。染色剂不应对头发产生严重的损伤,不应对人体有伤害作用。

1. 染发剂的安全性和染发效果评价

永久性染发剂使用氧化型中间体,例如对苯二胺,经体外和活体试验证实为强的过敏原。有报道称,使用该类染发剂染发,发生头皮发痒、面部发疹以及头皮外围耳边有分散性皮炎等过敏症反应症状。有关半永久性染发剂引发的过敏性反应的报道相对很少。动物实验发现,醋酸铅会诱发大鼠和小鼠的肾癌,然而成人使用含铅染发剂并未发生急性中毒。动物实验研究染发剂的亚慢性和慢性毒性,发现多数半永久性染发剂的染料长期毒性很低,如 2 - 硝基对苯二胺高剂量会引起腺瘤,而中等或低剂量是安全的;4 - 硝基邻苯二胺没有致癌作用。2,4 - 甲苯二胺在动物实验中,显示出诱发肝癌的作用,现已不允许在染发剂中使用。从已有的有关染发剂安全性的资料来看,一些苯二胺类的化合物,如对苯二胺会对皮肤产生致敏作用;染料的组分在染发后会经皮肤渗透,被皮肤吸收,但吸收量较低;一些染料经动物口服表现出致癌作用;一些染料也表现出致突变作用。尽管染发剂染料的毒理学性质还有待进一步从组织水平上加以研究，但大量染发剂临床应用试验和统计资料表明，现今允许使用的染发剂染料是安全的，至少在大量人群使用安全性的统计中，未发现因使用法定染发剂染料的制品而产生致癌作用。

有关染发剂的安全性和染发效果的评价方法，我国学者刘玮就此提出了染发化妆品功效评价标准。染发剂的安全性和染发效果评价方法请参见附录6。

2. Lab 色度系统简介

在上述染发化妆品的功效评价标准中，受试者对于染发效果的评价，即头发色调采用的是肉眼观察的办法。由于日常所见头发色调与头发的干湿状态、头发表面毛鳞片的平整程度、头发纤维内部黑色素与假性黑色素之比等多种因素相关，因此，美发师的经验，对于染发效果起决定性作用。但在染发化妆品上市之前，可以采用 Lab 色度系统，对染色剂处理样本发样的结果作详细的分析，取得对染发化妆品应用较为合理的指导意见。

国际照明委员会（CIE）规定的色度系统，即 Lab 色度系统，将颜色，更确切是色调分解为 L、a、b 三维直角坐标系统的坐标值。其中 L 为亮度，值越大，颜色越偏向白色，反之，偏向黑色。a 为红、绿色品，$+a$ 为红色方向，$-a$ 为绿色方向。b 为黄、蓝色品，$+b$ 为黄色方向，$-b$ 为蓝色方向。

规定 $C_{ab}=(a^2+b^2)^{1/2}$，$h_{ab}=\arctan(b/a)$。C 为饱和度，用以表示物体表面颜色的浓淡。h 为色调角，表示彩色彼此相分的特性。

图 7-16 示例，一目标物光照后显示的色调被解析，组值（$L^* a^* b^* C^* h$）定量客观地反映了

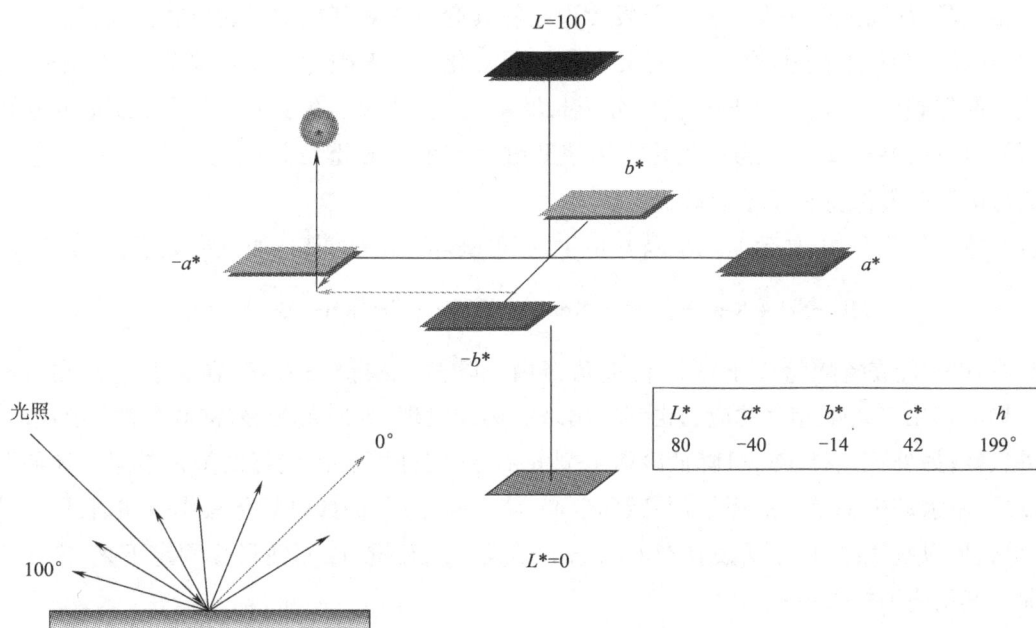

L^*	a^*	b^*	c^*	h
80	-40	-14	42	199°

图 7-16　色调解析示例

目标物的色调。

第五节 化学卷发化妆品性能评价

烫发,可以改变天然头发的发型(直发或卷曲)而满足人们的审美需求。作为一种重要的化妆艺术,烫发的历史可以追溯到古代埃及。根据文献资料记载,约公元前3000年,埃及妇女将湿泥涂于头发上,经太阳晒干后作人工卷曲。这种加热头发使其发生物理变形,从而实现发型改变的方法是热烫发方法。20世纪早期,电烫发方法也属于热烫发方法。此方法工序烦琐,对头发有损伤,使发质变脆,暗淡无光泽。1941年,McDonough提出了以巯基甘油和巯基乙酸为原料的冷烫剂的专利,标志着化学烫发方法的问世。与热烫相对应,化学烫发方法可以在相对较低或室温下进行,因而又称为冷烫。

烫发剂在发用产品中占有重要地位,尤其在美发店专用产品中。美国烫发剂产品自1987年以来销售额一直稳定在2亿美元。20世纪末,日本烫发液的年销售额达到180亿日元,其中以发廊专用品为主(占80%~85%)。

本节主要围绕化学卷发化妆品展开讨论。

一、卷发形成的原理

如前所述,头发主要是由角蛋白构成;沿头发主轴,纵向排列的角蛋白分子长链间存在着五种相互作用:离子键(或盐键)、氢键、二硫键、范德华力、肽键。这几种相互作用使得角蛋白分子间互相交联,从而赋予头发弹性。头发无论是使其弯曲或对其拉伸,只要加力不超过界限值,在应力消除后,会马上恢复原状。这些相互作用可被化学试剂破坏。化学烫发,即采用还原剂,即冷烫1剂先破坏二硫键,打开角蛋白分子长肽链,使其暂时丧失弹性;然后在设定的新位置上,应用氧化剂(冷烫2剂),通过氧化作用使肽链之间的二硫键在新的位置上形成,这些新形成的二硫键使头发保持新设定的形状。

含有巯基的化合物,如巯基乙酸及其衍生物,可破坏二硫键,其还原反应如下:

$$2R—SH + Ker—S—S—Ker \longrightarrow 2Ker—SH + R—S—S—R$$

其中,RS^-代表硫醇盐离子;Ker代表角蛋白。随着二硫键被破坏,在头发上存在游离的$KerS^-$基团,而由二硫键储存的应力也释放出来。实践发现,当冷烫剂破坏30%的二硫键时,卷发效果较好;另外,适当加热,可降低冷烫1剂的用量,同样可获得较好的烫发效果。还原阶段完成以后,用水冲去头发上的还原剂、碱和溶剂,使用氧化剂,例如过氧化氢作中和剂,使二硫键形成,重新形成胱氨酸,由于头发在形变状态下形成了二硫键,因而使形变固定下来,产生永久性卷曲。其反应通式如下:

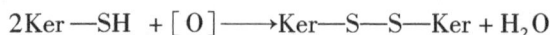

$$2Ker—SH + [O] \longrightarrow Ker—S—S—Ker + H_2O$$

以上有关化学烫发机理是行业基本接受的二硫键理论。通过对头发细微结构的研究发现，头发中的角蛋白有结晶区和非结晶区的分别。结晶区沿着头发的纵向排列，形成微细的纤维构造。非结晶区为随机螺旋构造，包埋在纵向的纤维构造中，起着固定的作用。头发在受化学冷烫剂的处理过程中，会发生非常复杂的变化，远不止二硫键的破坏和重建。在烫发过程中，头发不仅发生应力松弛，还会出现径向溶胀和纵向收缩的现象。实际上，烫发过程受到许多因素的影响。例如，冷烫剂的 pH 值、温度、冷烫剂对头发的渗透速度等。

二、烫发剂卷发效果的测定方法

使用无任何美发史（包括化学或物理方法处理）的头发，将其缠绕在专用器具上，模拟美发师化学冷烫方法处理头发，测定烫发剂的卷曲效果。

1. Kirby 法

Kirby 法由 D. H. Kirby 在 1956 年提出，后为日本田村健夫、宫本靖史改进，目前已广泛用于测定头发的卷曲效果。Kirby 法应用测定器具如图 7 – 17 所示，包含 1 个 14 孔塑料板和 14 根棒。将 14 根棒插入孔中。将预先清洗过的发束（20 根一束，长 15～20cm）发根端用橡皮筋固定在器具一端，将发束交错绕过 14 根棒，末端以橡皮筋固定在器具另一端，将多余头发切除。

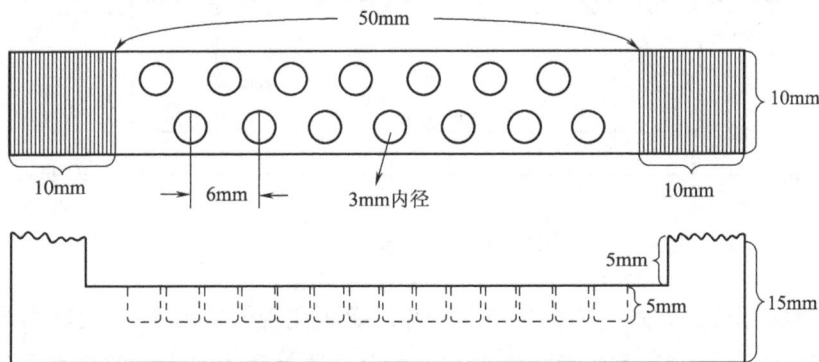

图 7 – 17　Kirby 法器具图

将缠绕发束的器具浸入冷烫 1 剂溶液中。在一定温度下，放置一定时间后，将器具取出，用温水（40℃）洗涤发束 1min，除去发束上冷烫 1 剂。在同样温度下，将发束浸入冷烫 2 剂溶液，放置一定时间再取出，用同样方法水洗除去冷烫 2 剂。最后将发束小心地自器具上取下，放置在玻璃板上，测量头发卷曲峰高，按公式计算卷发效果。

$$卷发效果（\%）= 100 - \frac{100(B - A)}{C - A}$$

式中：A——器具上第 1 根棒与第 6 根棒间距离；

　　　B——卷曲头发的 5 个峰的高度；

C——用一根无伸缩性的线以与绕发束同样的方式绕在器具上,其在绕线第 1 根棒和第 6 根棒接触点间的直线距离。

2. 螺旋棒法

螺旋棒法采用如图 7 - 18 所示的螺旋棒。将预先清洗过发束(50 根头发一束,长度为 20 ~ 25cm)的发根部固定于棒的一端,末端吊 4 ~ 6g 的重物。慢慢旋转螺旋棒使发束在一定的张力下,缠绕在螺旋棒的槽沟中。卷绕至终点后,固定末端发束。将卷绕发束的螺旋棒放在水平架台上,3 ~ 5min 后滴涂冷烫 1 剂,再将螺旋棒放入试管中;用棉花封塞管口后,置于恒温槽中。一定时间后,取出螺旋棒,复置于水平架台上;用温水洗涤发束后,滴涂冷烫 2 剂。在设定温度下,放置一定时间后,将发束从棒上取下。温水洗涤 3min 后用干毛巾拭去发束的水分。除去第一波峰,测量发束两侧第二波峰至最后一波峰的距离及其间波数,计算平均波长并按公式计算出卷发效果。

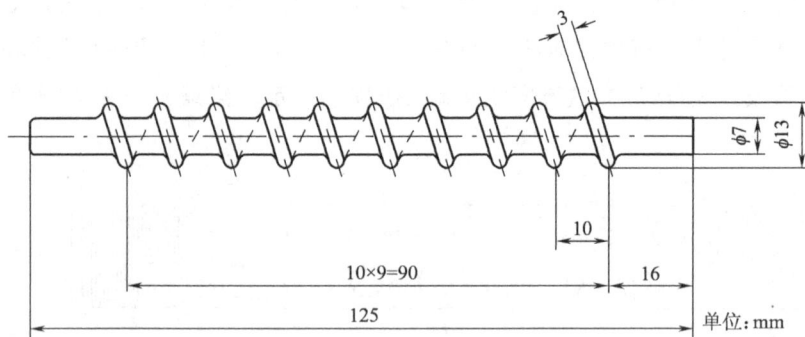

图 7 - 18　螺旋棒法器具图

此法更接近实际烫发方式。因为是与螺旋棒的螺距比较得到结果,由此所得出的卷发效果更易为美发师所理解。实际上,头发美发史、头发部位、所处环境对卷发效果都会产生影响。以上方法对于冷烫剂开发具有指导性意义,具体冷烫剂用量、冷烫方式等还是取决于美发师的经验。

第六节　育发化妆品性能评价方法

头发作为人身体重要的附属器官,可以赋予人良好的精神面貌,辅助人们的社交。然而颇令现代人感到尴尬的是,由于工作节奏加快,高脂高糖类营养成分摄入过多、环境污染等原因,许多人过早谢顶,出现斑秃或全秃。20 世纪 80 年代,一种以育发为目的的化妆品"章光 101 毛发再生精"迅速在国内走红,并成功销往日本,这足以说明育发化妆品具有很强的市场需求。

育发化妆品可温和地改善头部毛发的生长环境,对于由于遗传、内分泌失调、感染、药物毒副作用、环境污染等因素导致出现大量脱发，即病理性脱发不在育发化妆品的干预范围。

一、毛发的生长与调节

如前所述，人头发从生长到脱落，到再生长，取决于所在部位毛囊处于生理周期的哪一阶段，毛囊周期性重复的非同步、镶嵌式模式使得人头部毛发在外观上均匀分布。毛囊的生长期、退行期、休止期受许多因素的影响，即遗传、营养状况、激素水平都对毛发生长产生调控作用。

脑垂体分泌生长激素、褪黑激素和促肾上腺皮质激素会对人毛发生长产生影响。临床试验证明，人生长素（HGH）促进头发新生，褪黑激素在冬季促进毛发生长而在夏季抑制毛发生长，女性妊娠期间发生多毛症与期间促肾上腺皮质激素分泌过多有关。甲状腺功能低下时，头发直径减小，发量也相应减少。雌激素对毛发生长起正向刺激作用。女性产后 4～6 个月出现脱发现象，与产后雌激素水平迅速降低有关。而一些青年男性出现头顶头发脱落，与其体内雄激素分泌水平较高相关。

毛囊及其周围组织会分泌一些特异性的可溶性生长因子，从而对毛囊的生长发育及生长周期产生影响。成纤维细胞生长因子家族中角质形成细胞生长因子、胰岛素样生长因子 -1 及神经内分泌肽可促进毛囊生长发育和调节毛囊生长周期。胰岛素样生长因子通过与细胞膜表面的高亲和力受体结合发挥作用，促进毛囊的上皮和真皮成分的增殖。体外实验表明，肝细胞生长因子对毛囊的生长有很强的促进作用。血管内皮细胞生长因子对血管内皮细胞和角质形成细胞具有很强的促分裂作用。血小板源性生长因子能刺激毛囊上皮和真皮细胞的生长。表皮生长因子在体外能促进异源性毛囊真皮源性细胞的增殖。同样，也存在抑制毛发生长的细胞因子。对头发生长周期进行严格控制，可确保头发处于正常的生长周期。例如，在真表皮连接处分布着两种分型的成纤维细胞生长因子，即碱性和酸性成纤细胞生长因子。动物实验证明，碱性成纤维细胞生长因子可能诱导毛乳头细胞和真皮鞘成纤细胞的增生，从而抑制毛囊生长发育。而表皮生长因子可抑制毛囊生长速度；在毛囊发育的早期阶段，表皮生长因子可完全抑制毛囊的形成，但该抑制作用是可逆的，且具有阶段特异性。其他还存在一些双向调节细胞因子，对毛囊细胞的生长具有双向调节作用。

与炎性相关的白介素包括多种白介素分子，对毛囊的生长期起一定的调控作用。毛囊培养和转基因鼠的研究表明，白介素 -1 通过影响毛乳头的细胞外基质和细胞内的 cAMP 水平对毛囊和毛发纤维的生长产生抑制作用，使毛乳头收缩变形，毛母质细胞出现空泡，毛球部和内根鞘异常角化以及毛乳头细胞内出现黑色素颗粒等。

毛母质、毛根鞘、毛囊上皮、毛乳头等位置存在与毛发生长的相关受体。毛球或真皮乳头细胞是受体分布最集中的部位。受体通过与各种细胞因子结合而调控毛发的生长。与毛发生长相关的还有一些生物合成酶。例如，毛囊和皮脂腺中存在雄激素合成酶，促进雄激素的合成。而在毛根鞘处存在一种芳香族细胞色素 P-450 酶，可将雄激素 4-雄烯二酮和睾酮分别转化为雌酮和雌二醇，以平衡人体组织中的雄激素水平。女性头皮毛囊组织中细胞色素 P-450 酶水平明显高于男性,由此可解释女性雄激素源性脱发明显少于男性的现象。

二、常见育发化妆品的活性成分及其作用机理

正常人生理性脱发平均每天 50～100 根。一些病理性脱发,例如由于应用细胞毒药物出现伴发脱发症状,由金黄色葡萄球菌、梅毒等医学致病微生物感染致毛囊损坏导致的感染性脱发,与遗传因素相关的先天性脱发,精神过度紧张可能引发的骤然发生的斑秃,严重的雄激素源性脱发等,其头发脱落数量远远超过生理性脱发,并可见头发稀疏,需要到医院就诊治疗。

我国古代人们就对头发的外在表现很关注,并对头发的滋养生长具有一定的理论认识。我国医学认为,肝血与肾气充足者发长而美,虚者发不长。如因房劳太过,或因七情过激,或因大病、久病,以致肝肾虚亏、阴血不足,或因风、寒、湿、燥、痰、瘀、虫诸邪郁结发根,阻塞气血,发根枯败等因素,均可致头发无光泽、不生长以及脱落。因此,中医常用桑叶、生姜、侧柏叶、当归、硫黄、苦参、何首乌、人参等制成外用药,以祛风、止痒、除湿、杀虫、祛瘀、润发补虚与洁发除垢等辨证施治,达到治疗脱发或养发的目的。

现代育发化妆品从改善血液循环、促进毛囊生长、抑制微生物生长、消除炎症、抑制皮脂分泌、抑制雄性激素分泌或抑制雄激素受体与雄激素的结合、提供头发生长养分等方面入手,选择一些生物碱、有机酸、黄酮类、萜类物质和头发营养物质等作为有效成分,扩张皮下血管、促进血液循环、补充头发营养、激活毛囊细胞、调节激素水平、减少油脂、缓和皮肤紧张度、去除头皮屑、抗炎等,以达到助头发生长和防脱发的目的。

1. 头发营养与毛囊激活成分

头发主要由蛋白质组成,所以头发的营养成分多为蛋白类、氨基酸、糖类及多肽类。育发化妆品常含有糖蛋白类、粘连蛋白、弹性蛋白、角蛋白、亮氨酸、丝氨酸、透明质酸、硫酸软骨素、人参皂苷、芦荟宁、甲壳素、银杏黄酮、米糠多糖、维生素 B 类、水解胶原、蜂胶等。

2. 改善头部皮肤微循环与刺激毛囊

例如,银杏黄素、银杏二聚黄酮(磷脂复合物)、毛喉帖、麦角甾醇、α - 亚麻酸、赤霉酸、褪黑激素、毛果芸香碱、辣椒素、樟脑、大黄提取物、β - 萘酚、香茅醇、松节油、烟酸酯及其盐类、普鲁香脂、银杏、甘草、当归、川芎、人参、紫苏、蜂乳、何首乌、玫瑰花、樟柳碱、苏铁、扁柏、紫杉、丹参、延胡索、黄檀木、葛根、红葱、前胡、油橄榄、全蝎、蜈蚣、远志、大蒜、生姜等均属此类。

3. 皮脂分泌调节与抑制

例如,芥酸、月见草素 B、菝葜、雏菊、姜黄、大枣、细辛、薏仁、甜叶菊、蜂王浆、龙胆、啤酒花、赤豆、香茶属植物、山金车花、山楂干、川芎、茯苓、大豆、鸡纳树、间荆、山杏、肉桂皮、灵芝、丁香、苦橙皮、小花柳叶菜、棉子、红豆杉、葡萄皮、迷迭香、辣薄荷、小连翘、麝香草、柿蒂、一些真菌类植物等均属此类。

4. 抗炎作用

例如,甘草酸、甘草次酸、日柏酚、升麻、丹参、辛夷、金银花、黄连、大黄、黄芩、冬虫夏草、天

麻、槐花、蔓荆子、密蒙花、啤酒花、桑枝、桑叶、连翘、蜂房、菝葜、茵陈、土茯苓等均属此类。

5. 抑制病原微生物

例如，季铵盐、β-萘酚、水杨酸、感光素、间苯二酚、水杨酸苯酯、植物焦油、桃金娘、何首乌、大黄、蒲公英、射干、大蒜、野菊花、硫黄、金银花、四季青、细辛、升麻、艾叶等均属此类。

总体而言，育发化妆品作用较温和，其功效性并不总能令人满意。相信随着借助细胞生物学、分子生物学的方法与知识及对脱发病因的深入研究，具有更强生发活性的成分会补充到育发化妆品原料中来。

三、育发化妆品功效评价方法

育发化妆品，是以养发和防脱发为主要功效的化妆品，包括洗发香波、护发素等制成品，为多种成分复合而成；既有改善头皮毛细血管血液循环的成分，又有消除炎症、抑制皮脂和雄激素分泌、滋养头发等成分。育发化妆品功效的评价，以人体实用试验结果为最终评价基础。而在育发成分筛选和育发化妆品开发阶段，多采用一些体外试验方法。下面将分述之。

1. 人体实用试验评价方法

育发化妆品，对消费者而言，是经使用后头发数量的保持与增多。从定量评价出发，育发化妆品评价方法应涵盖头发的生长速度、头发数量、头发直径、脱发比例等指标。头发脱落的原因比较复杂，许多脱发疾病的发病原因和发病机理尚不是十分清楚。头发的生理性脱发也与季节有关，以每年11月为甚。《皮肤科学与化妆品　功效评价》一书中给出育发化妆品人体实用试验评价方法较为规范全面，详见附录7。

2. 体外试验评价方法

对于育发化妆品的功效评价，体外试验评价方法常作为先导方法或作用机理分析应用，同时这类方法也常应用于育发活性成分的筛选。与人体实用试验评价方法相比较，具有试验总成本低，试验条件可控，结果阐述清晰的优点，是后者的重要补充。

育发化妆品体外评价试验方法包含组织细胞培养和整体动物试验两个层次。

（1）毛囊相关联细胞增殖试验。例如，建立不混有纤维细胞的外毛根鞘细胞培养体系，采用MTT法测定细胞增殖。当以雄性激素或其他待筛选育发活性成分处理外毛根鞘细胞，与已知的阳性药物以及空白细胞增殖试验结果相比较，即可获得合理的结论。进一步分析其他毛囊相关联细胞，如毛乳头细胞和毛母细胞的增殖试验结果，可总体研究育发剂促进毛发生长的机理。

（2）毛囊器官培养。例如，将含有毛囊的小鼠皮肤在无血清培养基中培养96h，观察毛囊形态的变化、毛囊伸长度以及DNA合成水平。此方法可快速筛选育发活性成分和筛查抑制毛发生长因子。但由于人体确定育发效果至少需3～6个月，因此此方法结果仅对育发化妆品功效评价具有参考意义。

（3）细胞游走能试验。采用Stenn法检测细胞游走能。细胞的活动度对组织和细胞有很大变化的头发生长循环有重要影响;提高细胞活动度的物质,意味着可以作为促进头发由休止期向生长期转化的育发活性成分。

(4)育毛试验。作为人体实用试验的替代试验,选用 C3H 小鼠或白兔,研究育发剂的毛发生长促进作用,可获得休止期毛囊的活化、生长期的延长和抑制脱发、毛发生长速度提高等方面的认识。

(5)血流促进效果试验。采用激光多普勒血流测定装置,用双通道型血流计同时测定对照部位和式样部位以确定被测物质对皮肤血流的促进作用,研究育发活性成分的作用机理。

第七节　抗头皮屑化妆品性能评价

一、头皮屑及其成因

头皮屑是指头部出现的肉眼可见的鳞屑颗粒,因头皮功能失调引起,与头发本身无直接关系。一般认为,头皮屑与非炎症性生理现象,如干性皮脂溢、干糠疹或头皮脂溢有关,与牛皮癣、特应性皮炎引起的较大片死皮脱落不同。头皮屑大量存在,会给人们带来社交上的尴尬。如不加以处理,不卫生的头皮也会发红、发痒,手的抓挠会导致头皮发炎。头皮屑的成因尚未被完全了解,有人提出,对头皮屑的生成可能起作用的因素包括激素、代谢缺陷、饮食、神经系统紧张、药物和化妆品引起的炎症等。目前较普遍的看法认为,卵型皮层芽孢菌是头皮屑共同的菌群,它是造成头皮屑产生的原因之一。头皮菌感染时,表皮更新速度增加,角质层比正常时薄。角质细胞向表皮转移加快,角化不完全,角质层黏着力降低,从而产生碎片状头皮屑。头皮屑与年龄有关,青春期前很少有头皮屑,一般从青春期开始, 20 多岁时达到最高峰,中年和老年时下降。头皮屑冬天较多,夏天较少。另外男女没有很大的差别。

抗头皮屑洗发水在洗发水市场占有很大的份额。早期洗发水中添加具有抑菌作用的煤焦油制剂和酚类衍生物作为抗头皮屑的功效成分。然而其作用有限,并且出于安全性考虑,这类制剂现在已被弃用。目前广泛使用吡啶硫酮锌(ZPT)作为抑菌成分,一些高档洗发水会添加效果更佳的八棱辉石(octopyrox)。抗头皮屑洗发水还会添加以角质溶解为主的水杨酸、硫化物,同时具有抗菌力和抗氧化能力的 TCC + 醋酸维生素 E 等。

二、抗头皮屑效果的测定方法

1. 人体实用试验评价法

在一些抗头皮屑洗发水电视广告中,常常可以看到美发师将同一受试者的头皮分成左右两半,一半施以无抗屑成分的洗发水,而另一半施以被测抗头皮屑洗发水。肉眼观察比较头皮屑的产生量,从而获得对洗发水去屑功效的评价。这种方法称为半头法。由于是自体对照,受试者两半头发生理基础一致,因此结果较为可观可信,也易于为消费者接受。然而,由于需要在他人的协助下方能完成洗发过程,并且给受试者日常生活带来不便,因此较为广泛采用的人体实用试验评价法是小组试验法。以下详述之。

首先选择年龄在 18~50 岁,头部皮肤无牛皮癣、特应性皮炎等临床诊断明确的疾病者作为受试者。男女不限。告知试验计划流程和要求后,受试者须自愿配合完成整个观察过程。

将受试者随机分为两组,两组年龄应无统计学差异。按双盲法确定一组为对照组,另一组为受试组。两组均统一使用无抗头皮屑功效成分的洗发水一个月,作为试验准备,之后进入为期 4 个月的试验期。在试验前期和试验期,受试者使用的其他发用化妆品均不得具有抗头皮屑的功效。试验期间,受试者使用所提供的洗发水洗发。试验期每月的第 4 周作为头皮屑采集周,头皮屑采集从周二至周五共 4 天。头皮屑采集周受试者须每天洗发一次,洗发须在指定的地点在方布上进行,洗发时不得以毛巾用力擦拭头发。非采集周洗发频次、地点随意自定。

试验者收集洗发后方布,干燥后采集头皮屑。测定氮总量并换算为蛋白质量,以此为头皮屑量。将每月采集 4 次的头皮屑量的平均值作为该月每一日的头皮屑量。比较对照组与受试组的头皮屑量,进行统计学分析,即可获知被评洗发水抗头皮屑的功效。

小组试验评价法,较之半头发,避免了人为观察带来的主观误差,是抗头皮屑功效的最终效果评价方法。

2. 其他方法

小组试验评价法需要受试者数量较大。在对抗头皮屑功效成分筛选或对抗屑机理进行分析时,有时会采用其他方法。例如,研究发现头皮屑产生量与头皮屑中有核细胞数呈正相关,相关系数达到 0.77。因此头皮屑中有核细胞数可作为头皮屑量的代用特性值。测定头皮屑中有核细胞数,可用光学显微镜进行观察计数。又例如,采用丹磺酰氯在头皮上涂抹,其后 20 天逐日观察丹磺酰氯在头皮的残存情况,以丹磺酰氯消失所需日数作为头皮增生日数。由于头皮屑产生由头皮表皮增生亢进引起,可以预见头皮屑产生较多者其头皮增生日数必少于头皮屑产生较少者。

思考题

1. 头发的物理性能测定通常包含哪几项指标?

2. 有哪些原因可能造成头发损伤?

3. 在采用人体实用试验法评价发用类化妆品功效时,如何确保结果的可靠性?请举例说明。

4. 育发化妆品体外评价试验方法包含组织细胞培养和整体动物试验两个层次,其各具什么特点?请予以比较。

参 考 文 献

[1] Clarence R R. Chemical and Physical Behavior of Human Hair[M]. 4th ed. New York: Springer, 2002.

[2]裘炳毅. 化妆品化学与工艺技术大全[M]. 北京:中国轻工业出版社,1997.

[3]光井武夫. 新化妆品学[M]. 张宝旭,译. 北京:中国轻工业出版社,1996.

[4]刘玮,张怀亮. 皮肤科学与化妆品功效评价[M]. 北京:化学工业出版社,2005.

[5]毛培坤. 化妆品功能性评价和分析方法[M]. 北京:中国轻工业出版社,1998.

[6]李玲,苏瑾,李竹,等. 采用 Lab 色度系统评价某种美白化妆品的美白功效[J]. 环境与职业医学,2003,20(1):28 - 30.

第八章 国内外主要化妆品监管模式和法规简介

化妆品作为与人体健康密切相关的产品,其安全性和功效性受到消费者、生产企业和政府监管部门的重视。为此,各个国家或地区都制定了各自的化妆品管理法规和标准,并由相应的政府部门负责实施。尽管监管模式不尽相同,但主要目的都是为了保证产品质量和安全,保护消费者的健康,规范化妆品的生产和经营行为,促进化妆品行业的持续健康发展。

美国、欧盟和日本是全球三大化妆品生产和消费的国家或地区,以下将简要介绍它们以及我国的化妆品监管模式和法规。

第一节 我国的化妆品监管模式和法规

基于化妆品的产品成分及其使用特性,为确保其质量和安全性,我国政府管理化妆品行业的基本原则是强制性管理,采用的监管模式是多部门联合监管,它涵盖了化妆品的生产、流通和销售等各个环节。

一、监管部门及其职能

目前,我国化妆品行业的主要监管部门有国家质量监督检验检疫总局、国家食品药品监督管理局和国家工商行政管理总局等,各部门分别依据国务院赋予的职能和国家有关法律法规实施对化妆品行业的监管。

1. 国家质量监督检验检疫总局

国家质量监督检验检疫总局(以下简称质检总局)负责化妆品生产许可证的发放和监督管理,制修订化妆品产品质量标准,进出口化妆品标签审批,口岸检验检疫管理,化妆品产品(生产现场)的质量监督抽查管理等相关工作。

2. 国家食品药品监督管理局

2008年,国务院机构改革方案确定化妆品卫生监督管理职责由卫生部划入国家食品药品监督管理局,卫生部负责管理国家食品药品监督管理局。

2008年8月21日,卫生部和国家食品药品监督管理局发布公告,明确从2008年9月1日开始,进口化妆品、国产特殊用途化妆品和化妆品新原料的许可受理工作由国家食品药品监督管理局负责,受理地点为国家食品药品监督管理局行政受理服务中心。

国家食品药品监督管理局有关化妆品监管的主要职责为:制定化妆品安全监督管理的政策、规划并监督实施,参与起草相关法律法规和部门规章草案;负责化妆品卫生许可、卫生监督管理和有关化妆品的审批工作;组织查处化妆品的研制、生产、流通、使用方面的违法行为。具体工作由其内设的食品许可司和食品安全监管司负责。

(1)食品许可司有关化妆品的主要职责为:承担化妆品卫生许可管理工作,拟定化妆品卫生许可的有关规范并监督实施,拟定化妆品卫生标准和技术规范并监督实施,承担化妆品新原料使用、国产特殊用途化妆品生产和化妆品首次进口等的审批工作,承担化妆品检验检测机构的资格认定和监督管理。

(2)食品安全监管司有关化妆品的主要职责为:依法承担有关化妆品安全性的评审工作,承担化妆品的卫生监督管理工作。

3. 国家工商行政管理总局

国家工商行政管理总局负责企业和从事经营活动的单位、个人以及外国(地区)企业常驻代表机构的注册、审批、发证并实行监管;负责商标的注册和管理;依法组织监督化妆品市场竞争行为和交易行为,监督流通领域化妆品质量,查处假冒伪劣等违法行为;依法对化妆品广告进行监督管理,查处违法行为等,从而整顿经济秩序,保护公平竞争,维护经营者、消费者的合法权益。

4. 国家安全生产监督管理部门

国家安全生产监督管理部门主要是对气雾剂化妆品生产进行安全监督管理。气雾剂化妆品类是化妆品的一大类,产品包括摩丝、发胶和彩喷等。气雾剂采用液化石油气(LPG)和二甲乙醚(DME)为推进剂,这两种物质是易燃易爆的气体(液体),给气雾剂化妆品企业的生产带来了极大的安全隐患。为确保气雾剂化妆品生产企业的安全,国家安全生产监督管理部门发布了《易燃气雾剂企业安全管理规定》和《易燃气雾剂企业安全管理规定实施细则》。

二、行业协会

中国香料香精化妆品工业协会(简称中国香化协会,英文名称为 China Association of Fragrance Flavour and Cosmetic Industries)成立于 1984 年 8 月 21 日,是经国家民政部批准,具有社会团体法人资格的国家一级工业协会,现有会员单位 700 余家。协会的宗旨是:遵守法规、代表行业、沟通政府、服务企业、维权自律、促进发展。协会拥有十项主要职能,如制定行业的行规行约和管理规范,并组织实施;受政府委托起草行业发展规划,对行业发展进行指导;对行业发展中的问题进行调查研究,向政府部门提出有关行业政策和法规的建议等。协会对促进我国化妆品行业的健康、快速发展发挥着积极和重要的作用。

三、主要的法规和标准

1. 法规

(1)卫生部。

《化妆品卫生监督条例》于 1990 年 1 月 1 日起施行。

《化妆品卫生监督条例实施细则》于 1991 年 3 月 27 日起施行,2005 年 5 月 20 日修订,并于 2005 年 6 月 1 日起施行。

《卫生部化妆品卫生行政许可申报受理规定》于 2006 年 6 月 1 日起实施。

《化妆品卫生行政许可检验规定》(2007 年版)于 2007 年 7 月 1 日起施行。

《化妆品卫生规范》(2007 年版)于 2007 年 7 月 1 日起施行。

《化妆品生产企业卫生规范》(2007 年版)于 2008 年 1 月 1 日起施行。

(2)国家质量监督检验检疫总局。

《化妆品产品生产许可证换(发)证实施细则》于 2001 年 12 月 21 日修订施行。

《进出口化妆品监督检验管理办法》于 2000 年 4 月 1 日起施行。

《化妆品标识管理规定》原定于 2008 年 9 月 1 日起施行,后调整至 2009 年 10 月 1 日起施行。

(3)国家工商行政管理总局。

《化妆品广告管理办法》于 1993 年 10 月 1 日起施行。

《中华人民共和国反不正当竞争法》于 1993 年 12 月 1 日起施行。

(4)其他相关法规。

《易燃气雾剂企业安全管理规定》于 1999 年 6 月 23 日发布施行。

2. 标准

(1)基础标准(综合标准)(4 个)。

GB 5296.3—2008　消费品使用说明 化妆品通用标签

GB/T 18670—2002　化妆品分类

QB/T 1684—2006　化妆品检验规则

QB/T 1685—2006　化妆品产品包装外观要求

(2)方法标准(12 个)。

GB/T 13531.1—2000　化妆品通用检验方法 pH 值的测定

GB/T 13531.3—1995　化妆品通用检验方法 浊度的测定

GB/T 13531.4—1995　化妆品通用检验方法 相对密度的测定

QB/T 2470—2000　化妆品通用试验方法 滴定分析(容量分析)用标准溶液的制备

QB/T 2789—2006　化妆品通用试验方法 色泽三刺激值和色差 ΔE^* 测定

QB/T 1863—1993　染发剂中对苯二胺的测定 气相色谱法

QB/T 1864—1993　电位溶出法测定化妆品中铅

QB/T 2333—1997　防晒化妆品中紫外线吸收剂定量测定 高效液相色谱法

QB/T 2334—1997　化妆品中紫外线吸收剂定性测定 紫外分光光度计法

QB/T 2407—1998　化妆品中 D – 泛醇含量的测定

QB/T 2408—1998　化妆品中维生素 E 的测定

QB/T 2409—1998　化妆品中氨基酸含量的测定

（3）卫生标准系列（11 个）。

GB 7916—1987　化妆品卫生标准

GB 7917.1—1987　化妆品卫生化学标准检验方法 汞

GB 7917.2—1987　化妆品卫生化学标准检验方法 砷

GB 7917.3—1987　化妆品卫生化学标准检验方法 铅

GB 7917.4—1987　化妆品卫生化学标准检验方法 甲醇

GB 7918.1—1987　化妆品微生物标准检验方法 总则

GB 7918.2—1987　化妆品微生物标准检验方法 细菌总数测定

GB 7918.3—1987　化妆品微生物标准检验方法 类大肠菌群

GB 7918.4—1987　化妆品微生物标准检验方法 绿脓杆菌

GB 7918.5—1987　化妆品微生物标准检验方法 金黄色葡萄球菌

GB 7919—1987　化妆品安全性评价程序和方法

（4）化妆品皮肤病诊断标准及处理原则（7 个）。

GB 17149.1—1997　化妆品皮肤病诊断标准及处理原则 总则

GB 17149.2—1997　化妆品接触性皮炎诊断标准及处理原则

GB 17149.3—1997　化妆品痤疮诊断标准及处理原则

GB 17149.4—1997　化妆品毛发损害诊断标准及处理原则

GB 17149.5—1997　化妆品甲损害 诊断标准及处理原则

GB 17149.6—1997　化妆品光感性皮炎诊断标准及处理原则

GB 17149.7—1997　化妆品皮肤色素异常诊断标准及处理原则

（5）产品标准（25 个）。产品标准（行业标准）是化妆品标准体系中数量最多的一类,也是修订最为频繁的一类,现执行的标准主要有：

QB/T 1862—1993　发油

QB/T 2284—1997　发乳

QB/T 2285—1997　头发用冷烫液

QB/T 2286—1997　润肤乳液

QB/T 2287—1997　指甲油

QB 1643—1998　发用摩丝

QB 1644—1998　定型发胶

QB/T 1645—2004　洗面奶（膏）

QB/T 1857—2004　润肤膏霜

QB/T 1858—2004　香水、古龙水

QB/T 1859—2004　香粉、爽身粉、痱子粉

QB/T 1974—2004　洗发液(膏)

QB/T 1975—2004　护发素

QB/T 1976—2004　化妆粉块

QB/T 1977—2004　唇膏

QB/T 1978—2004　染发剂

QB 1994—2004　沐浴剂

QB 2654—2004　洗手液

QB/T 2660—2004　化妆水

QB/T 2744.1—2005　浴盐 第1部分:足浴盐

QB/T 2744.2—2005　浴盐 第2部分:沐浴盐

QB/T 2835—2006　免洗护发素

QB/T 1858.1—2006　花露水

QB/T 2873—2007　发用啫喱(水)

QB/T 2874—2007　护肤啫喱

(6)原料标准(1个)。

QB/T 2488—2006　化妆品用芦荟汁、粉

四、化妆品的市场准入制度

我国政府对化妆品行业的强制性管理着重体现在化妆品产品上市前的申报审批制度上,即持有工商营业执照的化妆品生产企业需先后取得卫生许可证和生产许可证,方可进行生产。此外,进出口化妆品也需审批。

1. 卫生许可证

根据《化妆品卫生监督条例》和《化妆品卫生监督条例实施细则》的规定,化妆品生产企业必须取得"化妆品生产企业卫生许可证",审核依据为《化妆品生产企业卫生规范》(2007年版),有效期四年,每两年复核一次,有效期满前三个月重新申请。未取得许可证的单位,不得从事化妆品的生产。

卫生许可证制度的实施加强了化妆品生产企业的卫生管理,更好地保证了化妆品的卫生质量和消费者的使用安全。

2. 生产许可证

质检总局负责化妆品生产许可证的颁发和监督管理工作,并设立全国工业产品生产许可证办公室(以下简称全国许可证办公室)负责化妆品生产许可证的颁发和监督管理的日常工作。

化妆品生产许可证制度对确保化妆品产品质量、提高企业素质、增加有效供给、制止劣质化妆品冲击市场等方面具有重要作用。

化妆品生产许可证的审批依据是由全国许可证办公室批准的《化妆品产品生产许可证换（发）证实施细则》（以下简称《细则》）及其补充修改部分。《细则》规定：凡在中华人民共和国境内从事化妆品产品生产的所有企业和单位，不论其性质和隶属关系如何，都必须取得生产许可证才具有生产该产品的资格，任何企业和单位不得生产和销售无生产许可证的化妆品。

全国许可证办公室化妆品生产许可证审查部（以下简称审查部）设在中国香化协会，受全国许可证办公室的委托，其职责为：起草《细则》；负责对省（区、市）《细则》的宣贯；负责按比例抽查各省市对化妆品产品生产企业生产条件审查的结果；对弄虚作假、地方保护等问题严重者，报全国许可证办公室予以处理；汇总各省（区、市）对企业生产条件的生产结论和各检验单位对产品质量的检验报告，将经审查符合发证条件的企业名单，报全国许可证办公室；按照全国许可证办公室批准的获证企业及编号填写证书，将生产许可证证书寄送有关省市质量技术监督局；负责收集总结行业质量状况，定期向质检总局和行业主管部门报告；承担全国许可证办公室交办的其他事宜。

各省（区、市）质量技术监督局的职责为：负责对受理企业进行生产许可证实施细则的宣贯；化妆品生产企业的生产许可证申请的受理；组织同级行业主管部门进行企业生产条件审查；监督和无证查处的组织工作；并汇总本省的申请企业的相关资料，将资料（寄）送审查部。

化妆品生产许可证有效期为五年，自证书批准之日算起。获证企业必须在产品的包装或说明书上标明生产许可证标记和编号。在证书有效期内，审查部组织省市质量技术监督部门对获证企业实施监督检查，并对无证企业进行查处。

3. 生产特殊用途化妆品的审批

根据《化妆品卫生监督条例》和《化妆品卫生监督条例实施细则》的规定，生产特殊用途的化妆品，必须取得批准文号后方可生产，批准文号每四年重新审查一次，期满前四至六个月重新申请。特殊用途化妆品是指用于育发、染发、烫发、脱毛、美乳、健美、除臭、祛斑、防晒的化妆品。

对特殊用途化妆品实行审批制仍是现阶段有效的管理方式，对提高产品质量和安全性，保护消费者权益和身体健康，以及净化市场发挥了重要作用。

4. 对进出口化妆品的管理

根据《化妆品卫生监督条例》和《化妆品卫生监督条例实施细则》的规定，首次进口的化妆品，国外厂商或其代理商必须首先取得"进口化妆品卫生许可批件"和批准文号，有效期四年，期满前四至六个月可以申请换发。2004年7月1日，卫生部发布了"关于简化进口非特殊用途化妆品卫生许可程序的通知"（卫监督发〔2004〕217号），自2004年8月1日起，对首次进口的非特殊用途化妆品实行备案管理。取得"批件"（特殊用途）或"卫生备案证"（普通用途）的首次进口化妆品，还须报送当地出入境检验检疫机构进行标签审核及检验，合格后方可销售。

质检总局主管全国进出口化妆品的监督检验管理工作，其设在各地的出入境检验检疫机构负责所辖地区进出口化妆品的监督检验管理工作。根据"关于调整进出口食品、化妆品标签审核制度的公告"（质检总局公告2006年第44号），自2006年4月1日起，将进出口化妆品的标签审核与检验检疫结合进行,不再单独实行预先审核。

五、对化妆品安全性的管理

1. 化妆品原料

化妆品原料是与化妆品安全性相关的一个主要因素,世界各国都对其进行严格管理,是从源头出发对化妆品安全性和稳定性做出的有效保障。我国自 20 世纪 80 年代中期也开始了这方面的管理,目前主要的相关法规标准有:化妆品卫生标准系列、《化妆品卫生监督条例》以及后来颁布实施的《化妆品卫生规范》。

《化妆品卫生监督条例》规定使用化妆品新原料生产化妆品,必须经国务院卫生行政部门(现应调整为国家食品药品监督管理局,下同)批准。化妆品新原料是指在国内首次使用于化妆品生产的天然或人工原料。

《化妆品卫生规范》最早发布于 1999 年,后来修订发行了 2002 年版。随着化妆品安全性评价方法和检验技术的不断提高,为了保持与国际化妆品标准的接轨,加强化妆品的卫生监督管理,2007 年卫生部修订发行了最新的版本《化妆品卫生规范》(2007 年版)(以下简称《规范》),并于 2007 年 7 月 1 日起施行。《规范》的规范性引用文件为:欧盟化妆品规程,76/768/EEC 及其 2005 年 11 月 21 日以前修订的内容(The Cosmetics Directive of the Council European Communities,76/768/EEC,and amendments until 21 November 2005)。《规范》涵盖了 1987 年发布的化妆品卫生标准系列的内容。

(1)《规范》中规定的禁限用物质。《规范》(2007 年版)在 2002 年版的基础上对化妆品原料的规定进行了大幅调整,包括禁用组分、限用物质、限用防腐剂、限用防晒剂、限用着色剂;同时新增加"暂时允许使用的染发剂",并对最大允许使用范围和其他限制要求做出了规定,以便更好地适应化妆品行业的发展趋势。

①禁用组分。增加了 790 种禁用组分,现共有 1286 种。其中,禁用的化学组分现共有 1208 种,增加了 788 种,包括甲醇、酮康唑、甲硝唑以及新增的石油及石油提取物类物质;将过氧化苯甲酰纳入了限用物质;修订了六种物质。禁用的动植物组分共 78 种,增加了关木通、广防己和青木香这三种植物;增加了注解;同时明确了禁用物质包括这些组分的提取物及制品。

②限用物质。规定限用物质 73 种,删除了苯酚及其碱金属盐类;增加了 13 种限用物质;删除了可能作为染发剂的限用物质;醋酸铅不再允许使用,纳入禁用物质。

③限用防腐剂。规定了 56 种防腐剂,增加了甲基异噻唑啉酮。

④限用防晒剂。规定了 28 种防晒剂,增加了二氧化钛、氧化锌、二乙氨基羟苯甲酰基苯甲酸己酯和聚硅氧烷 – 15。

⑤限用着色剂。规定了 156 种着色剂,删除了四种着色剂(C. I. 27290、C. I. 26100、C. I. 20170、C. I. 12150);增加了高粱红、C. I. 77019、C. I. 77718 三种着色剂;增加了 31 种着色剂

质量规格要求,修改了两种着色剂质量规格要求。

⑥暂时允许使用的染发剂。根据2005年卫生部颁发的《染发剂原料名单(试行)》规定,首次写入《化妆品卫生规范》,规定了93种染发剂,删除了间苯二胺、间苯二胺硫酸盐、N-甲氧乙基$-p$-苯二胺盐酸盐三种染发剂。

(2)《规范》中规定的毒理学检测要求。

《规范》规定了化妆品原料及其产品安全性评价的毒理学检测要求,共有16种毒理学试验方法,分别是:

①急性经口毒性试验。

②急性经皮毒性试验。

③皮肤刺激性/腐蚀性试验。

④急性眼刺激性/腐蚀性试验。

⑤皮肤变态反应试验。

⑥皮肤光毒性试验。

⑦鼠伤寒沙门氏菌/回复突变试验。

⑧体外哺乳动物细胞染色体畸变试验。

⑨体外哺乳动物细胞基因突变试验。

⑩哺乳动物骨髓细胞染色体畸变试验。

⑪体内哺乳动物细胞微核试验。

⑫睾丸生殖细胞染色体畸变试验。

⑬亚慢性经口毒性试验。

⑭亚慢性经皮毒性试验。

⑮致畸试验。

⑯慢性毒性/致癌性结合试验。

这些方法均适用于化妆品原料安全性毒理学检测,其中的③~⑩共八种方法也同时适用于化妆品产品安全性毒理学检测。

对于化妆品新原料,一般需进行下列毒理学试验:

①急性经口和急性经皮毒性试验。

②皮肤和急性眼刺激性/腐蚀性试验。

③皮肤变态反应试验。

④皮肤光毒性和光敏感试验(注:原料具有紫外线吸收特性的需做该项试验)。

⑤致突变试验(至少应包括一项基因突变试验和一项染色体畸变试验)。

⑥亚慢性经口和经皮毒性试验。

⑦致畸试验。

⑧慢性毒性/致癌性结合试验。

⑨毒物代谢及动力学试验。

⑩根据原料的特性和用途,还可考虑其他必要的试验。

如果该新原料与已用于化妆品的原料化学结构及特性相似,则可考虑减少某些试验。试验方法④和⑨参照 GB 7919—1987 化妆品安全性评价程序和方法以及 OECD 化学物质试验指南(OECD Guidelines for Testing of Chemicals)。新原料经卫生行政许可后方可使用。

2. 化妆品产品

为了保证化妆品的卫生质量和使用安全,《化妆品卫生监督条例》规定:

(1)直接从事化妆品生产的人员,必须每年进行健康检查,取得健康证后方可从事化妆品的生产活动。凡患有手癣、指甲癣、手部湿疹、发生于手部的银屑病或者鳞屑、渗出性皮肤病以及患有痢疾、伤寒、病毒性肝炎、活动性肺结核等传染病的人员,不得直接从事化妆品的生产活动。

(2)生产企业在化妆品投放市场前,必须按照《化妆品卫生标准》对产品进行卫生质量检验,对质量合格的产品应当附有合格标记。未经检验或者不符合卫生标准的产品不得出厂。

此外,《化妆品卫生监督条例实施细则》规定:特殊用途化妆品投放市场前必须进行产品卫生安全性评价,评价单位由国务院卫生行政部门实施认证;特殊用途化妆品的人体试用或斑贴试验,应当在产品通过初审后,在国务院卫生行政部门批准的单位进行。

与化妆品卫生安全检验相关的其他依据有:化妆品卫生标准系列、《化妆品卫生规范》(2007 年版)和《化妆品卫生行政许可检验规定》(2007 年版)。

《规范》对化妆品产品提出了一般性要求,并规定了化妆品的毒理学试验方法、卫生化学检验方法、微生物检验方法和人体安全性检验方法。

(1)《规范》对化妆品产品的一般性要求。

①化妆品使用的原料必须符合《规范》的相关规定;化妆品必须使用安全,不得对施用部位产生明显刺激和损伤,且无感染性,不得对人体健康产生危害。

②对微生物学质量的规定。眼部化妆品和口唇等黏膜用化妆品以及婴儿和儿童用化妆品菌落总数不得大于 500CFU/mL 或 500CFU/g,其他化妆品菌落总数不得大于 1000CFU/mL 或 1000CFU/g。每克或每毫升产品中不得检出粪大肠菌群、铜绿假单胞菌和金黄色葡萄球菌。霉菌和酵母菌总数不得大于 100CFU/mL 或 100CFU/g。

③有毒物质的限量。汞为 1mg/kg(含有机汞防腐剂的眼部化妆品除外),铅为 40mg/kg,砷为 10mg/kg,甲醇为 2000mg/kg。

(2)《规范》中适用于化妆品产品的毒理学试验方法。《规范》规定了八种适用于化妆品产品安全性毒理学试验方法,分别是皮肤刺激性/腐蚀性试验、急性眼刺激性/腐蚀性试验、皮肤变态反应试验、皮肤光毒性试验、鼠伤寒沙门氏菌/回复突变试验、体外哺乳动物细胞染色体畸变试验、体外哺乳动物细胞基因突变试验、哺乳动物骨髓细胞染色体畸变试验。

检测项目:在一般情况下,新开发的化妆品产品在投放市场前,应根据产品的用途和类别进

行相应的试验,以评价其安全性。检测项目的选择原则如下:

①由于化妆品种类繁多,在选择试验项目时应根据实际情况确定。

②每天使用的化妆品需进行多次皮肤刺激性试验,进行多次皮肤刺激性试验者不再进行急性皮肤刺激性试验,间隔数日使用的和用后冲洗的化妆品进行急性皮肤刺激性试验。

③与眼接触可能性小的产品不需进行急性眼刺激性试验。

(3)《规范》中的卫生化学检验方法。《规范》规定了化妆品禁限用原料的卫生化学检测方法的相关要求,适用于化妆品产品中禁限用成分的检测。检测方法共27个,分别是汞、砷、铅、甲醇、游离氢氧化物、pH值、镉、锶、总氟、总硒、硼酸和硼酸盐、二硫化硒、甲醛、巯基乙酸、氢醌和苯酚、性激素、防晒剂、防腐剂、氧化型染发剂中的染料、氮芥、斑蝥素、α-羟基酸、去屑剂、抗生素和甲硝唑、维生素 D_2 和维生素 D_3、可溶性锌盐、化妆品抗 UVA 能力仪器测定法。

(4)《规范》中的微生物检验方法。《规范》规定了化妆品微生物学检验的基本要求,适用于化妆品样品的采集、保存及供检样品制备。检验方法共五个,分别是菌落总数、粪大肠菌群、铜绿假单胞菌、金黄色葡萄球菌、霉菌和酵母菌。

(5)《规范》中的人体安全性检验方法。人体安全性检验方法有两种,即人体皮肤斑贴试验和人体试用试验安全性评价方法。前者适用于检验防晒类、祛斑类和除臭类化妆品,后者适用于检验健美类、美乳类、育发类、脱毛类化妆品。

除此以外,《规范》还对产品包装提出了要求,化妆品的直接接触容器材料必须无毒,不得含有或释放可能对使用者造成伤害的有毒物质。

《化妆品卫生行政许可检验规定》(2007年版)则对化妆品卫生行政许可检验工作做了具体规定,包括检验程序、检验报告的编制、检验项目、检验时限和样品数量等要求。其中许可检验项目包括微生物检验、卫生化学检验、毒理学试验、人体安全性和功效评价检验。

六、对化妆品功效评价的规定

功效是化妆品的一个重要指标,但是目前我国只有《规范》对防晒化妆品的功效评价方法做出了规定,一是化妆品抗 UVA(320~400nm)能力的仪器测定方法,适用于防晒化妆品抗 UVA 能力的测定;二是防晒化妆品防晒效果人体试验,目前可检验的项目包括防晒化妆品防晒指数(SPF值)的测定方法、防晒化妆品防水性能的测定方法及防晒化妆品长波紫外线防护指数(PFA值)的测定方法。

由于其他功效,如美白祛斑等,缺乏统一的评价方法,因此除防晒功效外,很难就化妆品功效宣称是否存在夸大虚假作出合理判断,这正是化妆品标签和广告监管中的薄弱环节。所以,加快制修订符合我国行业发展,科学、合理、实用的功效评价方法,建立具有公信力的独立第三方评价实验室已成为完善行业监管的一项重要任务,也有利于引导行业健康发展,保护消费者的合法权益。

七、标签标识和广告管理

1. 标签标识管理

化妆品标签标识是消费者获得产品信息的重要途径,也是化妆品监管工作的重点之一。

(1)《化妆品标识管理规定》。2007年8月27日,质检总局颁布了《化妆品标识管理规定》,原定于2008年9月1日起施行,但鉴于目前部分化妆品生产企业仍有一定数量的化妆品包装库存,为节约资源,避免和减少浪费,质检总局于2008年8月4日,发布了"关于实施《化妆品标识管理规定》有关事项的通知"(国质检食监〔2008〕381号),决定:在2009年10月1日前生产加工的化妆品可以继续使用原有包装标识。自2009年10月1日起,各级质量技术监督部门对不符合《化妆品标识管理规定》要求的化妆品,依法予以查处。

《化妆品标识管理规定》的实施有利于加强化妆品质量监督管理,规范化妆品标识的标注,防止质量欺诈,保护消费者的人身健康和安全。在我国境内生产(含分装)、销售的化妆品标识标注和管理,适用该规定。企业在我国境内生产但用于出口的化妆品以及进口化妆品的标识标注和管理不适用于本规定。质检总局在其职权范围内负责组织全国化妆品标识的监督管理工作,县级以上地方质量技术监督部门在其职权范围内负责本行政区域内化妆品标识的监督管理工作。

《化妆品标识管理规定》要求化妆品标识应当真实、准确、科学、合法,对标注内容和形式,以及违反该规定所应承担的法律责任作了明确规定。

标注内容包括:

①化妆品的名称。标注"奇特名称"的,应在相邻位置,以相同字号,按照本规定第六条规定标注产品名称;并不得违反国家相关规定和社会公序良俗。

②实际生产加工地。

③生产者的名称和地址。

④生产日期和保质期或者生产批号和限期使用日期。

⑤净含量。

⑥全成分表。标注方法及要求应当符合相应的标准规定。

⑦企业所执行的国家标准、行业标准号或者经备案的企业标准号。化妆品标识必须含有产品质量检验合格证明。

⑧生产许可证标志和编号。

⑨根据产品使用需要或者在标识中难以反映产品全部信息时,应当增加使用说明,如适用人群、储存条件等。

对于供消费者免费使用并有相应标识(如赠品、非卖品等)的化妆品,可以免除标注净含量、化妆品全成分表、生产许可证编号及标准号。

不得标注下列内容:

①夸大功能、虚假宣传、贬低同类产品的内容。

②明示或者暗示具有医疗作用的内容。

③容易给消费者造成误解或者混淆的产品名称。

④其他法律、法规和国家标准禁止标注的内容。

标注形式：

①不得与化妆品包装物（容器）分离。

②应当直接标注在化妆品最小销售单元（包装）上。

③透明包装的化妆品，透过外包装物能清晰地识别内包装物或者容器上的所有或者部分标识内容的，可以不在外包装物上重复标注相应的内容。

④内容应清晰、醒目、持久，使消费者易于辨认、识读。

⑤除注册商标标识之外，其内容必须使用规范中文。使用拼音、少数民族文字或者外文的，应当与汉字有对应关系，并符合本规定第六条规定的要求。

⑥化妆品包装物（容器）最大表面的面积大于 $20cm^2$ 的，化妆品标识中强制标注内容字体高度不得小于 1.8mm。除注册商标之外，标识所使用的拼音、外文字体不得大于相应的汉字。

⑦ 化妆品包装物（容器）的最大表面的面积小于 $10cm^2$ 且净含量不大于 15g 或者 15mL 的，其标识可以仅标注化妆品名称、生产者名称和地址、净含量、生产日期和保质期或者生产批号和限期使用日期。产品有其他相关说明性资料的、其他应当标注的内容可以标注在说明性资料上。

化妆品标识不得采用以下标注形式：

①利用字体大小、色差或者暗示性的语言、图形、符号误导消费者。

②擅自涂改化妆品标识中的化妆品名称、生产日期和保质期或者生产批号和限期使用日期。

③法律、法规禁止的其他标注形式。

（2）GB 5296.3—2008《消费品使用说明 化妆品通用标签》。2008 年 6 月 17 日，质检总局发布了 GB 5296.3—2008《消费品使用说明 化妆品通用标签》（代替 GB 5296.3—1995），于 2009 年 10 月 1 日起实施，适用于生产和进口的并在国内销售的化妆品。该标准规定了化妆品销售包装通用标签的形式、基本原则、标注内容和标注要求。

根据化妆品的包装形状和/或体积，可选择以下标签形式：

①印或粘贴在化妆品的销售包装上。

②印在与销售包装外面相连的小册子或纸带或卡片上。

③印在销售包装内放置的说明书上。

基本原则：

①标注的内容应真实，所有文字、数字、符号、图案应正确。

②标注的内容应符合现行国家法律和法规的要求。

必须标注的内容：

①化妆品的名称。

②生产者的名称和地址。进口化妆品的国家或地区（指中国香港、澳门、台湾）和代理商、进口商或经销商的名称和地址，可以不标注生产者的名称和地址。

③净含量。

④化妆品成分表。自该标准发布之日起两年后（即2010年6月17日起）生产的化妆品应执行本条款。成分名称按加入量的降序列出；如果加入量小于或等于1%，可在加入量大于1%的成分后面按任意顺序列出。成分名称采用《化妆品成分国际命名（INCI）中文译名》中的成分名称。如果没有相应的中文译名，可依次采用中华人民共和国药典的名称、化学名或植物学名称。香精的成分只需采用"香精"这个词语列在成分表中。着色剂的名称采用着色剂索引号的英文缩写"CI"加上着色剂索引号。如果着色剂没有索引号，则可采用着色剂的中文名称。多色号的化妆品，应在成分表结尾插入"可能含有的着色剂："作为引导语，然后可以按任意顺序排列所有颜色范围的着色剂。

⑤保质期。标注生产日期和保质期，或者标注生产批号和限期使用日期。

⑥生产许可证号、卫生许可证号和产品标准号。生产许可证号和卫生许可证号应标注在化妆品销售包装的可视面上，没有实行这两个证的产品不需标注这两个证号。

⑦进口非特殊用途化妆品应标注进口化妆品卫生许可备案文号。

⑧特殊用途化妆品应标注特殊用途化妆品批准文号。

⑨凡国家有关法律和法规有要求或根据化妆品特点需要时，应在销售包装的可视面上标注安全警号用语，以"注意："或"警号："等作为引导语。

对净含量不大于15g或15mL的产品，只需标注上述①③④⑤和②中生产者的名称的内容，其中④的内容可以标注在上述三种标签形式之外的说明性材料中。供消费者免费使用并有相应标识（如赠品、非卖品等）的化妆品，可以免除上述标注③④⑥⑦⑧中的内容。

基本要求：

①标签内容应清晰，应保证消费者在购买时醒目、易于辨认和阅读。

②标签所用文字除依法注册的商标外，应是规范的汉字。

③标签内容允许同时使用汉语拼音或少数民族文字或外文，但应拼写正确。

2. 广告管理

为加强对化妆品广告的管理，保障消费者的合法权益，国家工商行政管理局依据《广告管理条例》的有关规定，于1993年7月13日发布了《化妆品广告管理办法》，自1993年10月1日起施行。该《办法》规定了化妆品广告内容必须真实、健康、科学、准确，不准以任何形式欺骗和误导消费者；还规定了申请发布国产化妆品广告的广告客户的七条要求；申请发布进口化妆品广告的广告客户的三条证明材料的要求。

第二节　美国的化妆品监管模式和法规

一、监管部门及其职能

在美国,化妆品和药品由美国食品药品管理局(Food and Drug Administration,FDA)主管。FDA 是美国卫生与公众服务部的下属机构,通过实施《联邦食品、药品和化妆品法案》以保证化妆品和药品的质量、安全性和有效性,从而保护消费者的权益。食品安全与应用营养学中心(Center for Food Safety and Applied Nutrition,CFSAN)是 FDA 下设的六个中心之一,其下属的化妆品和色素办公室具体负责化妆品的安全性和标识的管理以及色素添加剂的管理。OTC 药品由 FDA 下设的药品评价和研究中心(Center for Drug Evaluation and Research,CDER)负责管理。既是化妆品又是 OTC 的产品由 CDER 和 CFSAN 共同管理。

联邦贸易委员会(Federal Trade Commission,FTC)主要负责化妆品和 OTC 产品的广告管理。联邦贸易委员会享有制止不正当竞争、保护消费者的广泛权力,也是美国最具权威的广告管理部门。

二、行业协会

美国化妆品、盥洗用品和香水协会(The Cosmetic, Toiletry, and Fragrance Association, CTFA)成立于 1894 年,主要职责是给化妆品行业提供涉及科学事务、政府事务、法律法规、全球发展策略等方面的支持。在科学事务方面,CTFA 最具影响力的工作是组织科学家独立进行化妆品原料安全性评价,目前共评价 1300 多种成分,其评价结果为 FDA 制定政策提供技术数据,也被世界各国所认可。政府事务方面,CTFA 主要代表化妆品行业与联邦和州政府的立法机构进行沟通,在政府部门和企业之间起到了桥梁和纽带作用。

三、主要的法规文件

《联邦食品、药品和化妆品法案》(The Federal Food, Drug, and Cosmetic Act,FD&C Act,FDCA)颁布于 1938 年,首次将化妆品纳入了 FDA 的监管范围之内,是美国管理化妆品的法规基础,至今已多次修正。该法案规定化妆品不能掺假伪劣和错误标识,也即化妆品按照预期用途使用必须是安全的,并且标识必须正确。但是,该法案相对笼统,因此 FDA 通过发布规章、指南、政策声明、函件和讲话为法案的具体实施提供指导。规章具有法律约束力;指南是用于解释规章的技术或政策性文件,虽然没有法律约束力,但对于了解 FDA 即将实行的标准等提供了有用的参考。这些辅助性资料可以在 FDA 的网站上获取。

《色素添加剂修正案》(Color Additive Amendments,CAA)颁布于 1960 年,要求业界提供保证每种着色剂安全的科学数据,FDA 由此确定着色剂在产品中的纯度限制。此外,FDA 有权决定哪些色素添加剂在使用前必须经过 FDA 的纯度验证,以及哪些色素添加剂在使用前无须经过此验证。

《公平包装和标识法案》(The Fair Packaging and Labeling Act,FPLA)颁布于1966年,增加了对产品标注的要求,使消费者更容易获取产品信息并进行比较。比如,要求化妆品的外包装的标签上列出成分说明;要求在化妆品和药品的主要展示面上标明净含量等。

《联邦规章法典》(Code of Federal Regulations,CFR)用于发布规章,具有法律约束力,每年4月更新一次,将之前12个月内发布的规章收录其中。例如,CFR第21章中的"化妆品标签"(Cosmetic Labeling)、"OTC药品标签要求"(Labeling Requirements for Over-the-Counter Drugs)、"着色剂规章"(Color Additive Regulations)以及对化妆品成分和安全性等的要求。

《OTC药物专论》由FDA于1972年开始制定实施。在关于规定OTC药品上市前需要提供其安全性和有效性证明的法律实施之前,大部分的OTC药品就已经上市销售了很多年。因此,1972年FDA启动了"OTC药物专论程序"(The OTC Drug Review Program)开始评估这些产品的成分和标签,其目标是要为每一类OTC产品建立药物专论。该专论是在基于治疗性药物分类的基础上,把符合规定的被认为是安全有效的、且消费者可自行用于治疗的药品纳入其中,制药公司无须再对其安全性和有效性做重复性验证。专论已收录了大量OTC药品种类,内容包括可以使用的成分、剂量、配方和标签,并根据需要不断地更新以增加新的成分和标签等。

四、化妆品的定义和分类

美国的《FD&C Act》按产品的预期用途来定义化妆品与药品。

化妆品的定义为:预期以擦、倒、洒、喷、引入或其他方式施用于人体或其任何部位,以起到清洁、美化、增进魅力或修饰容貌作用的物品,或预期用作化妆品成分的任何物质,但不包括肥皂[《FD&C Act》第201(i)节]。

这里所定义的肥皂是:只有当产品中非挥发性物质的大部分由脂肪酸碱盐组成,并且该产品的去污特性是由碱—脂肪酸化合物所引起的,以及该产品仅作为肥皂被标示、出售和表述(《CFR》第21章第701.20部)。

药品的定义为:预期用于诊断、治愈、缓解、治疗或预防疾病的物品,以及除食品以外预期用于影响人体或其他动物身体的结构或功能的物品[《FD&C Act》第201(g)(1)节]。

有些产品既符合化妆品又符合药品的定义。这种情况发生在一个产品有两种预期用途时。例如:洗发香波是一种化妆品,因为其预期用途是清洁头发;去头屑药是一种药品,因为其预期用途是治疗头屑;因此,去头屑洗发香波既是化妆品又是药品。其他属于化妆品和药品结合物的有含氟牙膏(同时又是止汗药的除臭剂)以及有防晒宣称的润肤品和彩妆品。这些产品必须符合化妆品和药品的双重要求。作为药品,美国食品药品管理局(FDA)把它们归为非处方药(non-prescription drugs),又被称为柜台销售药物(Over-the-Counter Drug,OTC Drug)。

OTC药品是指那些包含被确定为安全的药物活性成分,便于消费者自行使用,而且无须医生处方即可在零售商店中直接出售给消费者的药品。OTC药品包括被收录在《OTC药物专论》

（OTC drug monographs）中的药品以及已通过"新药审批体系"（New Drug Approval System）的药品。目前，OTC 药品已超过 80 个种类，有 10 万种以上的产品已上市销售，包含了大约 800 种重要的活性成分。

化妆品包括以下 13 类产品，每类产品又包括若干个品种：

（1）婴儿用品。

（2）浴用制品。

（3）眼部化妆制品。

（4）芳香制品。

（5）头发制品（非染发）。

（6）染发制品。

（7）非眼部化妆制品。

（8）指甲制品。

（9）口腔卫生产品。

（10）个人清洁用品。

（11）剃须制品。

（12）皮肤护理制品。

（13）晒黑制品。

与化妆品相关的部分 OTC 产品如下：

（1）痤疮药。

（2）防龋齿（含氟化物）的牙膏。

（3）防晒剂。

（4）抑汗剂。

（5）头皮屑、脂溢性皮炎和癣的治疗药品。

《FD&C Act》不承认任何称为"cosmeceuticals"（化妆药品）的产品。一种产品可能是药品、化妆品或是两者的结合物，但在法律上，"化妆药品"这一术语没有意义。

五、对产品安全性的管理

在美国，除了少量禁限用成分和色素添加剂以外，化妆品生产企业在保证其产品对于预期用途而言是安全的前提下，基本上可以选用任何物质生产化妆品，并且不经许可即可上市销售。

CTFA 出版了一本《国际化妆品成分词典》（International Cosmetic Ingredient Dictionary，ICID），收录了上千种化妆品成分，内容包括成分的结构、功能和命名等信息，但不涉及成分的安全性评价。

1. 禁限用成分

FDA 规定的禁止或限制在化妆品中使用的成分（CFR 第 21 章）如下。

（1）禁用成分。

①硫双二氯酚。

②氯氟烃推进剂（全卤代氯氟烷烃），禁用于化妆品气雾剂产品。

③三氯甲烷。

④卤代 N – 水杨酰苯胺（包括二卤代、三卤代、间二溴水杨酰苯胺和四氯水杨酰苯胺）。

⑤二氯甲烷。

⑥氯乙烯，禁用于化妆品气雾剂产品。

⑦ 含锆的化合物，禁用于化妆品气雾剂产品。

⑧ 来源于牛的存在特定风险的原料，如疯牛病或未通过检验的原料等。

（2）限用成分。

①六氯酚。只有在没有其他有效防腐剂可供使用的前提下，六氯酚可用作防腐剂，在化妆品中的浓度不得超过 0.1%，且含六氯酚的化妆品不得用于黏膜上，比如嘴唇。

②含汞化合物。只有在没有其他有效和安全的防腐剂可供使用的前提下，含汞化合物可限用于眼部化妆品中，浓度不得超过 0.0065%（以汞计算）；在其他化妆品中的含量不得超过 0.0001%（以汞计算），并且是因为在良好生产规范（GMP）的条件也无法避免它的存在。

③防晒剂。含防晒剂的产品一般归为药品，但是当防晒剂不是用作治疗或生理性用途时也可以用于化妆品产品中，例如作为一种着色剂或者为了保护产品的颜色。为了避免消费者产生误解，必须标明防晒剂对该产品的作用，例如"含有一种防晒剂以保护产品颜色"。

美国化妆品禁限用成分的概念略不同于中国，这些成分曾经都被用作化妆品原料，后因安全性问题而被禁用或限用。此外，FDA 还建议企业自愿停止使用乙酰基乙基四甲基 – 1,2,3,4 – 四氢化萘、麝香梨、6 – 甲基香豆素三种成分。另外，作为污染物的亚硝胺、二氧杂环乙烷、农药残留在产品中的含量应低于痕量水平。

2. 色素添加剂和染发剂

《FD&C Act》对色素添加剂的定义为：用于添加或使用于食品、药品、化妆品中或直接接触人体任何部位的，通过合成或类似的人工方法，如提取、分离及其他工艺过程（无论此过程是否形成中间体或使其最终特性发生改变），从任何植物、动物、矿物或其他来源所获得，能够产生（单独或与其他物质反应生成）颜色的物质。颜色包括黑色、白色和介于它们之间的灰色。

FDA 制定了"色素添加剂清单"，制造商只能从中选用，并且必须符合 CFR 中规定的纯度规格、使用部位和限量等要求。例如，用于口红中的色素添加剂必须是被允许摄入的。

新的色素添加剂必须通过 FDA 的审核，才能被列入清单中。同时，FDA 还规定了哪些色素添加剂在使用前必须按批次接受验证。如果通过了验证，FDA 会颁发给制造商一个验证号码，允许其在美国将该色素销售给食品、化妆品和药品等制造商。免检色素无须接受 FDA 的验证，即可销售。

对于通过煤焦油衍生物形成的染发剂的管理不同于其他的色素添加剂。如果煤焦油染发剂的标注包括以下的声明:"注意,此产品含有某种对某些人可能引起皮肤刺激的成分,因此首先应根据附带的说明进行试验。此产品不可用于眼睫毛或眉毛的染色,否则可致盲",那么,《FD&C Act》的掺假伪劣条款将不适用于此煤焦油染发剂。因为通过标签和包装上的注意事项和使用说明,染发剂制造商向消费者说明了在使用此产品之前需进行皮肤过敏试验。

3. 化妆品成分的安全性评价

美国化妆品原料安全性评价专家委员会(Cosmetic Ingredient Review,CIR)是在 FDA 的建议下于 20 世纪 70 年代成立的,它以一种公开的、公平的方式对化妆品成分的安全性进行全面评价。CIR 的专家组成员包括公开提名的医生和科学家,以及来自 FDA、CTFA 和美国消费者联合会的代表。虽然 CIR 受 CTFA 的财政资助,但是其评价工作是独立于 CTFA 和化妆品工业界的,并且 CIR 专家组的最终报告将发表在《国际毒理学杂志》(*International Journal of Toxicology*)上。并非所有的化妆品成分都经过了 CIR 的评价,但是对于经过了评价的成分,CIR 的评价结果将对这些成分在化妆品中的使用和安全性具有宝贵的指导性。

4. 生产企业对化妆品安全性的保证

虽然 FDA 没有要求强制实行特定的化妆品安全性检验,也没有指明如何证明化妆品的安全性,但还是要求生产企业在产品上市前无论用毒理或其他试验去证实其产品的安全性,并建立产品安全性的信息资料。在大多数情况下,化妆品原料供应商应持有原料的详细资料,包括与人体安全性相关的数据,这是化妆品生产企业重要的安全性资料来源。此外,化妆品生产企业也需自行检验,以确保他们的产品对于预期用途是安全的。

生产企业在人体风险评价的范畴内对化妆品成分和产品的安全性进行评价,包括以下三个方面。

(1)危害识别。危害识别是指确定一种成分或产品的内在或固有毒性。评价化妆品成分或产品的试验主要有以下几种:

①皮肤和眼睛刺激性/腐蚀性。

②接触过敏。

③皮肤穿透性。

④光毒性。

⑤人体临床试验评价。

(2)暴露评价。对于化妆品产品和 OTC 药品而言,暴露评价一般局限于接触部位,也就是皮肤。除了产品类型、形式和功能,许多暴露评价是基于经验的。它需要分析消费者的使用习惯,将使用剂量或用量范围和使用频度量化后用于暴露评价。

(3)风险控制。为了减少局部使用产品发生不良反应的风险,化妆品制造商经常使用一些警示用语和使用说明。例如,关于如何避免潜在的不良反应,以及一旦发生该如何减轻这样的反应等。

如果一种化妆品上市,但没有足够的数据支持其安全性,按规定该产品必须附带这样的声明——"警告:此产品的安全性未经证实"。对于未加此警示声明的产品,如果基于 CIR 的评价结果和其他一些信息,FDA 认定此产品的安全性未经评价,那么该产品就被认为是错误标注,FDA 就会采取行动对制造商进行制裁。

六、标签标识和广告管理

1. 标签标识管理

(1)化妆品的标签标识。《FD&C Act》和《FPLA》规定化妆品制造商、包装商和经销商必须在产品标签上注明他们自己以及产品的相关信息,由 FDA 负责监管。所有在美国市场销售的化妆品都必须依照法规要求进行正确标注,否则就会被认为是错误标注而不允许销售。

《CFR》第 21 章中列出了涉及化妆品标签标识的主要法规,对标签上的文字位置、字体大小和醒目程度等通常都有具体详细的规定。需要标注的基本内容包括:

①产品的属性说明。

②净含量。

③全成分。

④警示用语和注意事项。如"警告:此产品的安全性未经证实"。

⑤制造商、经销商或原产国的名称和地址。

对于成分的标注,要求采用国际化妆品成分命名(International Nomenclature of Cosmetic Ingredient,INCI)。在配方中含量大于 1% 的成分按照降序列出,含量小于 1% 的成分可按任意顺序列出;香料和香精的成分不必列出,但是应该在标签上用"香料"或"香精"表示,并根据其在配方中的含量以正确的顺序列出。

以上这些内容必须标注在化妆品的外包装上,这样消费者在购买时就能看到。对于有硬纸盒或外包装物的产品,内包装上只需要标明净含量、制造商、包装商或销售商的名称和地址,以及必要的警示用语。

(2)OTC 药品标签标识。1999 年 3 月,FDA 发布了"OTC 药品标注规章"(OTC Drug Facts Label regulation),它要求大部分 OTC 药品到 2002 年 5 月必须符合新的格式和内容标注的要求。制造商可以继续使用旧格式的标签,直至其存货用完。

该规章适用于 10 万种以上的 OTC 药品,规定了标注的内容、格式和位置。以下内容必须按顺序在标签上进行标注:

①活性成分及用量。

②产品的作用。

③产品的用途(适应症)。

④特殊警告。包括在什么情况下不能使用,什么时候应该向医生或药剂师咨询,以及描述可能造成的副作用及采用什么物质或措施进行避免。

⑤使用剂量说明。使用的时间、方式和频率。

⑥非活性成分。

除此以外,还需要注明药品的产品批号,其他信息,如储存方法等一般也需要注明。

2. 广告管理

联邦贸易委员会(FTC)和 FDA 共同监管化妆品和 OTC 药品的广告,并且主要由 FTC 负责。FTC 规定:凡是"广告的表述或由于未能透露有关信息而给理智的消费者造成错误印象的,这种错误印象又关系到所宣传的产品、服务实质性特点的,均属欺骗性广告。"无论是直接表述的还是暗示信息,广告发布者都要负责。FTC 监管在杂志、报纸、广播电视上不公平的和虚假的广告,其中虚假广告是监管的重点,它可以发布命令阻止虚假广告的发布,或者提交诉讼,甚至可以上升到刑事诉讼。

七、产品入市的条件

1. 化妆品

在美国销售的化妆品,无论是国产还是进口货,都必须遵守美国的《FD&C Act》和《FPLA》以及在这些法律下的各项法规文件。

除了色素添加剂以外,FDA 没有针对化妆品产品及其成分上市前的注册和审批要求,也不需强制进行任何安全性测试,生产者或进口商对其化妆品的安全性和标识等是否符合要求负有完全责任。对进口化妆品的管理也是如此。

FDA 建立了化妆品自愿注册程序(Voluntary Cosmetic Registration Program, VCRP)(《联邦规章法典》第 21 章第 710 部和第 720 部),是一种上市后报告系统,生产企业、包装公司和经销商可自愿向 FDA 报送相关产品信息,主要是生产企业的地址、联系方式、产品名称等内容。自愿注册并不意味着一个生产企业、一种原料或一个产品获得 FDA 的批准,只是方便 FDA 在必要时与企业联系。例如,一旦某种成分被认为是有害或被禁用的,FDA 将通过 VCRP 数据库中的通讯录及时通知企业。2005 年 FDA 开发了电子注册系统,自 2006 年 1 月起,可在网上进行注册,极大地方便了企业的注册。

2. OTC 药品

《FD&C Act》规定药品生产须符合良好生产规范的要求,生产企业及其生产的药品清单都必须进行注册。OTC 药品生产厂商必须在开始生产前的五日内通过提交一份完整的药品厂家登记表对公司进行注册登记(并在以后每年登记一次),药品清单必须每两年更新一次。

符合《OTC 药物专论》的产品,即已被收录在专论中的产品,无须 FDA 的审批即可上市销售。但是,那些不符合专论的产品则必须通过"新药审批体系"进行单独的审查和批准,才能成为新的 OTC 药品。新药审批体系适用于第一次进入 OTC 市场的新成分。此外,专论还规定在某些情形下某些药品上市前,厂商需对其进行指定的试验,以证明其确有所宣称的功效,诸如抑汗剂、防晒产品、局部抗菌清洁剂和防龋齿产品等。这些功效试验数据可由厂商自行保存,只需在接收 FDA 审核时出示即可,这种情况一般只出现在 FDA 对生产工厂进行实地检查时。

八、产品上市后的监管

1. 化妆品

《FD&C Act》禁止掺假伪劣或者错误标注的化妆品和药品上市销售。如果出现以下情况，化妆品就会被判定为掺假伪劣。

(1)产品或者容器中含有有毒或有害物质,这些物质在使用时可能引起危害,煤焦油染发剂除外。

(2)含有污秽、腐烂或被分解的物质。

(3)含有不安全或非法的色素添加剂。

(4)在不卫生的条件下生产、包装或存储。

如果出现以下情况,化妆品就会被判定为错误标注。

(1)标注是虚假的或具有误导性。

(2)标签没有包括必要的标签内容和警示用语。

(3)容器的制作、成型或填充的方式能使人产生误解。

(4)包装或标签违反了《防止有毒物包装法案》。

FDA 有职责证明在美国市场上销售的化妆品是否为掺假伪劣或错误标注的产品,如果是,FDA 有权力扣押这些产品,阻止其销售,或者要求企业撤回或召回这些产品。

FDA 有权力定期派检查员到化妆品生产企业检视其生产设施,包括厂房、设备、产品成分和成品、包装及标签等。如果需要采取整改措施,FDA 在检查期间与企业讨论这些问题,并在随后寄上一封信,描述需要整改的不足之处。

根据企业违规行为的严重程度,FDA 会同司法部行使各种处罚措施。

2. OTC 药品

在美国,对药品的监管要严于化妆品。对于同时属于化妆品的 OTC 药品,FDA 要求企业按 GMP 生产,药品须符合《OTC 药物专论》,需要注册并提供药品清单,以及采用 OTC 药品标签。FDA 下设的药品评价和研究中心(CDER)具体负责监管 OTC 药品,确保它们被正确标注以及其益处远远超过其风险。

除了关于化妆品的掺假伪劣和错误标注的规定以外,《FD&C Act》还规定药品在以下情况下也被认为掺假伪劣。

(1)药品没有按现有的 GMP 进行生产、加工、包装或储存。

(2)它的药效或纯度没有达到药典的标准。

(3)如果药物与能降低其药效的物质混合或包装在一起。

药品在以下情况也被认为是错误标注。

(1)药品标注内容上没有正规的药名、活性成分名称、非活性成分名称、使用说明和充分的警示说明。

(2)药品是在未经注册的厂房里生产、配制或加工的。

对于违反规定的 OTC 药品,FDA 也有相应的召回制度和处罚措施。

第三节 欧盟的化妆品监管模式和法规

一、监管模式

化妆品必须符合欧盟化妆品规程(Cosmetic Directive,76/768/EEC)(以下简称《规程》)的规定才可以在欧盟市场上销售,各成员国均设有一个主管部门负责《规程》的实施。成员国应尽一切可能确保只有符合《规程》及其附属文件规定的化妆品进入市场。化妆品监管模式的主要特点如下。

1. 奉行企业自律的原则

产品上市前无须审批许可,制造商或进口商对化妆品的安全和品质负有完全责任,须确保化妆品在正常、合理和可预见的使用条件下,均不得对人体健康产生危害。

一些欧盟成员国建立了备案制度,要求化妆品生产企业和进口代理商必须将公司的基本情况向政府主管部门备案。有关生产企业的基本情况主要包括生产企业地址、生产设备和条件以及人员情况等。

产品的备案一般是非强制性的,备案着重于与产品安全相关的内容,如产品的定性和定量组分、产品的理化和微生物特性、产品的安全性和功效评价资料以及对人体产生不良反应的资料等。政府部门并不对备案资料进行审核与评价,只是存档,以备产品上市后发生安全性问题时之用。

2. 着重化妆品上市后的监管

各成员国政府主管部门的主要工作有三个方面:一是审查、包装和标签;二是在销售、生产和分销地进行稽查,必要时也可以进行产品抽检;三是审查所提供的文件,如安全性、功效性等资料。当发现企业有违规行为时,主管部门可以采取法律行动对其进行制止和处罚。

3. 政府管理部门有权了解化妆品生产企业及其产品的信息

《规程》的条款 7a 规定,生产企业或进口商应有以下资料,以备成员国主管部门的审查。

(1)产品的定性和定量组分。对于香精和香精成分,应备有其名称、代码以及供应商的名称。

(2)原料和成品的理化特性和微生物学特性等。

(3)制造方法符合欧盟或相关成员国制定的"良好生产规范",以及生产负责人或第一进口商须有合格的专业资质水平或工作经验。

(4)成品对人体健康的安全性评价。

(5)安全性评价负责人的姓名和地址等。

(6)使用该化妆品产品对人体健康产生不良影响的资料。

(7)产品所宣称的功效的证据。

（8）动物试验资料。

在不损害商业机密和知识产权的情况下，成员国应确保资料（1）和（6）中以任何适当的方式易于公众获悉，包括电子手段。易于公众获悉的资料（1）中的定量信息应局限于指令67/548/EEC（Directive 67/548/EEC）所涵盖的危险物质。

《规程》的"第七次修正案"中规定：在欧盟范围内，从2004年9月11日起，禁止所有化妆品最终产品进行动物试验；从2009年3月11日起，禁止化妆品成分和组分进行动物试验，在此之前一旦某项动物试验的替代方法被建立，那么该动物试验即被终止；从2009年3月11日起，禁止在欧盟市场上销售任何经过动物试验的产品或含有经过动物试验成分的产品（有三种动物试验被排除在外）。

二、行业协会

欧洲化妆品、盥洗用品和香料行业协会（COLIPA）成立于1962年，与各成员国的行业协会一样，均属于非官方机构，代表行业的利益，在沟通和协调政府管理部门与生产企业之间的关系以及行业规范和自律方面起着重要的作用。

行业协会另一个重要作用是帮助政府部门制定技术性标准和指导原则，这些技术性资料一旦被政府管理机构采用，便成为官方文件。

三、主要法规

欧盟化妆品规程（Cosmetic Directive，76/768/EEC）是欧盟于1976年颁布实施的，旨在确保化妆品在各成员国之间的自由流通以及确保化妆品的安全性。它规定了化妆品的定义、分类；化妆品生产商和销售商的责任；政府部门的监督检查；化妆品安全性评价的要求；化妆品上市前应达到的卫生要求、标签标识要求、禁限用物质名单等内容。

《规程》是在欧盟各成员国协调的基础上产生的，是各成员国对化妆品实行监督管理的主要法律依据和技术依据，但不代替各国的法规，各成员国在该《规程》下可再制定进一步的细则规定。

为了反映与化妆品产品相关的新趋势和新挑战，迄今为止欧洲立法机构（欧洲议会和欧洲理事会）已对《规程》进行了七次修正。例如，"第六次修正案"增加了可用于化妆品产品的成分目录和禁止含有经动物试验成分的化妆品上市规定；"第七次修正案"提出了关于逐步淘汰动物试验的更加详细的规定等。除了这些修正以外，为了与技术进步相适应，欧盟委员会对《规程》附录中的内容不断进行修改和补充。

同时，为了给成员国、化妆品行业以及其他利益相关者提供指导，委员会与各成员国当局紧密合作，出台了大量指导性文件用于解释《规程》中的各项条款，例如对于"边缘产品"的解释。

四、化妆品的定义和分类

《规程》没有划分普通化妆品和特殊（功效性）化妆品，它对化妆品的定义为：化妆品是指预期用于接触人体表面(表皮、头发、指甲、嘴唇和外生殖器)或牙齿和口腔黏膜,以起到清洁、增香、改变外观、纠正体味、保护或保持其处于良好状态作用的物质或制剂。

《规程》附录Ⅰ列出了对化妆品的分类(20 类):

(1)膏霜、乳液、露、啫喱和油(用于皮肤,如手、脸、脚等)。

(2)面膜(脱皮产品除外)。

(3)彩色粉底产品(液体、膏、粉)。

(4)化妆粉、爽身粉(浴后粉)、卫生粉。

(5)香皂、除臭皂等。

(6)香水、花露水、古龙水。

(7)沐浴制品(浴盐、泡沫剂、油、啫喱等)。

(8)脱毛剂。

(9)除臭剂和抑汗剂。

(10)发用产品。

①染发剂和漂白剂。

②卷发、直发和定型剂。

③整型产品。

④清洁产品(露、粉、香波)。

⑤护发产品(露、膏霜、油)。

⑥美发产品(露、发蜡、发油)。

(11)剃须产品(膏霜、泡沫剂、露等)。

(12)脸和眼部的化妆产品和卸妆产品。

(13)唇部用品。

(14)牙齿和口腔护理产品。

(15)护甲和美甲产品。

(16)外阴部卫生用品。

(17)日光浴产品。

(18)晒黑产品(非日光浴)。

(19)皮肤美白产品。

(20)抗皱产品。

五、对化妆品安全性的管理

为保障化妆品的安全,《规程》规定了化妆品安全性评价原则,要求按照 OECD 指南进行毒理学试验,但并未规定安全性试验的具体清单和安全的清单。

《规程》附录中列出了化妆品禁限用成分和允许使用成分的名单。

(1)附录Ⅱ——禁用物质名单。

(2)附录Ⅲ——限用物质名单。

(3)附录Ⅳ——允许使用的着色剂名单。

(4)附录Ⅵ——允许使用的防腐剂名单。

(5)附录Ⅶ——允许使用的紫外吸收剂名单。

新的化妆品成分在列入允许使用成分名单之前,须通过化妆品和非食品科学委员会(Scientific Committee on Cosmetic Products and Non – food Products,SCCNFP)的安全性评估。SCCNFP是一个独立的组织,由欧盟委员会指定具有风险评估专业经验的科学家组成,为管理部门提供技术支持。SCCNFP负责评价允许使用和禁限用成分的安全性和理化指标等,最终结论由欧盟委员会和成员国做出。

欧盟建有欧洲毒物控制中心和临床毒理专家协会(European Association of Poisons Centres and Clinical Toxicologists,EAPCCT),不属于政府机构,主要工作是提供与人体健康相关产品和物质方面的信息,特别是人体健康受损时的救助信息,如产品或毒物相关的鉴定、诊断、紧急处理的专业技术信息,并受一些企业委托,接受消费者对有关产品的投诉。这些机构对产品(包括化妆品)使用中发生人体健康损害时的处理方面,起到了重要作用。

1996年,欧盟委员会采纳了96/335/EC决议,根据相关行业提供的资料,编制了一份“化妆品中已用成分清单”。《规程》的条款5a规定:该清单包括两个部分,一个是香料和芳香原料,另一个是其他合成的或天然的化学物质或制品;该清单仅仅是收编已用成分,并不是表明它们已通过权威部门审核被允许在化妆品中使用;欧盟负责清单的出版并定期更新。

六、化妆品标签标识管理

《规程》特别强调产品标签标识的重要性。消费者有权通过产品的标识获知包括产品成分在内的各种必要的产品信息。

《规程》的条款6规定化妆品标签标识须包括以下信息。

(1)产品的名称和种类,生产商或经销商地址。

(2)净含量(质量或容量)。包装容量小于5g或5mL;免费样品且独立包装等情况除外。

(3)有效期。应标注为“最好在××日期前使用”。

(4)使用的注意事项和特殊警示信息。

(5)生产批号或产品的识别号。

(6)产品的功效。

(7)全成分。

对于全成分标注,以质量递减的顺序进行标注。原料中的杂质;生产中用到的辅料但成品中不含有;作为香料或芳香物质的溶剂或载体并严格控制使用量的物质等,不属于成分物质。此外,含量低于1%的成分可按任意顺序标注在含量大于1%的成分后面;着色剂可以以任意顺序标注在其他成分之后,但必须采用附录Ⅳ中的色号或名称,对于有多种色号的美容化妆品,使用的所有着色剂都应列出,并标注"可能含有"字样或符号"+/-";成分应采用国际化妆品成分系统命名(INCI),如果没有,则采用欧盟委员会编制的"化妆品中已用成分清单"中的名称。

七、化妆品广告和功效宣称管理

《规程》的条款 6 规定:成员国应采取一切必要措施,禁止在用于化妆品销售和广告的标签上采用某些措辞、名称、商标、图画、图形或其他符号来暗示这些产品具有其本身并不具备的特性。

《规程》的条款 7a 规定:对于产品所宣称的功效,生产企业或进口代理商应备有相关的证明资料,必备成员国主管机关进行审查。

第四节　日本的化妆品监管模式和法规

一、监管部门及其职能

日本化妆品的主管部门为厚生劳动省的医药安全局,主要负责全国化妆品的监督管理事务,如审查批准制造或进口化妆品、制定化妆品标准、开展化妆品安全调查、监督化妆品标签和广告、实施监督员管理等。

地方政府的卫生局负责日常的监督执法工作,其主要任务是:对生产经营场所监督检查,对无证企业的管制,进口化妆品的监管,广告宣传的监督。药事法规定,对化妆品检验实行无偿采样,地方卫生局可以对违法企业予以停产、停业、责令改进的处罚,情节严重的提交法院给予罚款的处罚。

在中央和地方分别设有中央药事审议会和地方药事审议会。药事审议会是为厚生劳动省或地方卫生主管部提供药事管理技术咨询意见的专家组织。中央药事审议会主要负责审议生产或进口新产品,评审基准和标准,提出需再评价的产品范围及执行再评价等。

日本国立卫生实验所和地方卫生研究所承担了中央和地方化妆品监督检验的技术工作。国立卫生实验所是日本化妆品监督检验的最高技术部门,主要是开展化妆品卫生化学标准方法研究、化妆品类别基准研究和评价、制定化妆品标准、化妆品的原料毒性评价、监督检验和鉴定化妆品、培训地方监督检验人员和发展中国家检验人员。

厚生劳动省在全国还建立了 57 个化妆品不良反应监督点,监测人群使用化妆品后的不良反应动态,提供监督反馈信息。

二、行业协会

日本化妆品行业协会(JCIA)成立于 1959 年,在企业与政府及消费者的联系中发挥着桥梁和纽带作用。

协会参与政府对化妆品行业的管理,促进日本化妆品企业的自律。如参与制定化妆品安全性评价方法、化妆品原料标准、品质标准、GMP 指南等。它还为协会成员提供标准、技术、政策方面和广告宣传的管理方面的指导,对广告进行审查,受理和调查处理消费者对化妆品的投诉。

三、主要法规

《药事法》(1960 年颁布)是日本政府对化妆品和医药部外品监管的主要法律依据,用于规范产品的有效性和安全性。

除了《药事法》,涉及化学物质管理、容器生产和销售等法律也必须遵守,因此与化妆品相关的法规还有很多。如依据《药事法》制定颁布的《药事法施行令》、《药事法施行规则》及若干对原料和产品的管理规章,建立了较完善、配套的监督管理法规体系。

此外,厚生劳动省还批准了化妆品原料标准、化妆品品质标准、化妆品 GMP 指南、化妆品实验室"GLP 标准"等技术性文件,对化妆品的生产和监督检验建立了统一标准和要求。

四、化妆品的定义和分类

《药事法》把化妆品分为两类:化妆品(cosmetics)和医药部外品(quasi‑drugs)。

1. 化妆品

化妆品即通过擦、喷或其他类似方式施用于人体的,其目的是用于清洁、美化、提升吸引力或改善外观以及保持肤、发的良好状态,且其对人体作用缓和的产品,但不包括已列入药品和医药部外品管理的产品。化妆品类似于我国的普通化妆品,包括香皂、洗发香波、护发素、雪花膏、化妆水、彩妆化妆品、牙膏等。

2. 医药部外品

医药部外品即具有固定用途、对身体有温和效用但并不用于诊断、治疗或预防疾病,或者影响身体的结构和机能的产品。包括用于卫生目的的棉制品和对人体有温和效用的特定产品。医药部外品类似于我国的特殊用途化妆品或美国的 OTC 产品,包括药皂、去屑洗发香波、药用牙膏、染发剂、烫发剂、生发剂等。

五、对化妆品(非医药部外品)的管理

1. 原料

为了确保化妆品的安全性,日本厚生劳动省将化妆品原料分为两类来管理:第一类原料是化妆品允许使用的防腐剂、紫外线吸收剂和焦油色素,另一类是除防腐剂、紫外线吸收剂和焦油色素之外的其他化妆品原料。

对于第一类原料,厚生劳动省发布了"允许使用原料名单",企业生产化妆品要使用此类原料时只能使用名单之内的原料并符合使用标准,使用名单之外的原料必须经过审批。

对于第二类原料,厚生劳动省发布了"化妆品禁止使用成分和限制使用成分名单",企业生产化妆品不得使用禁用物质,选用限用物质必须符合限用标准(包括使用范围、规格、用量等),此名单之外的原料,企业可任意使用,但需对其安全性负责。

2. 标签标识

化妆品需全成分标注,采用 JCIA 发布的 INCI 名称的日语译名名单,对于名单之外的新原料,企业需要向 JCIA 申请译名,然后按照指定的译名标识。化妆品需标注的内容如下:

(1)产品种类名称。

(2)产品名称。

(3)生产商和经销商的名称和地址。

(4)内容量:用质量、体积以及个数来表示。

(5)生产批号或者生产记号。

(6)使用期限。

(7)全成分标注:一般标注于外部的容器或是外包装上,成分按含量从高到低的顺序排列,含量在 1% 以下的成分,可不按顺序标注在后面,着色剂也可不按顺序标注在尾部。

(8)原产国(地)名称。

(9)使用方法和保存方法。

(10)客户咨询中心。

3. 入市条件

化妆品生产企业、销售商或进口商必须先获得政府颁发的许可证方可从事化妆品的生产、销售或进口。

化妆品的生产没有强制性 GMP 要求,但 JCIA 制定了作为自主标准指南的"化妆品 GMP 指南"。

从 2001 年起,日本对化妆品上市不实行审批制,企业按照政府的有关规定自行规范自己的生产行为,企业对产品的质量和安全性负全部责任,主管机关可以要求企业证实产品的安全性。但是,企业在生产新产品之前必须向当地卫生部门备案(仅备案产品名称),进口商进口新化妆品也要求向当地卫生部门备案。

4. 功效宣称

厚生劳动省发布了"化妆品功效宣称范围",规定了宣称内容和用语,化妆品必须按此进行功效宣称。如清洗头皮和毛发,使头皮和毛发滋润,去除头屑、止痒,清洁肌肤(通过洗净污垢),平整肌肤,平整肌肤纹理,保持皮肤健康,防止皮肤粗糙,收敛肌肤,使皮肤润泽等。

六、对医药部外品的管理

1. 原料

对于生产医药部外品所用的原料,厚生劳动省发布了"允许使用成分名单",企业只能使用该名单内的原料,而且原料使用的浓度、规格等必须同名单规定的一致。使用新原料或扩大使用范围之前都需要预先申报,通过审批后方可使用。

2. 标签标识

日本对医药部外品不要求全成分标注,由厚生劳动省指定必须标识的成分(主要是有引起过敏报道的成分),其余成分的标识由企业自愿选择。所标成分的日语译名同样由 JICA 确定。

医药部外品的直接容器的标签须标注的内容如下:

(1)持有许可证的生产商和经销商名称和地址。

(2)指定的医药部外品名称。

(3)通用名称(如果接受)。

(4)生产厂商号码或代码。

(5)内容量:用质量、容量、数量等表示。

(6)官方指定的须标注的医药部外品成分名称。

(7)官方指定的医药部外品成分的有效期。

(8)相关标准要求在直接容器或包装上标注的医药部外品成分的性质、质量、性能等。

(9)法令规定的其他项目。

3. 入市条件

日本对从事医药部外品生产、销售或进口商也实行许可证制度。医药部外品生产须符合 JCIA 制定的 GMP 要求。

日本对医药部外品实行严格的审批制度,企业向当地卫生机关提出申请,申报资料包括配方、制造方法、用法/用量、规格(包括产品和原料)、实验方法、检验报告等,经当地卫生机关初审后报"审查中心"履行审批程序,在此期间审查中心会就技术问题咨询"医药品调查指导部"(属于评审的技术支持机构),审查中心将最终审批意见上报到厚生劳动省,厚生劳动省将审查结果告知地方卫生机关,再由地方卫生机关反馈企业。一个产品整个过程下来至少需要 90 天。此外,对于染发剂、烫发剂、药用牙膏和药用沐浴液另外制定了使用标准,包括有效成分、添加剂的种类和含量、规格等,如突破了使用标准,在审批时要提交功效、安全性和成分配伍等方面的资料。

医药部外品申请资料如下:

(1)配方:原料名称、含量、成分规格、调配目的。

(2)制造方法。

(3)用法及用量。

(4)功效。

(5)保存方法及有效期。

(6)产品规格及试验方法。

(7)所用原料在此之前的使用情况。

（8）产品检验报告（3 批号 ×3 次）。

4. 功效宣称

日本对医药部外品的功效宣称管理非常严格,对于每一种产品基本上都固定了宣称用语。审批过程中,负责审批技术咨询的"医药品调查指导部"可以就功效的确定和标识等问题同企业直接讨论。

思考题

1. 在政府部门对化妆品的入市管理上,我国与美国、欧盟和日本有何异同。
2. 在化妆品原料和产品的安全性管理上,美国、欧盟和日本有何共同点,我国与他们的最大差别是什么。

参 考 文 献

［1］秦钰慧. 化妆品管理及安全性和功效性评价［M］. 北京:化学工业出版社,2007.

［2］刘洋,董树芬. 我国化妆品行业现状、监管体系及发展趋势［J］. 日用化学品科学,2007, 30（8）: 34 – 39.

［3］张殿义. 中国化妆品管理同国际接轨的探讨(待续)［J］. 日用化学品科学,2005, 28（11）:19 – 21.

［4］张殿义. 中国化妆品管理同国际接轨的探讨(续前)［J］. 日用化学品科学,2005, 28（12）:37 – 40.

［5］李伟. 2007 年中国化妆品行业法规回顾［J］. 日用化学品科学,2008, 31（4）:10 – 13.

［6］陈锐,杜家文,田在勇,等. 美国化妆品管理考察报告［J］. 中国卫生监督杂志,2007, 14（1）:39 – 41.

［7］杨艳蓉,纪春芳. 美国的化妆品管理［J］. 环境与健康杂志,2001, 18（3）: 183 – 184.

［8］刘文君. 美国 FDA 有关化妆品标签的管理规定［J］. 中国包装,2007, 27（5）:94 – 95.

［9］张晋京. 欧盟的化妆品法规与管理［J］. 日用化学品科学,2001, 24（5）: 38 – 41.

［10］房军. 欧盟—中国化妆品卫生监督管理特点比较分析［J］. 中国卫生监督杂志,2006, 13（6）: 445 – 447.

［11］于文莲,王超,朱希,等. 欧盟和美国与中国化妆品法律法规框架的比较研究［J］. 2006 年中国化妆品学术研讨会论文集,43 – 48.

［12］房军,房鹏,刘宝军. 日本化妆品和医药部外品管理简介［J］. 中国卫生监督杂志,2004, 11（5）: 292 – 295.

［13］焦叔斌,徐京悦. 美、欧、日化妆品行业的政府管制状况［J］. 中国标准化,2001(9):18 – 19.

［14］赵同刚,陈锐,王双林,等. 日本、澳大利亚食品、化妆品管理情况简介与体会［J］. 中国卫生法制, 2000, 8（6）: 28 – 30.

［15］中国化妆品卫生监督管理考察组. 中国化妆品卫生监督管理考察组赴日本,菲律宾考察报告［J］. 中国公共卫生,1991, 7（9）:397 – 398.

第九章 与化妆品相关的网络资源简介

本章仅就互联网上与化妆品研发、生产、销售的政府监管部门、行业协会官方网站及一些专业数据库的特点,逐一进行简要介绍。

一、国内外化妆品政府监管部门网站

1. http://www.moh.gov.cn/

中华人民共和国卫生部官方网站。网站介绍机构职能,发布国家相关政策法规、规划计划、行政许可文件、卫生标准、卫生统计数据等;设置公众数据查询窗口,内含化妆品批件库。

2. http://www.aqsiq.gov.cn/

国家质量监督检验检疫总局官方网站。其下属食品生产监管司发布国内化妆品生产或许可证企业名录。

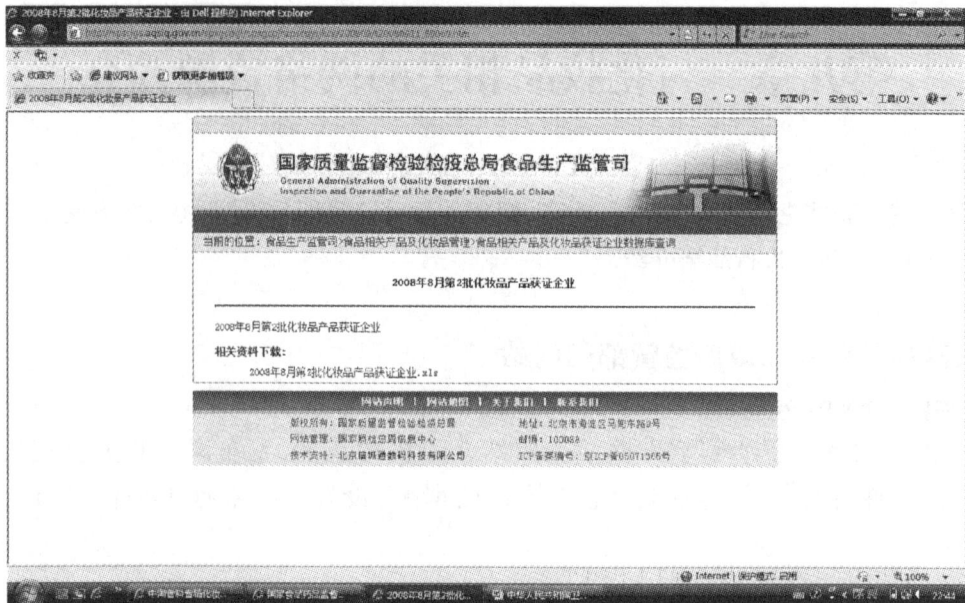

3. http://www.sda.gov.cn/

国家食品药品监督管理局官方网站,内设数据查询项对公众开放。可查询国产化妆品、进口化妆品批准文号状态。

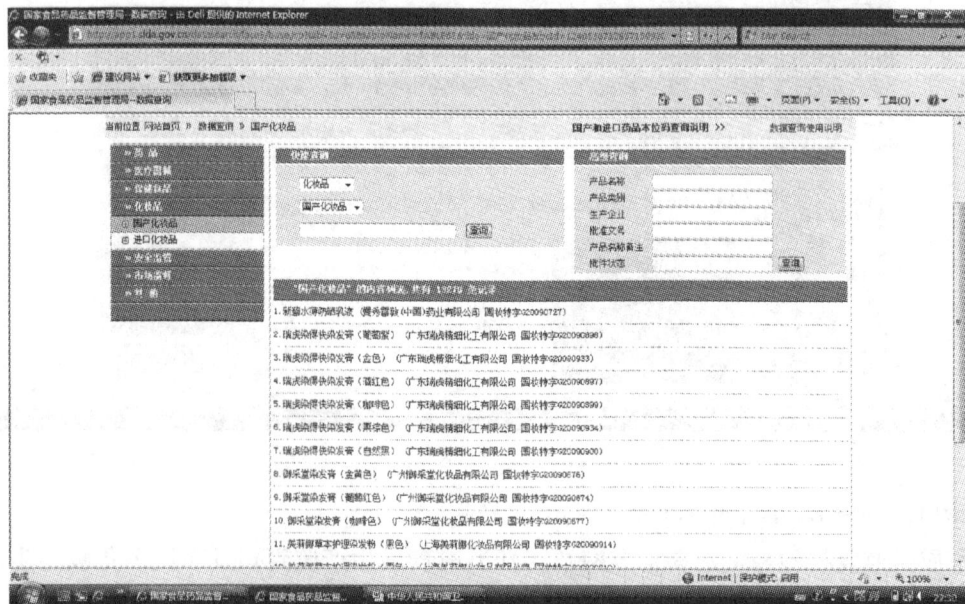

4. http：//www. saic. gov. cn/

中华人民共和国国家工商行政管理总局官方网站。网站发布相关的法规政策、行政批复文件,各种统计数据(如全国消费者投诉情况)等。网站链接中国商标网,可查询商品商标信息。

5. http：//slps. wsjd. gov. cn/xwfb/gzcx/PassFileQuery. jsp

卫生部下属卫生监督中心官方网站开设的卫生行政许可公众查询中心,可满足公众查询市场销售化妆品是否获得生产许可,或批准文号是否过期等要求。

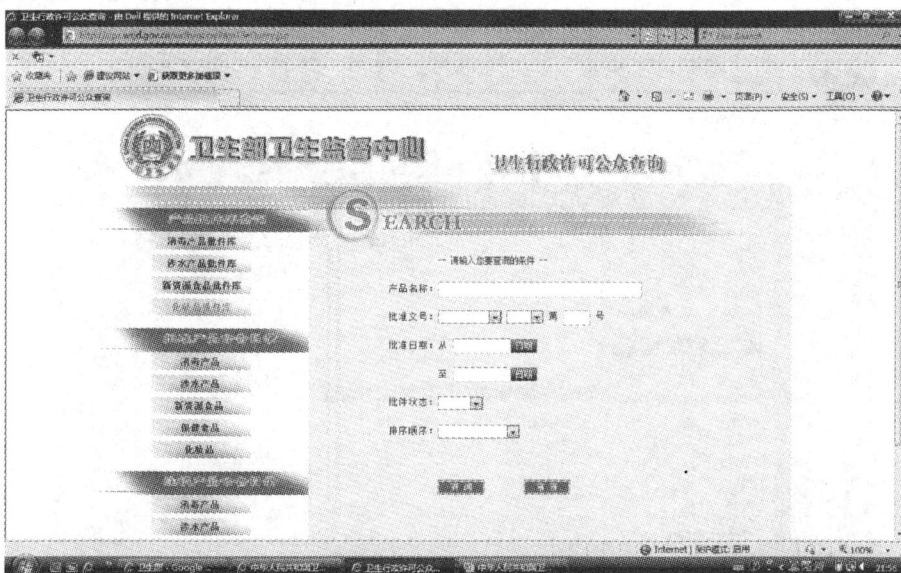

6. http://www.cfs.gov.cn/cmsweb/webportal

国家食品安全网。收集有有关化妆品生产、营销等方面国家的法律法规文件,卫生部有关化妆品监管的工作文件(如新原料公布,突发化妆品不良反应事件通报等),各地对化妆品监管动态等。

7. http://www.fda.gov/

美国食品药品管理局(Food and Drug Administration, US)官方网站。网站主要着眼于色素添加、化妆品标识、化妆品原料安全性等方面,为消费者、生产销售企业提供服务。例如,生产企业必须明确的法律法规,GMP(Good Manufacture Practice)标准,化妆品自愿注册程序等。

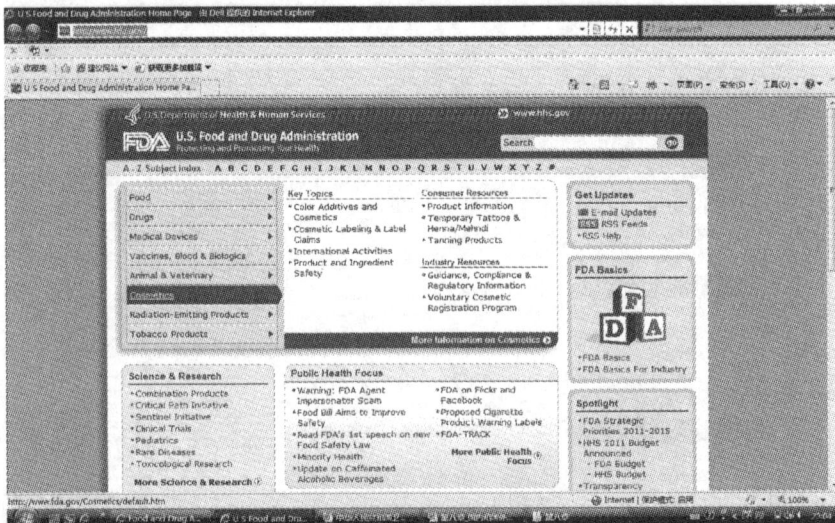

二、国内外化妆品行业协会网站

1. http://www.caffci.org/

中国香料香精化妆品工业协会官方网站。网站提供化妆品行业动态信息,转发政府部门颁布的涉及化妆品监管的法律法规文件、生产许可信息等。网站结合自身的工作性质,发布受政府委托起草文件的征求意见稿,协会主办会议通知等。

2. http://www.ctfa.org/

美国化妆品、盥洗用品和香水协会(The Cosmetic, Toiletry, and Fragrance Association, US)官方网站。网站不仅为消费者、生产销售企业,还为媒体提供服务。消费者可以从网站获知化妆品

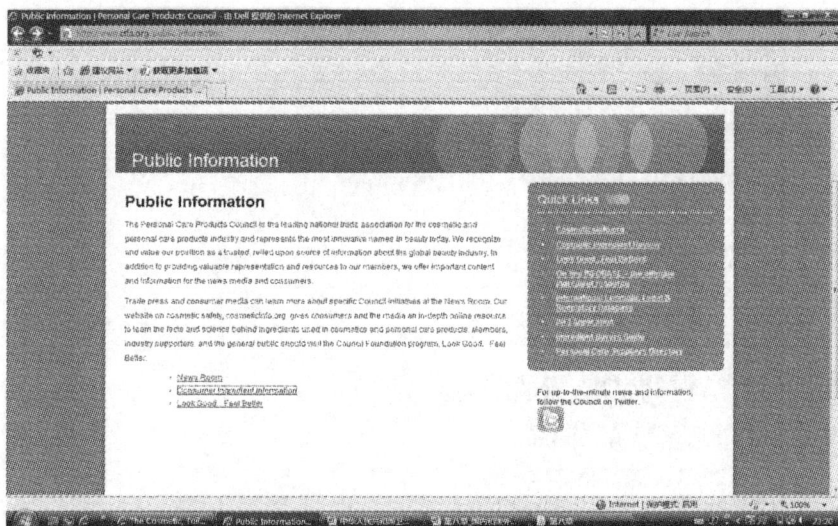

的性能特点、安全信息以及化妆品标识。网站提供视频,使消费者获得对化妆品更全面的认识。生产销售企业可获知美国政府有关化妆品的法律法规,原料安全信息等。网站帮助生产销售企业相互间借助会员资格建立联系。媒体进入"News Room"获得对化妆品更进一步的资料信息。

3. http://www.colipa.eu/

欧洲化妆品、盥洗用品和香料行业协会(COLIPA)官方网站。网站为消费者提供贴心服务,消费者可以从网站获知化妆品的性能特点、安全信息以及化妆品标识等。生产销售企业获知欧盟有关化妆品的法律法规,原料安全信息等。此外,网站还对化妆品的创新动态予以介绍,对欧盟推行的化妆品动物替代试验方法(alternative method)进行详细论述。

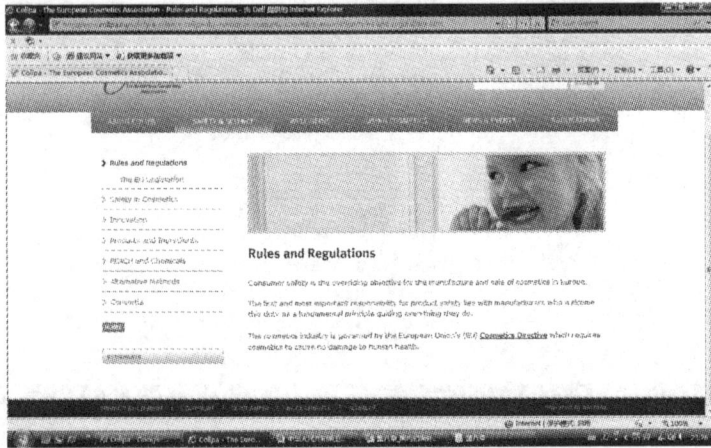

4. http://www.jcia.org/

日本化妆品行业协会(JCIA)官方网站。

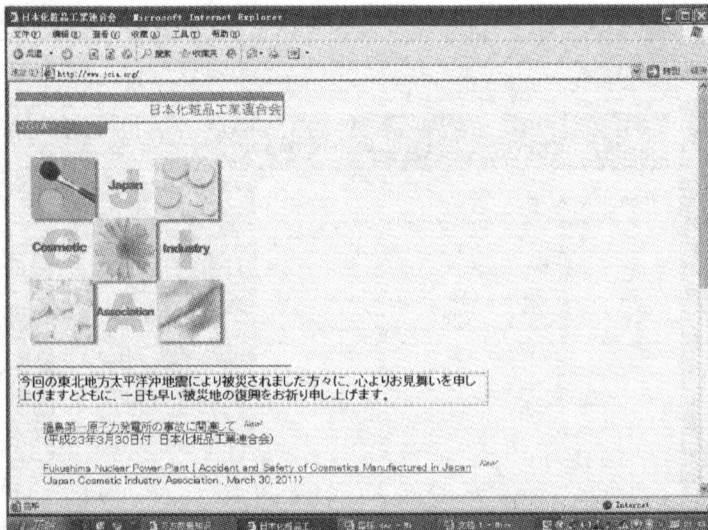

三、化学化工及相关专业摘要与全文数据库

1. 美国《化学文摘》(*Chemical Abstracts*, CA)

美国《化学文摘》是检索化学化工及相关学科文献的最主要的工具之一,收录报道 150 多个国家和地区的 56 种语言出版的 17000 多种科技期刊、学位论文、科技报告、会议、新书以及 29 个国家和地区及 2 个国际专利组织发表的专利。内容覆盖化学、化工、生物化学、生物工程、生物遗传、农业和食品化工、医用化学、地球化学和材料科学等领域。

2. 美国《工程索引》(*The Engineering Index*, EI)

美国《工程索引》是检索工程技术领域文献的最主要的工具之一,收录了工程技术类期刊、会议文集、技术报告、科技图书等 5000 多种出版物。专业覆盖应用物理、光学技术、航空航天、土木、机械、电工、计算机、控制、石油化工、动力能源、汽车船舶、采矿冶金、材料等领域。EI 一般不收录各科学纯理论研究和专利文献。

3. 中国期刊网全文数据库(*China National Knowledge Infrastructure*, CNKI)

CNKI 收录了 5000 多种中文期刊,1994 年以来的数百万篇文章,并且目前正以每天数千篇的速度进行更新。包含中国期刊全文数据库(CJFD)、中国优秀博硕士学位论文全文数据库(CDMD)、中国重要报纸全文数据库(CCND)等。

4. 万方数据知识服务平台

"万方数据知识服务平台"包含全文资源模块和文摘资源模块。其中全文资源包括中文期刊论文、中国学位论文(目前已全部开放全文 162 万多篇)、中国学术会议论文、中外专利资源等;文摘资源包括中国科技成果、科技文献、中外标准、机构信息库等。

5. Springer LINK 电子期刊、图书

德国施普林格(Springer – Verlag)是世界上著名的科技出版集团,通过 SpringerLink 系统提供其学术期刊及电子图书的在线服务。目前,SpringerLink 中已包含 1093 种全文学术期刊,这些期刊是科研人员的重要信息源。期刊库含 961 余种刊物,200 万多篇论文全文,绝大部分期刊均由创刊号开始提供,有些出版物年份可追溯至 1832 年;丛书库包括 14 种 Springer 著名丛书,全部从第一卷第一期开始提供。期刊按学科分,包括 *Behavioral Science*、*Biomedical and Life Sciences*、*Chemistry and Materials Science*、*Medicine* 等 11 类。

6. 爱思唯尔 SDOL

荷兰爱思唯尔(Elsevier)公司的 SDOL (Science Direct OnLine)数据库是最全面的全文文献数据库,涵盖了 Elsevier 公司出版的 1780 种期刊,涉及几乎所有学科领域。按学科分为 Engineering(工程技术)、Material Science(材料科学)、Chemical Engineering(化学工程)、Chemistry(化学)、Pharmacology(药剂学), Toxicology & Pharmaceutics(药理学/毒理学/制药学)、Biochemistry, Genetics & Molecular Biology(生物化学/基因学/分子生物学)、Health Science (Medicine)(医学)、Psychology(心理学)等 21 类。

附　录

附录1　化妆品中总汞含量的测定——冷原子吸收法

1. 基本原理

汞蒸气对波长 253.7nm 的紫外光具特征吸收。在一定的浓度范围内,吸收值与汞蒸气浓度成正比。样品经消解、还原处理,将化合态的汞转化为原子态汞,再以载气带入测汞仪测定吸收值,与标准系列比较定量。本方法对汞的检出限和定量下限分别为 0.01μg 和 0.04μg,若取 1g 样品测定,检出浓度为 0.01μg/g,最低定量浓度为 0.04μg/g。

2. 试剂及标准溶液的配制

实验所用试剂有:硝酸(优级纯)、硫酸(优级纯)、盐酸(优级纯)、过氧化氢$[w(H_2O_2) = 30\%]$、五氧化二钒及辛醇。

所配制标准溶液主要有以下几种:

(1)硫酸$[w(H_2SO_4) = 10\%]$:取硫酸 10mL,缓慢加入 90mL 的水中,混匀,记为溶液 A。

(2)盐酸羟胺溶液(120g/L):取盐酸羟胺 12.0g 和氯化钠 12.0g 溶于 100mL 水中,记为溶液 B。

(3)氯化亚锡溶液(200g/L):称取氯化亚锡 20g 置于 250mL 烧杯中,加入盐酸 20mL,必要时可略加热促溶,全部溶解后,加水稀释至 100mL,记为溶液 C。

(4)重铬酸钾溶液(100g/L):称取重铬酸钾 10g,溶于 100mL 水中,记为溶液 D。

(5)重铬酸钾—硝酸溶液:取溶液 D 5mL,加入硝酸 50mL,用水稀释至 1L,记为溶液 E。

(6)汞标准溶液$[\rho(Hg) = 100mg/L]$:称取氯化汞$(HgCl_2)$ 0.1354g 置于 100mL 烧杯中,加入溶液 E 溶解。移入 1000mL 容量瓶,用溶液 E 稀释至刻度,记为溶液 F。

(7)汞标准溶液$[\rho(Hg) = 10mg/L]$:取溶液 F 10.0mL 置于 100mL 容量瓶中,用溶液 E 稀释至刻度。可保存一个月,记为溶液 G。

(8)汞标准溶液$[\rho(Hg) = 1mg/L]$:取汞标准溶液 G 10.0mL 置于 100mL 容量瓶中,用溶液 E 稀释至刻度。临用前配制,记为溶液 H。

(9)汞标准溶液$[\rho(Hg) = 0.1mg/L]$:取溶液 H 10.0mL 置于 100mL 容量瓶中,用溶液 E 稀释至刻度,记为溶液 I。

3. 测试方法

(1)样品预处理(可任选一种)。

①湿式回流消解法。准确称取混匀试样 1.00g,置于 250mL 圆底烧瓶中。随同试样做试剂

空白。样品如含有乙醇等有机溶剂,先在水浴或电热板上低温挥发(不得干涸)。

加入硝酸 30mL、水 5mL、硫酸 5mL 及数粒玻璃珠。置于电炉上,接上球形冷凝管,通冷凝水循环。加热回流消解 2h。消解液一般呈微黄色或黄色。从冷凝管上口注入水 10mL,继续加热 10mim,放置冷却。用预先用水湿润的滤纸过滤消解液,除去固形物。对于含油脂蜡质多的试样,可预先将消解液冷冻使油脂蜡质凝固。用蒸馏水洗滤纸数次,合并洗涤液于滤液中。加入盐酸羟胺溶液 1.0mL,用水定容至 50mL,备用。

②湿式催化消解法。准确称取混匀试样 1.00g,置于 100mL 锥形瓶中。随同试样做试剂空白。样品如含有乙醇等有机溶剂,先在水浴或电热板上低温挥发(不得干涸)。

加入五氧化二钒 50mg、硝酸 7mL,置于沙浴或电热板上用微火加热至微沸。取下放冷,加硫酸 5.0mL,于锥形瓶口放一小玻璃漏斗,在 135~140℃下继续消解并于必要时补加少量硝酸,消解至溶液呈现透明蓝绿色或橘红色。冷却后,加少量水继续加热煮沸约 2min 以驱赶二氧化氮。加入盐酸羟胺溶液 1.0mL,用水定容至 50mL,备用。

③浸提法(只适用于不含蜡质的化妆品)。准确称取混匀试样 1.00g,置于 50mL 具塞比色管中。随同试样做试剂空白。样品如含有乙醇等有机溶剂,先在水浴或电热板上低温挥发(不得干涸)。

加入硝酸 5.0mL、过氧化氢 2mL,混匀。如样品产生大量泡沫,可滴加数滴辛醇。于沸水浴中加热 2h,取出,加入盐酸羟胺溶液 1.0mL,放置 15~20min,加入硫酸,用水定容至 25mL 备用。

④微波消解法。准确称取混匀试样 0.5~1g 于清洗好的聚四氟乙烯溶样杯内。含乙醇等挥发性原料的化妆品,如香水、摩丝、沐浴液、染发剂、精华素、剃须水、面膜等,先放入温度可调的 100℃ 恒温电加热器或水浴上挥发(不得蒸干)。油脂类和膏粉类等干性物质,如唇膏、睫毛膏、眉笔、胭脂、唇线笔、粉饼、眼影、爽身粉、痱子粉等,取样后先加入 0.5~1.0mL 水,润湿摇匀。

根据样品消解的难易程度,样品或经预处理的样品,先加入硝酸 2.0~3.0mL,静置过夜。然后再加入过氧化氢 1.0~2.0mL,将溶样杯晃动几次,使样品充分浸没。放入沸水浴或温度可调的恒温电加热设备中 100℃加热 20min 取下,冷却。如溶液的体积不到 3mL 则补充水。同时严格按照微波溶样系统操作手册进行操作。

把装有样品的溶样杯放进预先准备好的干净的高压密闭溶样罐中,拧上罐盖(注意:不要拧得过紧)。

下表为一般化妆品消解时,压力—时间的程序。如果化妆品是油脂类、中草药类、洗涤类,可适当提高防爆系统灵敏度,以增加安全性。

消解时压力—时间程序

压力挡	压力/MPa	保压累加时间/min
1	0.5	1.5
2	1.0	3.0
3	1.5	5.0

根据样品消解的难易程度可在 5～20min 内消解完毕,取出冷却,开罐,将消解好的含样品的溶样杯放入沸水浴或温度可调的 100℃ 电加热器中数分钟,驱除样品中多余的氮氧化物,以免干扰测定。

将样品移至 10mL 具塞比色管中,用水洗涤溶样杯数次,合并洗涤液,加入溶液 B 0.5mL,用水定容至 10mL,备用。

(2)校准曲线的制备。移取溶液 I 0.10mL、0.30mL、0.50mL、0.70mL、1.00mL、2.00mL,置于 100mL 锥形瓶或汞蒸气发生瓶中,用硫酸定容至一定体积。

按仪器说明书调节好测汞仪。将标准系列加至汞蒸气发生瓶中,加入氯化亚锡溶液 2mL 迅速塞紧瓶塞。开启仪器气阀。待指示达最高读数时,记录读数。绘制校准曲线或计算回归方程。

(3)测定。吸取定量的空白和样品溶液于汞蒸气发生瓶中,加入硫酸至一定体积,进行测定,并按下式计算汞含量。

$$w(\text{Hg}) = \frac{(M_1 - M_0)V}{MV_1}$$

式中:$w(\text{Hg})$——样品中汞的质量分数,$\mu\text{g/g}$;

　　M_1——测试溶液中汞的质量,μg;

　　M_0——空白溶液中汞的质量,μg;

　　V——样品消化液的总体积,mL;

　　V_1——分取样品消化液体积,mL;

　　M——样品取样量,g。

附录 2　化妆品中总砷含量的测定——氢化物原子荧光光度法

1. 基本原理

在酸性条件下,五价砷可被硫脲/抗坏血酸还原为三价砷,然后与由硼氢化钠与酸作用产生的大量新生态氢反应,生成气态的砷化氢,被载气输入石英管炉中,受热后分解为原子态砷,在砷空心阴极灯发射光谱激发下,产生原子荧光,在一定浓度范围内,其荧光强度与砷含量成正比,与标准系列比较定量。本方法检出限为 $4.0\mu\text{g/L}$,定量下限为 $13.3\mu\text{g/L}$,若取 1g 样品,本方法检出浓度为 $0.01\mu\text{g/g}$,最低定量浓度为 $0.04\mu\text{g/g}$。

2. 试剂及标准溶液的配制

实验所用试剂有:硝酸(优级纯)、硫酸(优级纯)、氧化镁(优级纯)、过氧化氢 $[w(\text{H}_2\text{O}_2) = 30\%]$。

所配制的标准溶液主要有以下几种:

(1)六水合硝酸镁溶液(500g/L):称取六水合硝酸镁 500g,加水溶解稀释至 1L,记为溶液 A。

（2）盐酸（1+1）：取优级纯盐酸[ρ（20℃）=1.19g/mL]100mL，加水100mL，混匀，记为溶液 B。

（3）硫脲/抗坏血酸混合溶液：称取硫脲[$(NH_2)_2CS$]12.5g，加水约80mL，加热溶解，待冷却后加入抗坏血酸12.5g，稀释到100mL，储存于棕色瓶中，可保存一个月，记为溶液 C。

（4）氢氧化钠溶液（1g/L）：称取氢氧化钠1g溶于水中，稀释至1L，记为溶液 D。

（5）硼氢化钠溶液（7g/L）：称取硼氢化钠7g溶于1L溶液 D 中，记为溶液 E。

（6）氢氧化钠溶液（100g/L）：称取氢氧化钠100g溶于水中，稀释至1L，记为溶液 F。

（7）硫酸（1+9）：取硫酸10mL，缓慢加入90mL水中，记为溶液 G。

（8）酚酞指示剂（1g/L乙醇溶液）：称取酚酞0.1g溶于50mL 95%乙醇中加水至100mL，记为溶液 H。

（9）砷标准储备溶液[ρ（As）=1g/L]：称取经150℃干燥2h的三氧化二砷（As_2O_3）0.6600g，溶于10mL溶液 D 中，滴加2滴溶液 H，用溶液 G 中和至中性，加入溶液 G 10mL，转移至500mL容量瓶中，加水至刻度，混匀，记为溶液 I。

（10）砷标准溶液[ρ（As）=10mg/L]：移取溶液 I 1.00mL 置于100mL容量瓶中，加水至刻度，混匀，记为溶液 J。

（11）砷标准工作溶液[ρ（As）=1mg/L]：临用时，移取溶液 J 10.0mL 于100mL容量瓶中，加水至刻度，混匀，记为溶液 K。

3. 测试方法

（1）样品预处理（可任选一种）。

①HNO_3—H_2SO_4湿式消解法。准确称取混匀试样1.00g，置于150mL锥形瓶中。同时做试剂空白。样品如含乙醇等溶剂，称取样品后应预先将溶剂挥发（不得干涸）。加数粒玻璃珠，加入硝酸10~20mL，放置片刻后，缓缓加热，反应开始后移去热源，稍冷后加入硫酸2mL。继续加热消解，若消解过程中溶液出现棕色，可加少许硝酸消解，如此反复直至溶液变澄清或微黄。放置冷却后，加水20mL继续加热煮沸至产生白烟，将消解液定量转移至25mL具塞比色管中，加水定容至刻度，备用。

②干灰化法。准确称取混匀试样1.00g，置于50mL坩埚中，同时做试剂空白。加入氧化镁1g，溶液 A 2mL，充分搅拌均匀，在水浴上蒸干水分后微火炭化至不冒烟，移入箱形电炉，在550℃下灰化4~6h，取出，向灰分中加少许水使其润湿，然后用溶液 B 20mL分数次溶解灰分，加水定容至25mL，备用。

③微波消解法。同汞测定中的方法。

（2）校准曲线的制备。吸取溶液 K 0.10mL、0.30mL、0.50mL、1.00mL、1.50mL、2.00mL 于25mL具塞比色管中，加水至5mL，加入溶液 B 5.0mL，再加入溶液 C 2.0mL，混匀，逐个吸取标准系列溶液2.0mL，注入氢化物发生器中，加入一定量溶液 E，测定其荧光强度，以荧光强度为纵坐标、砷含量(μg/L)为横坐标,绘制校准曲线。

(3)测定。取预处理样品溶液及试剂空白溶液 10.0mL 于 25mL 具塞比色管中,加入溶液 C 2.0mL,混匀,吸取 2.0mL 测定样品荧光强度,由校准曲线查出测试溶液中砷的浓度。并按下式计算。

$$w(\text{As}) = \frac{(\rho_1 - \rho_0)V}{1000M}$$

式中:$w(\text{As})$——样品中砷的质量分数,μg/g;

    ρ_1——测试溶液中砷的质量浓度,μg/L;

    ρ_0——空白溶液中砷的质量浓度,μg/L;

    V——样品消化液总体积,mL;

    M——样品取样量,g。

附录3 化妆品中铅含量的测定——火焰原子吸收分光光度法

1. 基本原理

样品经预处理使铅以离子状态存在于样品溶液中,样品溶液中铅离子被原子化后,基态铅原子吸收来自铅空心阴极灯发出的共振线,其吸光度与样品中的铅含量成正比。在其他条件不变的情况下,根据测量被吸收后的谱线强度,与标准系列比较进行定量。方法的检出限为 0.15mg/L,定量下限为 0.50mg/L。若取 1g 样品测定,定容至 10mL,本方法的检出浓度为 1.5μg/g,最低定量浓度为 5μg/g。

2. 试剂及标准溶液的配制

实验所用试剂有:硝酸(优级纯)、高氯酸(优级纯)、过氧化氢[$w(H_2O_2) = 30\%$]、辛醇/甲基异丁基酮。

所配制标准溶液主要有以下几种:

(1)硝酸(1+1):取硝酸 100mL,加水 100mL,混匀,记为溶液 A。

(2)混合酸:硝酸和高氯酸按 3:1 混合,记为溶液 B。

(3)盐酸羟胺溶液(120g/L):取盐酸羟胺 12.0g 和氯化钠 12.0g 溶于 100mL 水中,记为溶液 C。

(4)铅标准溶液。

①铅标准溶液[$\rho(Pb) = 1g/L$]:称取纯度为 99.99% 的金属铅 1.000g,加入硝酸溶液 20mL,加热使之溶解,移入 1L 容量瓶中,用水稀释至刻度,记为溶液 D。

②铅标准溶液[$\rho(Pb) = 100mg/L$]:取溶液 D 10.0mL 置于 100mL 容量瓶中,加入溶液 A 2mL,用水稀释至刻度,记为溶液 E。

③铅标准溶液[$\rho(\mathrm{Pb})=10\mathrm{mg/L}$]：取溶液 E 10.0mL 置于 100mL 容量瓶中，加入溶液 A 2mL，用水稀释至刻度，记为溶液 F。

（5）盐酸溶液（7mol/L）：取优级纯浓盐酸[$\rho(20℃)=1.19\mathrm{g/mL}$]30mL，加水至 50mL，记为溶液 G。

3. 测试方法

（1）样品预处理（可任选一种）。样品可以通过湿式消解法、微波消解法及浸提法（只适用于不含蜡质的化妆品）等方法进行预处理。

（2）测定。

①移取溶液 F 0.50mL、1.00mL、2.00mL、4.00mL、6.00mL，分别置于 10mL 具塞比色管中，加水至刻度。按仪器操作程序，将仪器的分析条件调至最佳状态。在扣除背景吸收下，分别测定校准曲线系列、空白和样品溶液。如样品溶液中铁含量超过铅含量 100 倍，不宜采用氘灯扣除背景法，应采用塞曼效应扣除背景法，预先除去铁。绘制浓度—吸光度曲线，计算样品含量。

②将标准溶液、空白溶液和样品溶液转移至蒸发皿中，在水浴上蒸发至干。加入溶液 G 10mL 溶解残渣，转移至分液漏斗，用等量的 MIBK 萃取二次，保留盐酸溶液。再用盐酸溶液 G 5mL 洗 MIBK 层，合并盐酸溶液，必要时赶酸，定容。按仪器操作程序，进行测定。并用下式计算样品中的铅含量。

$$w(\mathrm{Pb})=\frac{(\rho_1-\rho_0)V}{M}$$

式中：$w(\mathrm{Pb})$——样品中铅的质量分数，$\mu\mathrm{g/g}$；

ρ_1——测试溶液中铅的质量浓度，mg/L；

ρ_0——空白溶液中铅的质量浓度，mg/L；

V——样品消化液总体积，mL；

M——样品取样量，g。

附录4　化妆品中甲醇含量的测定——气相色谱法

1. 基本原理

样品经预处理（经蒸馏或经气—液平衡）后，以气相色谱进行测试和定量。本方法检出浓度为 $15\mu\mathrm{g/g}$，最低定量浓度为 $50\mu\mathrm{g/g}$。

2. 试剂及标准溶液的配制

实验所用试剂有：无甲醇乙醇、色谱担体 GDX-102（60~80 目）、色谱固定液聚乙二醇 1540（或 1500）、氯化钠、消泡剂（乳化硅油）。

所配制标准溶液主要有以下几种：

（1）乙醇[$w(C_2H_5OH)=75\%$]：取无甲醇乙醇 75mL，用水稀释至 100mL，记为溶液 A。

（2）甲醇标准溶液。

①适用于直接法的样品预处理：取色谱纯甲醇 1.00mL 置于 100mL 容量瓶中，用溶液 A 定容至刻度，本标准溶液含甲醇 1.00%（体积分数）。于冰箱中保存，记为溶液 B。

②适用于蒸馏法和气—液平衡法的样品预处理：取色谱纯甲醇约 1.00g 置于 100mL 容量瓶中，用溶液 A 定容至刻度，本标准溶液含甲醇 10g/L。于冰箱中保存，记为溶液 C。

3. 测试方法

（1）样品取样。不含推进剂的化妆品直接取样。含推进剂的样品，如发胶，按以下方法取样：取一定量溶液 A 于顶空瓶或蒸馏瓶中，在发胶瓶的喷嘴上装一注射器针头，连接聚四氟乙烯细管，将此管另一端插入乙醇液面下，缓缓按压喷嘴，使发胶从针头流出，经聚四氟乙烯细管流入乙醇溶液中。如难以压出样品，可将样品置于冰箱冷却后，再挤压取样。用减差法计算取样量。

（2）样品预处理。

①直接法（本法只适用于非发胶类、低黏度的化妆品）：直接取样测定或取一定样品用溶液 A 稀释后测定（必要时过滤）。

②蒸馏法（本法适用于各类化妆品）：取样品约 10g 于蒸馏瓶中，加水 50mL，氯化钠 2g，消泡剂 1 滴和无甲醇乙醇 30mL，在沸水浴中蒸馏，收集蒸馏液至不再蒸出，加入无甲醇乙醇定容至 50mL，以此作为样品溶液。

③气—液平衡法（本法不适用于发胶类化妆品）：取样品约 5g 于顶空瓶中，溶液 A 5mL，密封后置于 40℃恒温水浴中平衡 20min。取气液平衡后的液上气体作为待测样品。

（3）校准曲线的制备。

①适用于按直接法预处理的样品：取 50mL 容量瓶 7 个，分别加入溶液 B 0.25mL、0.50mL、1.00mL、2.00mL、4.00mL、7.00mL、10.0mL，然后分别加入溶液 A 至刻度，此标准系列含甲醇为 0.005%、0.010%、0.020%、0.040%、0.080%、0.140%、0.200%（体积分数）。依次取标准溶液 1μL 注入气相色谱仪，记下各次色谱峰面积，并绘制峰面积—甲醇浓度（%，体积分数）曲线。

②适用于按蒸馏法预处理的样品：取 50mL 容量瓶 7 个，分别加入溶液 C 0.25mL、0.50mL、1.00mL、2.00mL、4.00mL、7.00mL、10.0mL，然后分别加入溶液 A 至刻度，此标准系列含甲醇为 0.050g/L、0.10g/L、0.20g/L、0.40g/L、0.80g/L、1.40g/L、2.00g/L。依次取标准溶液 1μL 注入气相色谱仪，记下各次色谱峰面积，并绘制峰面积—甲醇浓度（g/L）曲线。

③适用于按气—液平衡法预处理的样品：取溶液 C 0.10mL、0.50mL、1.00mL、2.00mL、3.00mL、4.00mL 于顶空瓶中，加溶液 A 至 10.0mL，配制成 0.10g/L、0.50g/L、1.00g/L、2.00g/L、3.00g/L、4.00g/L 的标准系列，密封后放入 40℃恒温水浴中平衡 20min。依次取液上气体 1mL 注入气相色谱仪，记下各次色谱峰面积，并绘制峰面积—甲醇浓度（g/L）曲线。

（4）测定。依次取待测样品溶液 $1\mu L$（或液上气体 $1mL$）注入气相色谱仪,记下各次色谱峰面积。根据峰面积—甲醇浓度曲线,求得样品溶液中甲醇的含量。并用下式计算样品中的甲醇含量。

$$w(\mathrm{CH_3OH}) = \frac{1000\rho V}{m}$$

式中: $w(\mathrm{CH_3OH})$ ——样品中甲醇的质量分数, $\mu g/g$;

ρ ——测试溶液中甲醇的质量浓度, g/L;

V ——样品定容体积, mL;

m ——样品取样量, g。

如样品按直接法处理进行分析,则可按下式计算。必要时,根据甲醇和样品密度,折算为质量分数。

$$\Phi(\mathrm{CH_3OH}) = w_1 \times 100 \times K$$

式中: $\Phi(\mathrm{CH_3OH})$ ——样品中甲醇浓度的体积分数;

w_1 ——测试溶液中甲醇浓度, $\%$;

K ——样品稀释倍数。

附录5　化妆品 pH 值的测定——电位计法

1. 方法提要

以玻璃电极为指示电极,饱和甘汞电极为参比电极,同时插入被测溶液中组成一个电池。此电池产生的电位差与被测溶液的 pH 值有关,它们之间的关系符合能斯特方程式:

$$E = E_0 + 0.059 \lg[\mathrm{H^+}] \quad (25℃)$$
$$E = E_0 - 0.059\mathrm{pH}$$

式中: E_0 ——常数。

在 25℃ 时,每单位 pH 值相当于 $59.1mV$ 的电位差。即电位差每改变 $59.1mV$,溶液中的 pH 值相应改变 1 个单位。可在仪器上直接读出 pH 值。

2. 试剂

本规范所用试剂除另有说明外,均为优级纯试剂。所用水指不含 CO_2 的去离子水。

（1）苯二甲酸氢钾标准缓冲溶液:称取在 105℃ 烘干 2h 的苯二甲酸氢钾（ $\mathrm{KHC_8H_4O_4}$ ） 10.12g 溶于水中,并稀释至 1L,储存于塑料瓶中。此溶液 20℃ 时,pH 值为 4.00。

（2）磷酸盐标准缓冲溶液:称取在 105℃ 烘干 2h 的磷酸二氢钾（ $\mathrm{KH_2PO_4}$ ）3.40g 和磷酸氢二钠（ $\mathrm{Na_2HPO_4}$ ）3.55g,溶于水中,并稀释至 1L,储存于塑料瓶中。此溶液 20℃ 时,pH 值为 6.88。

（3）硼酸钠标准缓冲溶液:称取四硼酸钠（ $\mathrm{NaB_4O_7 \cdot 10H_2O}$ ）3.81g,溶于水中,稀释至 1L,储

存于塑料瓶中。此溶液20℃时,pH值为9.22。

需注意以上三种标准缓冲溶液的pH值随温度变化而稍有差异。

3. 仪器

(1)精密酸度计。

(2)复合电极或玻璃电极和甘汞电极。

(3)磁力搅拌器(附有加温控制功能)。

(4)烧杯,50mL。

4. 分析步骤

(1)样品预处理。

①稀释法。称取样品1份(精确至0.1g),加不含CO_2的去离子水10份,加热至40℃,并不断搅拌至均匀,冷却至室温,作为待测溶液。如为含油量较高的产品,可加热至70~80℃,冷却后去油块待用;粉状产品可沉淀过滤后待用。

②直测法(不适用于粉类、油膏类化妆品及油包水型乳化体)。将适量包装容器中的样品放入烧杯中待用或将小包装去盖后直接将电极插入其中。

(2)测定。

①电极活化。复合电极或玻璃电极在使用前应放入水中浸泡24h以上。

②校准仪器。按仪器出厂说明书,选用与样品pH值相接近的两种标准缓冲溶液在所规定的温度下进行校准或在温度补偿条件下进行校准。

③样品测定。用水洗涤电极,用滤纸吸干后,将电极插入被测样品中,启动搅拌器,待酸度计读数稳定1min后,停止搅拌,直接从仪器上读出pH值。测试两次,误差范围为±0.1,取其平均读数值。测定完毕后,将电极用水冲洗干净,其中玻璃电极浸在水中备用。

5. 精密度

四个实验室对19种市售化妆品样品,用稀释法进行6~22次平行测定,其相对标准偏差为0.16%~1.94%。

附录6　染发剂的安全性和染发效果的评价方法

1. 应用范围

(1)在保证受试染发类化妆品具有安全性的前提条件下,接受人体安全性和染发作用实验。

(2)本方法适用于要求染发的人群,使用染发类化妆品后,对其安全性、染发作用进行检验和评价。

2. 检验目的

通过人体试用试验,检验和评价受试染发化妆品引起不良反应的可能性以及是否具有染发功效作用。

3. 受试者选择

（1）入选条件。

①年龄 18～60 岁。

②无严重系统性疾病、无免疫缺陷或自身免疫性疾病患者。

③无活动性过敏性疾病患者。

④既往对烫发、染发类产品无过敏者。

⑤近 1 个月未曾全身使用激素类药物及免疫抑制剂者。

⑥近 2 个月内未曾使用烫发、染发类产品。

⑦未参加其他临床实验者。

⑧志愿参加并能按试验要求完成规定内容者。

（2）排除条件。

①妊娠或哺乳期。

②试验期间全身应用激素类、免疫抑制剂类药物者。

③头部有脂溢性皮炎、男性脱发、斑秃、过敏性病灶等病变患者。

④未按规定使用受试物和资料不全者。

4. 实验设计与试用方法

试验前详细说明试验目的、试验方法及可能出现的不良反应,选合格受试者 20 人以上;确定头部染发部位,取三束头发,每束约 50 根头发,按受试染发产品说明书中推荐的使用方法和剂量进行染发,染发结束后及一周内,观察染发效果以及皮肤不良反应。如在染发过程中出现不良反应,应即刻停止试验,并对受试者作适当处理。

5. 安全性评价

选正常受试者 30 人做皮肤斑贴试验。用蒸馏水将受试样品稀释至 5% 的浓度,取受试样品 0.02～0.04mL,对照组仅用蒸馏水稀释剂,按斑贴试验方法进行斑贴试验,按皮肤反应分级标准观察皮肤不良反应结果。斑贴试验结果在 48h 后观察,如为阴性,于 72h、96h 再观察一次结果;如在试验处感到烧灼或剧痒,应及时去掉斑试物,并作适当处理。

6. 观察指标

（1）皮肤反应分级标准见附表 1。

附表 1　皮肤反应分级标准

皮肤反应	分　级	皮肤反应	分　级
无反应	0	呈红斑、水肿、丘疹、水疱	3
呈淡红斑,无丘疹	1	红斑、水肿基础上出现大疱	4
呈红斑、浸润,出现丘疹	2		

（2）一般性全身反应。包括恶心、呕吐、乏力、头晕以及其他不适。

（3）当出现全身性不良反应时，应进行血、尿、大便以及肝功能化验，必要时进一步做其他相关检查。

（4）毛发损害。在染发前，由专业医生对染发部位毛发的质地、颜色等进行记录，染发结束及染发后一周内，由皮肤科专业医生观察毛发损害程度；毛发损害程度判断标准见附表2。

附表2　毛发损害程度判断标准

毛发损伤	分　级	毛发损伤	分　级
无	0	毛发脱色、变脆、分叉、干枯、断裂	2
毛发轻度脱色	1	毛发脱落明显	3

（5）受试者对染发效果的评价。可分为满意、基本满意及不满意三级。

（6）美发师对染发效果的评价。可分为满意、基本满意及不满意三级。

7. 结果判断

（1）染发效果判断以受试者和美发师满意或基本满意为有染发效果。

（2）安全性评价出现5例2级皮肤反应或2级毛发损伤，或任何1例出现全身性不良反应或化验结果明显异常，并判断为与试验产品相关时，即判定该受试物对人体有不良反应。

附录7　育发化妆品人体试用试验的评价方法

一、受试者条件

作为功效测定，要求受试者的选择与需要观察的脱发种类有代表性，还要有可观察性，特别是快速、准确、容易操作和容易被受试者接受。

1. 年龄

不同的脱发类型年龄选择也不尽相同，如斑秃主要选择能够配合观察的，包括儿童和老人，甚至由家人帮助使用育发剂，但是，如果受试者充裕，可选择18～50岁；而脂溢性脱发，俗称"壮年性脱发"，年龄选择20～40岁。

2. 病程

病程选择主要根据对受试者和可观察性的要求选择病程。脂溢性脱发病程最好在秃顶后3年以内，而且秃顶者头发并没有完全脱落。

3. 脱发种类

作为育发化妆品，主要应用于脂溢性脱发、斑秃以及生理性脱发等。

4. 其他

受试者条件，除以上主要条件之外，一般要求受试者无可能影响本观察结果的其他疾病，1个月内未用过类似育发剂，并能按照要求自愿配合完成观察等。另外，季节因素也要考虑，如季节性生理性脱发多在秋季,观察生理性脱发不能从秋季开始。

二、量化指标

1. 毛囊数目

毛囊数目指单位面积内的毛囊数。毛囊数目变化对育发化妆品的功效评价非常重要。从理论上来讲,育发剂可促进毛囊的恢复,促进毛发的生长。从毛囊多少的变化,可判断其功效。为了便于比较,统一标准,将有毛发的部位判为有毛囊的部位,也就是说,每一根头发长出的部位就为一个毛囊,如同一个毛囊中长出 2~3 根毛发,无法分开者,统一判断为一个毛囊;如只是靠得比较近者,能分开的毛发,必须按实际毛囊数计算。

2. 毛发直径

毛发的直径可以反映出头发的生长情况。如脂溢性脱发者,头发逐渐变细、变软,当头发改善以后,头发直径也逐渐增大。但是,一根头发直径的变化不能说明问题,必须统计单位面积内头发直径的变化,才能反映育发剂的功效。

3. 生长速度

头发的生长速度也可直接反映出育发剂的功效。观察时,必须是单位面积内头发生长的平均速度,单根头发不能准确反映出头发的生长速度。

4. 脱落数量

与头发生长记数相反,记数每天头发脱落数量的减少情况,也可以反映出育发剂的功效。但是该项观察要注意头发脱落的季节性。

三、定点观察

要具有可比性和可重复性,必须定点观察头发生长的全过程。

1. 小面积定点观察

定点是指在同一个被观察者,选择某一点和某一小部分,连续观察该部位的头发生长变化;毛囊数、头发直径和头发生长速度等功效学量化观察指标,很难将所有头发进行观察,可行的方法是选一小部分头部面积进行观察,以此来代表整个头发的生长情况,从而反映出育发剂的功效。选择具有代表性的观察部位是各项量化指标的关键,与此相反,不同的观察指标选择不同的观察部位也是相当重要的。另外,选定的部位必须使用不能冲洗掉的皮肤专用记号笔进行固定标记,或使用美兰标记,碘酒固定。固定标记如有困难,可以考虑使用文身的方法进行标记,成为永久性标记。要求标记成黑点,与亚洲人黑发颜色相似,以至于与头发色混成一体,不会影响美观。另外选择永久性标记点最好选择在有头发的边缘。具体操作如下:

(1)剃发和观测面积。根据检测器具,一般 5~10mm^2 的面积比较合适,圆形或方形均可,可根据需要选择。

（2）有头发部位的观察。有的脱发者,如脂溢性脱发早期,头发有所减少但是并不秃顶,根据这种情况,在进行量化指标时如毛囊数、头发直径和头发生长速度等只能将头发剃出一小部分进行观察剃发部位。因为要长期观察,所以,选择剃发以后能被周围头发遮盖而不会影响美观的部位,则容易被人所接受。常选取耳尖上方5cm处比较合适。只要部位固定,可以根据不同情况选择其他部位。

（3）无头发部位的观察。一般,秃顶者喜欢将有头发部位的头发留长并尽量多地盖住秃顶部位,无头发部位的观察要根据这种情况,在被遮盖部位靠近有头发生长的边缘定点观察,这样做的目的是有记号处不易被人发现,容易被人接受,更重要的是就近有较密集头发的边缘,容易在最短的时间内,观察出头发从无到有的过程。

（4）少头发部位的观察。进行观察的条件,如没有头发最好观察。但是头发完全脱落后,短期内又难以观察出效果,有少量头发是最容易观察出育发效果的,但是要达到量化指标观察就非常困难。观察时,尽量选缺头发的空挡区,这样就不需要剃发,又可以进行量化功效观察。

2. 总体定点摄影观察（略）

四、观察与检测方法

选好观察点之后,接着是选择观察方法。要根据不同部位,不同情况分别对待。

1. 剃发部位的观察

先记录不使用育发剂2个月的数据,然后再将原部位的头发剃除,使用育发剂再观察2个月。然后将前2个月与后2个月的数据作自身对照,一般观察30例受试者,也就是30对自身对照,其可比性很强。

2. 毛囊数目增长的观察

在固定的观察点,采用固定的条件进行数码摄影并保存,每个月观察一次,将前后的毛囊数进行统计学处理。毛囊数的计算,可以是肉眼计算,最好是计算机自动计数,以减少人为因素带来的误差。

3. 头发生长速度与直径的测定

头发生长速度是记录观察面积内所有头发生长的长度除以时间的平均值,观察的方法是将所有观察区域内的头发向一个方向压倒,之后,固定条件数码摄影并保存。每个月观察一次,由计算机自动计算固定区域内的头发面积,不同时间的面积差值,就反映出头发生长速度与直径的综合指标。同时,根据计算机的图像解析度,区分出头发的根数,从而计算出头发的平均直径和平均生长速度。如果计算机的解析度不够,可肉眼计数头发的根数,再用面积除以根数得到头发的平均直径。

4. 头发脱落的根数

收集洗发时的脱发,测定其根数是一种简单的方法,每次评价试验至少收集三次洗发时的脱发(连日或隔日实施)。此外,因为脱发随季节变动较大,特别是从夏天到秋天脱发会增加,因此需持续 6 个月。脱发测定法是在张开的 30cm×30cm 正方形的非织造布上洗发,将非织造布上附着的头发干燥,用镊子收集,将头发置于干净纸上,计算头发根数。

5. 头部图像对比法

将头部进行大体数码摄影是非常重要的,因为以上指标虽然可以量化指标观察,但是整个头发的生长状况还是看不出。因此,要看到整个头发的生长情况,必须对头发部位进行大体和全体摄像,每一两个月拍摄一次,当然用肉眼来观察头发的变化时间比较长,一般需要一两年才有明显的对比性,但是没有前后固定条件的图片对比,就难以说明头发生长的变化。图像对比法,如果效果明显,很容易一目了然,其结果也容易被人接受。但是如果效果差别不大,就比较难以判断。

图像拍摄的要点(略)。

附录8 防晒化妆品防晒指数(SPF 值)的测定方法

1. 光源要求

所使用的人工光源必须是氙弧灯日光模拟器,并配有过滤系统,应发射连续光谱,光谱特征连续波段在 290~400nm。在紫外区域没有间隙或波峰。光源输出在整个光束截面上应稳定、均一(对单束光源尤其重要)。

2. 红斑效应以累积性来描述

每一波段的红斑效应可表达为与 280~400nm 总红斑效应的百分比值,即相对累积性红斑效应% RCEE(Relative Cumulative Erythemal Effectiveness)。

3. 受试者的选择

(1)选 18~60 岁健康志愿受试者,男女均可。

(2)既往无光感性疾病史,近期内未使用影响光感性的药物。

(3)受试者皮肤类型为 Ⅰ 型、Ⅱ 型、Ⅲ 型,即对日光或紫外线照射反应敏感,照射后易出现晒伤而不易出现色素沉着者。

(4)受试部位的皮肤应无色素沉着、炎症、瘢痕、色素痣、多毛等。

(5)妊娠、哺乳、口服或外用皮质类固醇激素等抗炎药物,或近一个月内曾接受过类似试验者应排除在受试者之外。

(6)按本方法规定每种防晒化妆品的测试人数最少例数为 10,最大例数为 25。

4. MED 测定方法

(1)受试者体位:照射后背,可采取前倾位或俯卧位。

(2)样品涂布面积不小于 30cm^2。

(3)样品用量及涂布方法:按 2mg/cm² 的用量称取样品,使用乳胶指套将样品均匀涂布于试验区内,等待 15min。

(4)测定受试者 MED:应在测试产品 24h 以前完成。在受试者背部皮肤选择一照射区域,取 5 点用不同剂量的紫外线照射,16~24h 后观察结果。以皮肤出现红斑的最低照射剂量或最短照射时间为该受试者正常皮肤的 MED。

(5)测定受试样品的 SPF 值:在试验当日需同时测定下列三种情况下的 MED 值。

①测定受试者未防护皮肤的 MED:根据"4. MED 测定方法中(4)"项预测的 MED 值调整紫外线照射剂量,在试验当日再次测定受试者未防护皮肤的 MED。

②测定在产品防护情况下受试者皮肤的 MED:将受试产品涂抹于受试者的皮肤上,然后按"4. MED 测定方法中(4)"的方法测定在产品防护情况下皮肤的 MED。在选择 5 点试验部位的照射剂量增幅时,可参考防晒产品配方设计的 SPF 值范围:对于 SPF≤15 的产品,5 个照射点的剂量递增为 25%;对于 SPF>15 的产品,5 个照射点的剂量递增至少为 12%。

③测定标准样品防护下受试者皮肤的 MED。排除标准:进行上述测定时,如 5 个试验点均未出现红斑,或 5 个试验点均出现红斑,或试验点红斑随机出现时,应判定结果无效,需校准仪器设备后重新进行测定。

(6)SPF 值的计算。样品对单个受试者的 SPF 值用下式计算:

个体 SPF = 样品防护皮肤的 MED/未加防护皮肤的 MED

计算样品防护全部受试者 SPF 值的算术均数,取其整数部分即为该测定样品的 SPF 值。

估计均数的抽样误差可计算该组数据的标准差和标准误。要求均数的 95% 可信区间(95% CI)不超过均数的 17%(如果均数为 10,95% CI 应在 8.3~11.7),否则应增加受试者人数(不超过 25 人)直至符合上述要求。

[附注] 低 SPF 值标准品的制备方法

在测定防晒产品的 SPF 值时,为保证试验结果的有效性和一致性,需要同时测定防晒标准品作为对照。防晒标准品为 8% 水杨酸三甲环己酯制品,其 SPF 均值为 4.47,标准差为 1.297。所测定的标准品 SPF 值必须位于已知 SPF 值的标准差范围内,即 4.47±1.297,在所测 SPF 值的 95% 可信区间内必须包括 SPF=4。

1. 标准品的配方(成分,质量分数)

A 相:

水杨酸三甲环己酯	8.00%
羊毛脂	5.00%
硬脂酸	4.00%
白凡士林	2.50%
对羟基苯甲酸丙酯	0.05%

B 相:

纯水	74.30%
1,2 - 丙二醇	5.00%
三乙醇胺	1.00%
对羟基苯甲酸甲酯	0.10%
EDTA 二钠	0.05%

2. 制备方法

将 A 相和 B 相分别加热至 72~82℃,连续搅拌直至各种成分全部溶解。边搅拌边将 A 相加入 B 相,继续搅拌直至所形成的乳剂冷却至 15~30℃,最后得到 100g 防晒标准品。

附录9　防晒化妆品长波紫外线防护
指数(PFA 值)的测定方法

1. 光源要求

光源应选择可发射接近日光的 UVA 区连续光谱。光源输出应保持稳定,在光束辐照平面上应保持相对均一。

为避免紫外灼伤,应使用适当的滤光片将波长小于 320nm 的紫外线过滤掉。波长大于 400nm 的可见光和红外线也应过滤掉,以避免其黑化效应和致热效应。

2. 试验方法

(1)选择受试者及试验部位。

①18~60 岁健康人,男女均可。

②受试者皮肤类型为 Ⅲ 型、Ⅳ 型,即皮肤经紫外线照射后出现不同程度的色素沉着者。

③受试者应没有光敏性皮肤病史。

④试验前未曾服用药物,如抗炎药、抗组胺药等。

⑤试验部位应选后背。受试部位皮肤色泽均一,没有色素痣或其他色斑等。

(2)受试者人数。每次试验受试者的例数应在 10 例以上,最大例数为 20。

(3)使用样品剂量。使用样品的剂量约为 $2mg/cm^2$ 或 $2\mu L/cm^2$。以实际使用的方式将样品准确、均匀地涂抹在受试部位的皮肤上。受试部位的皮肤应用记号笔标出边界,对不同剂型的产品可采用不同的称量和涂抹方法。

(4)样品涂抹面积。涂抹面积约为 $30cm^2$ 以上。为了减少样品称量的误差,应尽可能扩大样品的涂布面积或样品总量。

(5)等待时间。涂抹样品后应等待 15min 以便样品滋润皮肤或在皮肤上干燥。

(6)最小辐照面积。单个光斑的最小辐照面积不应小于 $0.5cm^2$($\phi8mm$)。未加保护皮肤和样品保护皮肤的辐照面积应一致。

（7）紫外辐照剂量递增。进行多点递增紫外辐照时,增幅最大不超过 25%。增幅越小,所测得的 PFA 值越准确。

3. PFA 值的计算

PFA 值用下式计算:

$$PFA = \frac{测试产品所保护皮肤的\ MPPD}{未保护皮肤的\ MPPD}$$

计算样品防护全部受试者 PFA 值的算术均数,取其整数部分即为该测定样品的 PFA 值。

估计均数的抽样误差可计算该组数据的标准差和标准误。要求标准误应小于均数的10%,否则应增加受试者人数(不超过 20)直至符合上述要求。

[附注] PFA 标准品的制备方法

1. 标准品配方（成分,质量分数）

A 相:

纯化水	57. 13%
缩二丙二醇	5. 00%
苯氧乙醇	0. 30%
氢氧化钾	0. 12%
EDTA 三钠	0. 05%

B 相:

三 – 2 – 乙基己酸甘油酯	15. 00%
十六/十八混合醇	5. 00%
丁基甲氧基二苯甲酰基甲烷	5. 00%
矿脂或凡士林	3. 00%
硬脂酸	3. 00%
甲氧基肉桂酸乙基己基酯	3. 00%
单硬脂酸甘油酯	3. 00%
对羟基苯甲酸甲酯	0. 20%
对羟基苯甲酸乙酯	0. 20%

2. 制备工艺

分别称出 A 相中的各原料,溶解在纯水中,加热至 70℃。分别称出 B 相中的各原料,加热至 70℃直至完全溶解。把 B 相加入 A 相中,混合、乳化、搅拌、冷却。上述方法制备的标准品,其 PFA 值为 3. 75,标准差为 1. 01。

附录10　皮肤用化妆品乳液流变学特性分析

乳液是化妆品中应用最广泛的基体剂型之一,属多相分散体系。消费者从感官角度出发对乳液要求稠度适合,容易涂抹和分散,有良好的用后感。人体感官评价与乳液流变学特性存在一定关系。感官对包括取样、使用和用后几个阶段的要求,表现在乳液流变学上则是乳液在与使用过程相近的剪切速率条件下,具有合适的黏度、塑变值、触变性等流变特性值。

RVDV-Ⅲ型为锥板式流变仪。圆锥与平板间夹角很小,试液夹于圆锥与平板之间。当以一定角速度 ω 旋转圆锥时,由于试液的黏性,圆锥受到旋转力的转矩 T 作用,试液黏度与转矩存在如下关系:

$$\eta = \frac{3\theta T}{2\pi\omega R^2}$$

转矩传感器可检测到转矩值。

锥板式流变仪适合非牛顿流体的研究,可以测定相当广范围的液体黏度。测定黏度范围与转子的大小和形状以及转速有关。在测定低黏度液体时,使用大体积的转子和高转速组合,相反,测定高黏度的液体时,则用细小转子和低转速组合。

1. 仪器与材料、药品

RVDV-Ⅲ型锥板式流变仪(美国 Brookfield 公司制造),52 号转子;

皮肤用乳液1,乳液2。

2. 流变性指标的测定方法

(1)按仪器操作规程开机,预热 10min。测样杯温度控制在 25℃。

(2)滴加少量乳液在样品杯中,停留 1min,使样品达到热平衡和结构重建。然后在 5min 内逐步增大剪切速率至 $100s^{-1}$,进行多点黏度测定;再在 5min 内将剪切速率降低至零,进行多点黏度测定。

(3)作出黏度—剪切速率关系图。

3. 护肤品感官评价分级方法

(1)取样。以食指尖由瓶中将产品取出,感官评价产品的稠度,评估产品挖出难易程度为:容易—中等—困难。

(2)涂抹。将产品用手指尖缓慢地在皮肤上转圈,每秒2圈。

①感官评价产品的可分散性,即产品容易由涂抹开始点分散到皮肤表面的其余地方。评估指标为:润滑(即十分容易分散)—滑(即中等程度容易分散)—拖滞(即难以分散)。

②感官评价吸收性,即利用触觉和视觉感觉产品被皮肤吸收的速度。评估指标为:慢—中等—快。

（3）用后感。在涂抹产品后立即用手指尖感受、肉眼观察，评估皮肤表面，此后不同时间间隔进行评估。

①用后感，即留在皮肤上残留物的性质和量以及肤感变化。按类型描述产品的残留物碎片或粉末粒子的量。评估指标为：少量—中等—多量。肤感变化可描述为：干（即绷紧）—润湿（即柔软）—油腻（即脏，填塞）。

②其他感觉。如清洁感、刺激感等。

4. 结合感官评价

结合感官对两种配方乳液流变学特征予以分析。

[附注]

乳液配方（成分，质量分数）

乳液1：

十八醇	3%
白油	5%
十八醇聚氧乙烯醚（EO—6）	1%
十八醇聚氧乙烯醚（EO—20）	1.5%
甘油	5%
聚丙烯酸-941（1%）	10%
三乙醇胺	0.15%
双咪唑烷基脲和碘代丙炔基丁基甲氨酸酯	0.3%
水	余量

乳液2：

十八醇	3%
辛酸/癸酸甘油酯	2%
肉豆蔻酸异丙酯	2%
十八醇聚氧乙烯醚（EO—6）	1%
十八醇聚氧乙烯醚（EO—20）	1.5%
甘油	5%
聚丙烯酸-941（1%）	10%
三乙醇胺	0.15%
透明质酸(1%)	10%
二甲基硅氧烷	3%
双咪唑烷基脲和碘代丙炔基丁基甲氨酸酯	0.3%
水	余量

（1）从瓶中取出：$1s^{-1}$。

（2）涂抹：$100 \sim 10000s^{-1}$。

附录 11　头发毛小皮结构完整性观察方法（Allwörden 试验）

日光照射、化学制剂美发、日常梳理等因素都可能给头发带来损伤。损伤的程度可从最初毛小皮鳞片边缘不整、表面有细小孔洞，到皮质蛋白质降解、皮质纤维断裂。

头发纤维毛小皮层的损伤体现在毛小皮结构完整性降低，损伤程度可通过阿尔瓦登（Allwörden）试验获得直观认识。头发的鳞片外层（外表皮层、外角质层的 A – 层）由大量胱氨酸组成。当与氯水或溴水发生作用时，其中的二硫键会水解生成亲水的磺酸基。同时一些蛋白质肽链的断裂，产生可溶性的多肽。由于其相对分子质量较大，因此半渗透性薄膜（即外表皮层）下面的这些已降解的高分子量物质不能透过鳞片表层向外扩散，使鳞片表层内渗透压增大，因而鼓起形成囊泡。通过观察囊泡的完整程度及分布可以考察头发纤维鳞片层的受损情况。

1. 仪器与材料、药品

（1）光学显微镜，微量进样器。

（2）饱和溴水溶液；无损发样，损伤处理发样。

2. 实验步骤

（1）按仪器操作规程打开光学显微镜、计算机。

（2）取头发纤维，置于载玻片上，加盖玻片，在放大倍数为 10×40 的显微镜下调焦直至可清晰观察到头发纤维，从盖玻片边缘滴入一滴饱和溴水，使其反应 $1min$ 并对镜下的纤维拍照。

（3）计数毛小皮囊泡数，并对两组发样作统计比较。

附录 12　头发纤维表面润湿性的测定

清洗、梳理、日光以及各种以美发为目的的化学处理（如漂白、卷发等）可导致头发一定程度的损伤。头发形态学表现为头发毛表皮翘起，鳞片层厚度减小或边缘缺失，表面孔隙增加等，化学性质表现为表皮脂质的减少，而皮质暴露增大或亲水基团如磺酸基的量增加。这些都使得头发疏水性降低而亲水性增强。研究头发纤维表面润湿性的变化，不仅可以评估头发的损伤，而且可以考察表面活性剂、聚合物、硅油等调理剂对头发的调理作用。

头发表面的润湿性可以头发纤维与水间的接触角表征。

本实验采用 Wilhelmy 法测定头发纤维与水间的接触角，其原理为当一固体部分插入一液体时,由于存在界面张力,液体会沿着固体的垂直壁上升(亲液)或下降(疏液),如下图所示。

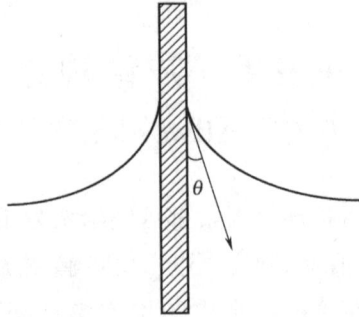

Wilhelmy 法测接触角示意图

通过测定液体对固体的拉力(推力)—润湿作用力的方法来间接测定接触角 θ。作用于物体的润湿作用力与接触角有如下关系:

$$F = P \cdot \gamma_{LV} \cdot \cos\theta - (\rho_L - \rho_V) V$$

式中:F——作用于物体的润湿作用力;

   P——润湿周长;

   γ_{LV}——液体与其饱和蒸气平衡时的表面张力;

   θ——液固接触角;

   V——浸没体积;

   ρ_L——液体密度;

   ρ_V——气体密度。

对于相当细小的纤维来说,与总作用力相比,浮力可以忽略不计(约为总润湿力的 1%)润湿作用力可用下式表示:

$$F = P \cdot \gamma_{LV} \cdot \cos\theta$$

因此,在已知液体的表面张力及纤维周长的情况下,通过适当的测力装置测出润湿作用力 F,即可间接测出接触角。

头发纤维周长的测定。正己烷为低表面张力的液体,可以在固体表面自行铺展($\theta = 0$ 或 $\cos\theta = 1$)。因此可采用 Wilhelmy 法测定润湿力而反推出纤维周长,如下式所示:

$$P = \frac{F}{\gamma_{LV}}$$

式中:F——作用于物体的润湿作用力;

   P——润湿周长;

   γ_{LV}——液体与其饱和蒸气平衡时的表面张力。

1. 仪器与材料、药品

（1）DCA315 动态接触角仪（美国 Therrmo Cahn 公司制造）。

（2）无损黑色发样 25 根，冷烫处理发样 25 根。

（3）正己烷，去离子水。

2. 方法步骤

（1）按仪器操作规程开机，预热 10min。

（2）测样杯中加入所需液体（正己烷或去离子水），温度控制在 25℃。

（3）使用透明胶带将头发纤维固定在不锈钢丝末端。

（4）计算机终端调入测定方法并调节测定参数。先测定头发直径，再测定接触角。

（5）记录原始数据，并对无损发样和冷烫发样的润湿性作统计分析比较。